图像复原技术

李俊山　杨亚威　张　姣　著

科学出版社

北京

内 容 简 介

本书主要针对航天应用中的湍流退化图像的去噪声、去模糊、去偏移和畸变校正等内容，系统地介绍湍流效应及退化图像复原的相关理论、技术和方法。本书分为5篇13章。第一篇介绍湍流效应及退化图像复原。第二篇介绍图像盲复原方法。第三篇介绍基于视觉认知的退化图像复原方法。第四篇介绍湍流退化图像的去模糊、去振铃、抖动稳像和畸变校正。第五篇介绍图像复原性能验证与图像质量评价。本书内容理论与实践并重，针对性与系统性较强，具有重要的理论意义和应用参考价值。

本书可供计算机科学与技术、信息与通信工程、控制科学与工程、测绘科学与技术、兵器科学与技术、光学工程、医学技术等学科中，从事图像处理与分析、目标识别与跟踪、成像精确制导、基于图像的飞行器拦截、基于图像的卫星应用，以及计算机视觉及应用等方面的研究人员和工程技术人员参考，也可作为高等院校相关专业研究生的学习参考书。

图书在版编目（CIP）数据

图像复原技术 / 李俊山，杨亚威，张姣著. —北京：科学出版社，2020.8

ISBN 978-7-03-065286-7

Ⅰ. ①图…　Ⅱ. ①李…　②杨…　③张…　Ⅲ. ①图像恢复－应用－大气湍流－退化－研究　Ⅳ. ①TN911.73

中国版本图书馆 CIP 数据核字（2020）第 088578 号

责任编辑：赵艳春 / 责任校对：王萌萌
责任印制：吴兆东 / 封面设计：蓝　正

科学出版社出版
北京东黄城根北街16号
邮政编码：100717
http：//www.sciencep.com
北京中石油彩色印刷有限责任公司印刷
科学出版社发行　各地新华书店经销
*
2020年8月第　一　版　开本：720 × 1000　1/16
2021年3月第二次印刷　印张：17 1/4
字数：330 000

定价：129.00 元

（如有印装质量问题，我社负责调换）

第一作者简介

李俊山，男，1956年1月出生，博士，教授，2016年9月起到广东外语外贸大学南国商学院任教，是广东外语外贸大学南国商学院科协副主席、智能信息处理研究所所长、工科（计算机与信息）门类学科带头人。

主要社会兼职：中国图象图形学学会理事、《光学精密工程》和《液晶与显示》等期刊编委。曾任教育部高等学校大学计算机课程教学指导委员会委员、中国计算机学会第九届至第十一届理事会理事、陕西省计算机学会副理事长、陕西省计算机教育学会副理事长。

主要学术成就：获国防科学技术奖和军队科技进步奖23项，其中二等奖4项。发表学术与教学论文400余篇，其中SCI和EI检索80余篇。作为负责人建设国家级精品课程1门、国家级精品资源共享课1门、军队级优质课程和军队级精品网络课程2门；获省部级优秀教学成果奖和优秀教材奖一等奖5项。作为第一作者出版专著、译著和教材15部，代表作有《红外图像处理、分析与融合》《基于特征的红外图像目标匹配与跟踪技术》《三维视景仿真可视化建模技术》《数字图像处理（第3版）》《数据库原理及应用（SQL Server）（第4版）》。

李俊山教授2016年4月前是原中国人民解放军第二炮兵工程大学（现为中国人民解放军火箭军工程大学）博士生导师，原第二炮兵信号图像处理专业方向导弹专家，“军队院校育才奖”金奖获得者，军队级优秀硕士学位论文导师，原第二炮兵科技工作先进个人和优秀教员，两次荣立个人三等功。

前　言

随着天文观测、宇航卫星、精确制导等现代高科技的迅猛发展，穿越大气层的航空器受大气的影响而产生的成像问题引起人们的广泛关注。大气温度的随机起伏会引起大气折射率的随机起伏，影响光在大气中的传播路径，并导致大气光学湍流效应的产生。当目标通过大气湍流成像时必然会影响光学系统的成像性能，导致目标图像产生模糊降质、偏移抖动、信噪比下降等退化现象。如何从湍流退化图像中有效地恢复出原始目标的清晰图像，已经成为航天与空间应用和成像制导技术领域的热点课题。

本书主要针对航空航天和成像精确制导领域中的湍流退化图像复原应用需求，将 PSF 估计理论、稀疏多正则化理论、低秩矩阵理论、回归映射理论、稀疏先验性理论、机器学习理论、视觉认知理论和字典学习理论等，用于湍流退化图像的盲复原方法研究，湍流退化图像的去模糊、去振铃、抖动稳像和畸变校正方法研究，以及图像复原方法的性能验证与复原图像质量的评价方法研究，构成了比较系统的智能化图像复原理论和技术，实现了图像复原理论与技术研究的完整性和系统性。

本书共分为 5 篇 13 章。第一篇介绍湍流效应的成因和内涵、图像退化模型、图像复原概念和基本的复原方法、湍流退化图像复原技术的研究现状等，是后续各篇内容的基础。第二篇系统地介绍多种湍流退化图像盲复原方法，内容包括基于 PSF 估计的自适应盲复原方法、基于稀疏多正则化的湍流图像盲复原方法、基于低秩矩阵和稀疏正则化的图像盲复原方法、基于回归映射的图像盲复原方法。该篇内容将稀疏正则化和稀疏多正则化等理论与方法用于图像盲复原，对图像盲复原理论和技术进行了创新与发展。第三篇系统地介绍多种智能化的退化图像复原方法和视频序列图像复原方法，内容包括基于图像稀疏先验信息和机器学习的图像复原方法、基于视觉认知和字典学习的图像复原方法、基于视觉认知的视频序列图像复原方法。该篇内容将视觉认知、图像稀疏先验、机器学习、字典学习等新兴智能化理论用于退化图像和视频图像序列的复原，有力地推进了图像复原理论、技术和方法的进步。第四篇是湍流退化图像的去模糊、去振铃、抖动稳像和畸变校正，内容包括面向特定退化类型的空间变化模糊图像复原方法、基于边缘分离的去振铃复原方法、湍流退化图像偏移的畸变校正、湍流退化序列的抖动稳像和运动检测。该篇内容体现了对湍流退化图像复原的针对性和技术特点。第五篇介绍图像复原性能验证与图像质量评价，该篇内容保证本书内容从复原方法提出到复原效果验证的完整性和系统性，对于完善和发展图像复原技术体系具有重要的意义。

本书是作者所在团队承担的有关国家自然科学基金项目研究成果的总结。参加本书研究的主要成员有李俊山、杨亚威、张姣、张士杰、孙李辉、李孟、孙胜勇等。在本书的研究和撰写过程中，参考和引用了一些文献中的观点与素材，在此向这些文献的作者表示衷心的感谢。

本书的研究和出版得到了国家自然科学基金面上项目“超声速飞行器气动光学效应红外图像复原理论与方法研究（NO.61175120）”、广东省本科高校教学质量与教学改革工程建设项目“数字媒体技术特色专业建设（NO.296）”、广东省教育科学规划课题“面向特色专业建设的图像复原技术研究（NO.2017GXJK243）”、广东外语外贸大学南国商学院计算机应用技术重点学科建设项目的资助。

限于作者水平，书中难免有不妥之处，敬请各位读者和专家批评指正。

李俊山

2019 年 12 月于广州

电子邮箱：lijunshan403@163.com

目　　录

前言

第一篇　湍流效应及退化图像复原

第 1 章　湍流退化图像复原方法综述 ………… 3
1.1　湍流效应的成因和内涵 ………… 3
1.2　图像退化模型 ………… 5
1.2.1　模糊降质模型 ………… 5
1.2.2　畸变失真模型 ………… 5
1.3　退化图像复原方法的分类 ………… 6
1.3.1　图像去模糊 ………… 6
1.3.2　图像偏移校正 ………… 8
1.4　单幅退化图像复原方法 ………… 10
1.4.1　正则化处理方法 ………… 10
1.4.2　确定正则化图像复原方法 ………… 10
1.4.3　随机正则化图像复原方法 ………… 12
1.4.4　基于局部相似性的图像复原方法 ………… 12
1.4.5　基于示例学习的图像复原方法 ………… 13
1.5　视频序列图像的复原方法 ………… 14
1.5.1　视频复原的特征 ………… 15
1.5.2　三维解卷积与几种视频复原方法 ………… 16
1.6　图像复原的难点 ………… 18
1.6.1　视觉认知计算与图像复原 ………… 18
1.6.2　图像理解与图像复原 ………… 18
1.7　本章小结 ………… 19

第二篇　图像盲复原方法

第 2 章　基于 PSF 估计的自适应盲复原方法 ………… 23
2.1　基于冗余提升 NSWT 的 PSF 估计 ………… 23
2.1.1　大气湍流 PSF 辨识基础 ………… 23

2.1.2 常见 PSF 类型 …… 25
2.1.3 已有 PSF 的估计方法 …… 26
2.1.4 冗余提升 NSWT 的实现 …… 28
2.1.5 基于冗余提升 NSWT 的 PSF 估计算法 …… 30
2.2 基于 PSF 估计的自适应维纳滤波盲复原方法 …… 33
2.2.1 维纳滤波 …… 33
2.2.2 基于 PSF 估计的最小二乘曲线拟合维纳滤波复原方法 …… 34
2.2.3 图像复原评价方法 …… 37
2.2.4 实验与分析 …… 38
2.3 基于 PSF 估计的自适应增量迭代维纳滤波 …… 42
2.3.1 增量迭代维纳滤波原理 …… 43
2.3.2 基于步长迭代控制的自适应增量维纳滤波算法 …… 44
2.3.3 实验与分析 …… 45
2.4 本章小结 …… 48
第 3 章 基于稀疏多正则化的湍流图像盲复原方法 …… 49
3.1 正则化复原与振铃效应 …… 50
3.1.1 正则化复原 …… 50
3.1.2 振铃效应 …… 52
3.2 基于稀疏多正则约束的盲复原 …… 53
3.2.1 空间目标图像的退化特点 …… 53
3.2.2 多正则约束的复原模型 …… 55
3.2.3 模型的优化求解 …… 56
3.2.4 振铃抑制的非盲解卷积 …… 61
3.2.5 实验与分析 …… 61
3.3 本章小结 …… 67
第 4 章 基于低秩矩阵和稀疏正则化的图像盲复原方法 …… 68
4.1 噪声对核估计的影响和低秩稀疏分解模型 …… 68
4.1.1 噪声对核估计的影响 …… 69
4.1.2 低秩稀疏分解模型 …… 70
4.2 结合非局部相似聚类和低秩矩阵的稀疏正则化盲解卷积 …… 71
4.2.1 非局部相似块结构组的低秩恢复 …… 72
4.2.2 结合低秩矩阵和稀疏正则化的模型 …… 73
4.2.3 模型的优化求解 …… 74
4.2.4 非盲解卷积 …… 76
4.2.5 实验与分析 …… 76

4.3　本章小结 …… 83
第 5 章　基于回归映射的图像盲复原方法 …… 84
5.1　退化模型的学习训练和最小二乘支持向量回归 …… 84
5.1.1　退化模型的学习训练 …… 84
5.1.2　最小二乘支持向量回归 …… 85
5.2　基于果蝇优化的 LSSVR 图像复原方法 …… 85
5.2.1　LSSVR 模型参数优化 …… 86
5.2.2　回归映射的复原流程 …… 87
5.2.3　实验与分析 …… 88
5.3　湍流序列图像的快速去模糊 …… 92
5.3.1　成像条件分析 …… 92
5.3.2　基于峰度的模型更新 …… 93
5.3.3　实验与分析 …… 94
5.4　本章小结 …… 96

第三篇　基于视觉认知的退化图像复原方法

第 6 章　基于图像稀疏先验信息和机器学习的图像复原方法 …… 99
6.1　图像的统计特性 …… 99
6.1.1　自相似性和尺度不变性 …… 99
6.1.2　非高斯性 …… 100
6.1.3　边缘主导特性和高维奇异性 …… 100
6.2　基于有效边缘先验估计的图像复原方法 …… 100
6.2.1　图像复原的 MAP 估计方法 …… 101
6.2.2　PSF 估计的有效边缘映射图 …… 101
6.2.3　基于 ISD 的 PSF 改良 …… 103
6.2.4　快速的 TV-L_1 解卷积 …… 105
6.2.5　实验与分析 …… 107
6.3　基于图像块相似性和稀疏先验信息的图像复原方法 …… 109
6.3.1　图像的稀疏先验模型 …… 109
6.3.2　从块相似性到图像复原 …… 110
6.3.3　EPLL 与几种基于学习的复原框架比较 …… 110
6.3.4　EPLL 的框架和优化 …… 111
6.3.5　EPLL 框架下的稀疏先验复原 …… 112
6.3.6　实验与分析 …… 113
6.4　本章小结 …… 115

第 7 章 基于视觉认知和字典学习的图像复原方法 ······ 116
7.1 视觉认知与图像表征 ······ 116
7.1.1 HVS 的层次结构与计算机视觉的处理机制 ······ 116
7.1.2 HVS 的选择注意机制与相关模型 ······ 117
7.1.3 图像与图像变换的视觉建模 ······ 118
7.1.4 基于人眼视觉特性的图像表征方法 ······ 119
7.2 基于视觉认知特性的全局图像复原方法 ······ 119
7.2.1 人眼视觉对比敏感度的机理 ······ 120
7.2.2 基于视觉对比敏感度与恰可察觉失真感知的图像复原方法 ······ 120
7.2.3 实验与分析 ······ 126
7.3 基于字典学习和局部分块相似性的图像复原方法 ······ 127
7.3.1 图像块的稀疏分解与字典学习 ······ 127
7.3.2 对典型字典学习图像复原方法的分析和改进 ······ 128
7.3.3 基于字典对联合学习的退化图像复原方法 ······ 129
7.3.4 实验与分析 ······ 133
7.4 本章小结 ······ 135
第 8 章 基于视觉认知的视频序列图像复原方法 ······ 136
8.1 图像几何校正、图像配准和运动补偿 ······ 136
8.1.1 图像的几何校正 ······ 136
8.1.2 图像配准 ······ 137
8.1.3 运动补偿 ······ 138
8.2 基于增广拉格朗日的快速视频复原方法 ······ 138
8.2.1 时空 TV 的拉格朗日视频复原方法的框架和思想 ······ 139
8.2.2 增广拉格朗日视频复原方法的参数选择 ······ 141
8.2.3 实验与分析 ······ 142
8.3 基于非凸势函数优化与动态自适应滤波的退化视频复原方法 ······ 144
8.3.1 湍流退化视频的相关工作 ······ 145
8.3.2 图像复原的非凸优化框架及算法 ······ 147
8.3.3 动态自适应滤波的视频复原方法 ······ 150
8.3.4 实验与分析 ······ 152
8.4 本章小结 ······ 153
第四篇 湍流退化图像的去模糊、去振铃、抖动稳像和畸变校正
第 9 章 面向特定退化类型的空间变化模糊图像复原方法 ······ 157
9.1 图像模糊退化的常见类型 ······ 157

9.1.1 运动模糊 …… 157
9.1.2 离焦模糊 …… 158
9.1.3 高斯模糊 …… 159
9.2 基于透明性的目标运动模糊图像复原方法 …… 160
9.2.1 目标运动模糊分析 …… 161
9.2.2 目标的二维运动去模糊方法 …… 166
9.2.3 实验与分析 …… 166
9.3 基于光流约束和光谱蒙板的空间运动模糊图像复原方法 …… 168
9.3.1 运动模糊约束条件 …… 170
9.3.2 空间变化运动模型与改进的模糊图像复原方法 …… 173
9.3.3 实验与分析 …… 176
9.4 基于模糊映射图的空间变化离焦模糊图像复原方法 …… 178
9.4.1 图像的离焦模型 …… 179
9.4.2 模糊映射图的生成方法 …… 180
9.4.3 利用 $L_{1\text{-}2}$ 优化的图像复原方法 …… 180
9.4.4 图像重构与尺度选择 …… 182
9.4.5 实验与分析 …… 182
9.5 本章小结 …… 183
第 10 章 基于边缘分离的去振铃图像复原方法 …… 185
10.1 图像盲复原方法与振铃效应 …… 185
10.1.1 图像盲复原方法 …… 185
10.1.2 振铃效应抑制及评价 …… 186
10.2 基于边缘分离的去振铃复原算法 …… 188
10.2.1 算法描述 …… 188
10.2.2 实验与分析 …… 191
10.3 本章小结 …… 200
第 11 章 湍流退化图像偏移的畸变校正 …… 201
11.1 湍流像素偏移与图像非刚性配准 …… 201
11.1.1 湍流像素偏移分析 …… 202
11.1.2 图像非刚性配准 …… 204
11.2 基于仿射变换和 B 样条非刚性配准的偏移像素校正 …… 205
11.2.1 像素偏移模型 …… 205
11.2.2 配准流程分析 …… 205
11.2.3 模型的优化求解 …… 208
11.2.4 实验与分析 …… 210
11.3 本章小结 …… 215

第 12 章　湍流退化序列的抖动稳像和运动检测 ………… 216
12.1　序列的退化模型和序列中的运动检测 ………… 216
12.1.1　序列的退化模型 ………… 216
12.1.2　序列中的运动检测 ………… 217
12.2　基于低秩稀疏分解的湍流序列稳像和复原 ………… 218
12.2.1　湍流序列的低秩稀疏分解 ………… 218
12.2.2　模型的优化求解 ………… 219
12.2.3　序列图像复原 ………… 220
12.2.4　实验与分析 ………… 221
12.3　湍流退化视频的运动目标检测 ………… 225
12.3.1　自适应阈值的稀疏目标提取 ………… 226
12.3.2　高斯模型的前景提取 ………… 226
12.3.3　检测区域的融合判定 ………… 227
12.3.4　实验与分析 ………… 228
12.4　本章小结 ………… 231

第五篇　图像复原性能验证与图像质量评价

第 13 章　图像复原性能验证与图像质量的智能评价 ………… 235
13.1　视觉认知的过程和特性 ………… 235
13.1.1　视网膜的信息认知过程 ………… 236
13.1.2　视觉认知的生理学特性 ………… 236
13.1.3　视觉认知的心理学特性 ………… 237
13.2　基于 HVS 的仿生学图像质量评价框架 ………… 240
13.2.1　无参考型图像质量评价方法 ………… 240
13.2.2　基于误差可见度的仿生学图像质量评价框架 ………… 241
13.3　基于生物视觉标准模型的无参考型图像质量评价 ………… 242
13.3.1　生物视觉 ST 模型 ………… 243
13.3.2　最小二乘支持向量机回归算法 ………… 243
13.3.3　实验与分析 ………… 245
13.4　本章小结 ………… 249

参考文献 ………… 250

第一篇　湍流效应及退化图像复原

大气层中空气密度的无规则起伏对光束传输的影响称为湍流效应。湍流效应所表现出的强度起伏、相位起伏和方向起伏会导致在大气层中飞行的航空器的光学系统获取的图像产生模糊、像素偏移、抖动和几何畸变等失真退化，进而影响航空器对目标的识别和精确定位。另外，在各种成像系统的应用中，也会出现各式各样的图像模糊、几何畸变、运动模糊、压缩失真等，因此图像复原已经成为图像技术领域中的重要研究方向。

本篇首先介绍湍流效应的成因和内涵，其次介绍图像退化模型，再次介绍退化图像复原方法的分类，然后介绍两类图像复原方法，分别是单幅退化图像复原方法和视频序列图像的复原方法，最后给出了图像复原的难点所在。

总体上来说，本篇内容构成了本书后续各篇内容的基础。

第1章　湍流退化图像复原方法综述

开展空间探测技术与系统研究、发展空间飞行器及成像制导装备，已经成为我国航天事业彰显强大实力的重要方面。但在空间飞行器和空间成像制导装备发展中，空气温度的随机起伏会引起大气折射率的随机波动，影响光在大气中的传播路径，导致大气光学湍流效应（turbulence effect）的产生，进而影响空间飞行器的光学成像系统的成像性能。当超声速飞行器在大气层内飞行时，光学头罩与气流之间会形成复杂的高温湍流流场，使空间飞行器的光学成像系统产生气动光学效应（aero-optical effect），导致其获取的目标影像发生模糊降质、畸变抖动等失真退化，严重时会使获取的目标图像难以确定目标形态，无法实现对目标的识别和精确定位。

为了使空间探测飞行器和空间成像制导装备获得较高质量的图像，就需对湍流效应进行补偿与校正。一方面可采用硬件控制机制，提高传感器的成像探测能力，优化流场控制方法；另一方面可对获取的退化图像进行去噪声、去模糊、去偏移等复原处理。硬件方法对设备要求非常高，是一个多学科交叉的技术领域问题，需要多学科、多个领域共同参与，代价较为昂贵；而利用图像处理技术对获取的退化图像进行复原处理，不仅会有效提高图像质量，而且也不会太多地增加成本。因此，开展对湍流效应引起的退化图像的复原校正技术的研究，就成为提升空间光学成像系统获得较高性能图像的重要途径。

1.1　湍流效应的成因和内涵

大气湍流是指受地球表面热空气上升、冷空气下沉而形成空气对流，导致大气层中空气密度的无规则起伏的现象。湍流对光束传输的影响称为湍流效应。形成大气湍流的因素很多，如地形、风速、温度、湿度等。其中，地形、风速等引起的运动起伏称为动力湍流，大气密度起伏引起大气折射率变化称为光学湍流，而光学湍流会对成像系统结果产生不良影响。大气折射率的起伏主要由密度起伏决定，密度的起伏特性决定着湍流效应的强弱。造成大气密度随机起伏的原因主要包括：地表对气流拖拽所形成的风剪切、地面热辐射导致的大气热对流、地表不同区域受到的太阳辐射强度不同而形成的温度和气压差异，以及大气热量释放引起的温度场变化等。大气湍流形成示意图如图1.1所示。

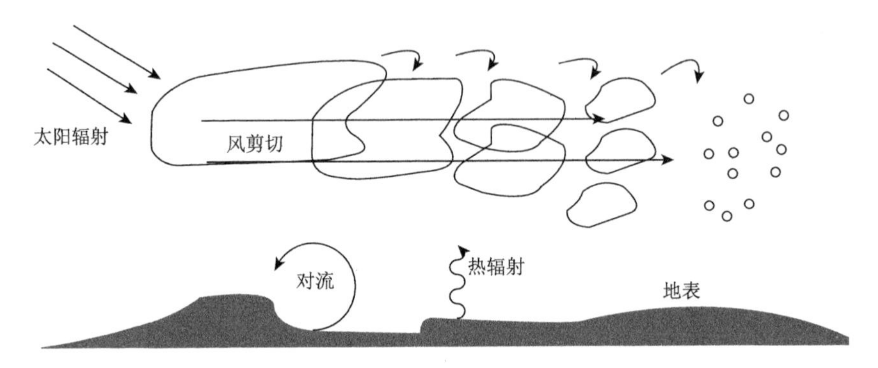

图 1.1　大气湍流形成示意图

当高速/超声速飞行器在大气层内高速飞行时，会引起机体和头部弓形激波之间、冷却喷流与外部气流之间发生严重的摩擦及挤压，形成复杂的湍流混合层。这种复杂的湍流流场使得成像探测系统接收到的波产生畸变，严重影响目标的精确成像，给成像系统造成气动光学效应影响。气动光学效应的形成过程如图 1.2 所示。

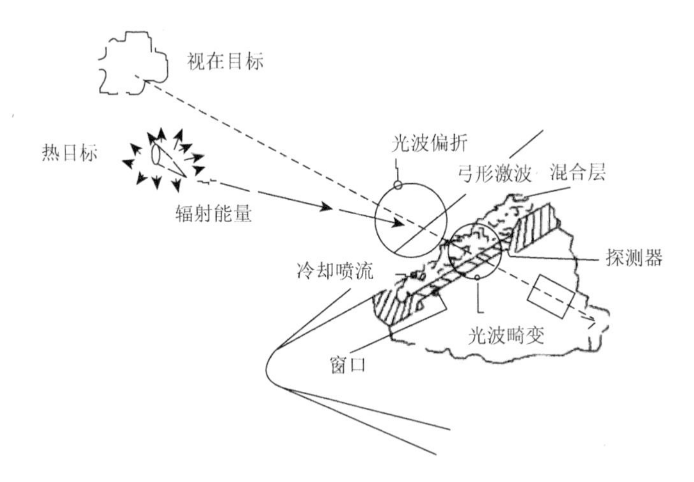

图 1.2　飞行器光学头罩产生气动光学效应示意图

湍流效应引起图像退化的本质是，由于湍流流场的存在，光波传输的波阵面经过湍流介质后发生畸变，成为随机曲面，导致目标在光学成像设备焦平面的成像结果产生严重的像模糊和像偏移。

像模糊是指目标光线穿过湍流流场后在成像平面上存在能量扩散，导致图像的清晰度下降。它是由流场中密度脉动功率谱的高频分量产生的，可以用点扩展函数（point spread function，PSF）或光学传递函数（optical transfer function，OTF）表示。

像偏移是指目标光线穿过流场后在成像平面上的位置相对于无流场时存在偏差。它是由流场密度、密度梯度、流场结构产生的相当于偏心轴的透镜效应，可以用相关图像之间的流场变化来表示。相关图像可以是有流场扰动与无流场扰动时的目标图像，体现的是扰动与未扰动的差别，即畸变场；也可以是不同时刻流场扰动的目标图像，体现的是时间间隔内流场结果的变化差别，即抖动场。

1.2　图像退化模型

图像质量主要包括两方面：一是图像清晰度，即灰度或者色彩；二是图像几何结构，包括整体的偏移、局部的畸变等。因此，图像退化可分为基于灰度/清晰度的退化和基于形态结构的退化。图像复原的目的就是利用图像退化的过程与图像自身的先验知识消除或削弱图像的退化现象（噪声、模糊、扭曲、平移等）。图像的清晰度恢复也称为解模糊，图像的几何结构恢复也称为偏移校正。

1.2.1　模糊降质模型

图像退化引起的图像不清晰，会导致目标上的点与图像上的像素不再一一对应，而是弥散到图像平面的一个区域。图像上的每个像素都是目标上多个点混合叠加的结果，目标成像过程中不可避免地会受到噪声影响[1]。

设 $f(x,y)$ 是一幅原始的清晰图像，其退化过程可以建模为作用于该图像上的运算 H 和随机噪声对图像的影响，图像退化模型如图 1.3 所示。

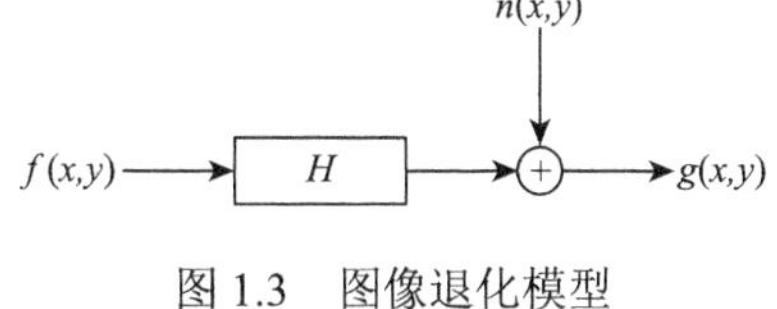

图 1.3　图像退化模型

该退化模型可以表示为

$$g(x,y) = H(f(x,y)) + n(x,y) \tag{1.1}$$

$H(f(x,y))$一般可简化为卷积形式，这样式（1.1）就可表示为

$$\boldsymbol{g} = \boldsymbol{h} * \boldsymbol{f} + \boldsymbol{n} \tag{1.2}$$

其中，$\boldsymbol{g}$ 是退化（观测）图像；$\boldsymbol{f}$ 是原始图像；$\boldsymbol{h}$ 是 PSF；$\boldsymbol{n}$ 是加性噪声；$*$ 表示卷积运算。

1.2.2　畸变失真模型

成像环境存在某些不稳定因素，如通过高空的湍流场效应、其他非均匀介质成像以及成像平台抖动等，将导致拍摄的图像/视频帧序列存在偏移、倾斜、变形和抖动等失真现象[2, 3]。这类畸变失真虽然不会降低成像的灰度/色彩分布，但会影响目标的几何形状、位置和形态。对于视频监控、目标跟踪等系统，畸变失真常常会产生跟踪误差，有时甚至丢失跟踪目标。图像畸变模型可简单表示为

$$(x', y') = \boldsymbol{T}\{(x, y)\} \tag{1.3}$$

式中，(x,y) 为畸变前的图像位置；(x',y') 为畸变后的图像位置；$\boldsymbol{T}$ 为变换矩阵。

1.3　退化图像复原方法的分类

与图像的退化分为模糊降质引起的退化和畸变失真引起的退化两大类相对应，退化图像复原的基本方法也分为图像去模糊和图像偏移校正两大类。

1.3.1　图像去模糊

图像去模糊就是对给定的模糊图像进行复原，得出相应的原始图像。目前的图像去模糊复原方法大都将退化图像建模为如式（1.2）所示的原始图像与 PSF 的卷积加上噪声的形式，根据 PSF 是否已知，可分为传统图像复原方法（非盲复原方法）和盲复原方法。

1. 非盲复原方法

图像非盲去卷积是在已知模糊图像和 PSF 的情况下恢复出原图像。早期研究中，在 PSF 已知的情况下，采用数学上的解卷积操作实现图像去模糊。比较成熟的方法有逆滤波、Lucy-Richardson 算法、维纳滤波和约束最小二乘滤波等，称为经典线性图像去模糊。这类算法简单有效，在实际中得到了广泛的应用。同时，针对算法中固有的缺点，如噪声敏感、振铃效应等，目前仍有相应的改进算法在不断出现。

20 世纪 60 年代，苏联数学家 Tikhonov 对包括图像去卷积等一类不适定问题进行了深入的研究，提出正则化（regularization）理论。其核心思想是根据解的先验知识构造约束条件，通过改变求解策略使逆问题的求解稳定。基于正则化的非盲去卷积方法就是在充分利用图像的先验信息基础上，增加先验约束条件，将病态问题转化为良性问题来实现图像的去模糊[4]。正则化思想经过严格的理论证明，得到了广泛研究并针对不同具体问题发展，得到多种相应的正则化方法。

早期的图像正则化方法多基于 Tikhonov 等提出的正则化理论[5]。该方法是将图像限制于 Sobolev 空间 $H^1(\Omega)$，$\Omega \subset \mathbf{R}^2$ 表示图像区域的有界开集，采用 $H^1(\Omega)$ 中的半范数平方，也就是图像梯度的 L_2 范数为正则项。Tikhonov 正则化可以使得

图像复原问题适定，但过强的平滑性（正则性）使得图像的边缘纹理等细节信息受损。Rudin 等[2]利用有界变差（bounded variation，BV）空间的半范数（即图像梯度的 L_1 范数）为正则项解决图像去噪问题，提出著名的全变分（total variation，TV）模型，被称为 TV 模型或 ROF 模型；因其具有良好的边缘保持和凸特性，被用于图像的复原问题求解，并得到了广泛的研究和应用。

将图像的统计特性作为图像复原时的正则化约束，也是得到高质量复原图像的有效途径之一。Krishnan 等以高阶拉普拉斯（Laplacian）模型为正则化约束，提出了快速图像去卷积算法。Levin、Joshi 等在进行图像非盲复原时，采用迭代加权最小二乘（iteratively reweighted least squares，IRLS）算法对高阶 Laplacian 模型进行优化求解，取得了较好的复原效果。此外，基于稀疏表示的先验模型作为正则约束也成为近年来的研究热点，如基于离散余弦变换（discrete cosine transform，DCT）的正则化方法、基于 Framelet 的正则化方法、基于小波的正则化方法和基于字典学习的稀疏表示方法等。

2. 盲复原方法

在缺少原真实图像和 PSF 信息基础上，利用观察图像直接进行图像复原的方法称为盲复原方法。盲复原问题是更加病态的，按照是否预先估计 PSF 可将其分为两类，一类是预先估计 PSF，再采用常规方法复原图像，称为半盲法。这类方法主要适用于 PSF 相对较容易辨识的场合，计算量相对较小，如 ARMA（auto regressive moving average）参数估计法、模糊先验辨识法。另一类则同时估计 PSF 和原始图像，称为全盲法；这类方法主要适用于退化过程难以定量描述和 PSF 难以辨识的场合，是研究的重点。由于全盲法的目标函数通常是非凸的，往往需要图像先验知识来使问题变得可解，计算量较大，如迭代盲复原（iterative blind deconvolution，IBD）方法、非负有限支持域的递归逆滤波（non-negativity and supportconstraint-recursive inverse filtering，NAS-RIF）方法。

由于盲复原涉及成像系统的复杂性及外界因素的随机性，研究的难点很多。长期以来，研究人员对盲复原问题的深入研究一直没有间断，涌现了大量的研究成果。在全变分模型被成功应用于非盲复原后，Chan 等进一步提出了基于全变分正则化（total variation regularization，TVR）的盲复原模型，利用全变分约束 PSF，通过构造能量变分模型，同时求解 PSF 和图像。该方法具有一定的通用性，并为其后的盲复原方法提供了指导思想。利用正则约束图像和 PSF，构造变分的正则化复原模型已成为目前图像盲复原的主流方法之一。

正则化模型一般分为随机场正则化和确定正则化。随机场正则化将图像建模为随机场，将图像复原问题作为概率估计问题求解，在已知退化图像和先验条件的前提下，按照概率统计中的一般策略，如最大后验（maximum A-posteriori，

MAP)、最大似然（maximum likelihood，ML）或贝叶斯原理来对图像概率模型的参数进行估计，使出现清晰图像的概率达到最大。确定正则化是利用解的先验知识，建立带有正则项的代价函数使解变得稳定，如全变分正则化、约束最小二乘拉格朗日（Lagrangian）方程等。混合正则化是当前研究的一个热点，通过结合不同先验知识的优点力求得到效果更好的复原结果。

近年来稀疏表示（sparse representation）和机器学习在图像处理领域得到了广泛应用。根据信号的稀疏性，构建过完备字典，利用过完备基或字典的少数元素组合表征图像，具有很好的泛化性能，其被广泛用于图像去噪、超分辨率重建等复原问题。需要强调的是，同一算法对不同模糊图像可能会得到不同的复原效果，不同算法对相同模糊图像也会产生不同的复原效果。造成这一现象的原因主要是算法中的约束项与图像的统计分布的匹配程度问题。针对退化图像建立更加有效的复原模型和框架，以提高复原方法的效果和稳定性是主要的研究方向。虽然大量的研究成果在某些方面取得了认可，但是复原问题的复杂性使其在不同程度上又有着一定局限性。因而图像盲复原方法还需要进一步的探索和完善。

1.3.2　图像偏移校正

图像偏移校正就是采用相应的方法消除图像的平动偏移、扭曲、抖动等形变，恢复出真实目标形态。广义上，偏移校正也属于图像复原的一个组成部分。下面从图像畸变校正和序列抖动稳像两个方面对偏移校正方法进行分析。

1. 图像畸变校正

图像畸变校正的目的是消除畸变图像中的形变和误差，恢复出原始图像形态。需要注意的是，图像畸变需要借助参考图像判定。对于无参考的单幅图像，需借助标线特征。若没有任何参考，很难通过图像本身判断是否存在畸变。

采用合理的形变模型描述偏移规律是实现图像畸变校正的有效方法。研究人员通过分析验证提出了许多失真模型，如仿射变换、透视变换、动态偏移场等。其中，仿射变换的特性是“保持平行线”，即图像中的平行线经过仿射变换后仍平行，可用 6 个自由度实现图像间存在的平移、缩放、旋转等运动的描述。透视变换具有更一般的普适性，通过利用 8 个自由度描述原始图像与偏移图像之间的四对对应点，可以描述图像的平移、水平/垂直扫动、旋转、缩放等运动。动态偏移场采用按阶分解的方法，可以实现包括抖动、旋转、偏移、缩放、非线性变形、透视变形等失真模式的描述。对于适合描述的畸变退化，失真模型可提供一个参数化的校正途径。采用失真模型实现校正的基本思路是：根据图像畸变的原因，建立相应的数学模型，从图像中提取所需信息，沿图像失真的逆过程对图像进行校正。

在实际应用中，精确参数化的失真建模并不容易。因此，图像配准也被引入图像的畸变校正中。配准就是把不同时间或成像条件下所获取的两幅/多幅图像进行匹配和叠加的过程。根据配准的参考标准，可分为相对配准与绝对配准。相对配准是指选取多幅图像中的一幅作为参考，将其他相关图像与之配准，坐标系统是任意的；绝对配准是指通过定义一个控制网格，将所有图像相对于该网格进行配准，实现坐标系的统一。配准的过程可以与图像的失真模型相结合，构成基于模型的配准方法，如样条配准法、自由形变模型配准法等。该类方法计算量较大，主要用于实现图像的非线性校正。另外，可以利用待配准图像的不变性特征（角点、斑点、曲率和区域等），通过提取特征和匹配特征，建立配准参数，实现基于特征的图像配准，如基于尺度不变特征变换（scale invariant feature transform，SIFT）的配准法、基于特征点的配准法等。该类方法对图像的显著特征进行提取，压缩图像的信息量，计算量较小，主要用于刚性配准。

2. 序列抖动稳像

序列抖动稳像技术的目的就是去除外在因素对成像产生的部分运动偏移，获得稳定显示的视频序列，提高获取的图像信息的质量，改善观测感受。

根据稳像原理不同，可将稳像技术分为光学稳像技术、机械稳像技术和电子稳像技术。前两种稳像技术是借助光学元件或平台系统，通过稳定光学系统达到稳像的目的。这两种稳像方式需要额外增加设备器件并保持精度，适用于抖动简单、振动较小的应用场合。而电子稳像技术（electronic image stabilization，EIS）不依赖任何光学元件和机械设备，利用图像处理算法估计序列图像之间的运动量，通过计算运动补偿矢量来消除或减轻图像帧之间的抖动效应，实现图像序列/视频的稳定。

对图像序列进行电子稳像时，不必获得原始参考图像，只需选取一个相对的参考帧，通过运动估计提取出不稳定的抖动分量（即无意运动），保留稳像的运动分量（即有意运动），再采取运动补偿使得后续各帧相对参考帧保持稳定。近年来，研究人员对序列稳像进行了大量研究，提出了许多稳像算法，如基于点特征轨迹的稳像、基于希尔伯特-黄变换（Hilbert-Huang transform，HHT）的稳像、基于动态时间规划（dynamic time warping，DTW）的稳像等算法。

总之，图像偏移校正通过确定图像/序列的像素偏移并补偿校正，实现目标形态恢复和序列平滑稳定。随着图像/视频信息的广泛应用，图像校正技术得到了大量和深入的研究，相关成果层出不穷。由于图像和视频信息中像素偏移的多样性和复杂性，针对图像建立更加有效的框架是增强校正效果和稳定性的研究方向。

1.4 单幅退化图像复原方法

如不加特别声明，本书所提及的退化图像复原概念，均指传统意义上的对单幅退化图像的复原；而将对于由连续的图像序列组成的视频流的复原，称为视频序列图像复原或视频图像复原。

1.4.1 正则化处理方法

在式（1.2）中，如果 PSF 已知，则退化图像复原将转化为解卷积问题，属于典型的 NP（non-deterministic polynomial，非确定多项式）问题，这种病态问题的真解通常不存在或者不唯一。另外，PSF 的奇异性（函数不连续或导数不存在）和噪声的存在，使得图像复原成为极具挑战性的研究课题。

对于 NP 问题，数学界有着非常广泛的研究。简单来说，存在多项式时间算法解的问题称为 P 类问题，而至今没有找到多项式时间算法解的问题称为 NP 问题，但 NP 问题能够在多项式时间内验证给出的解是否正确。正则化方法是求解 NP 问题的一种经典方法，其核心思想是当问题是病态的（解空间太宽导致解不稳定）时，引入附加限制，定义一个包含真解的紧集，这样就可以在该紧集和原始解空间的交集中寻求真解，进而得到连续依赖于观察数据的稳定解[1]。正则化方法一般分为确定正则化方法和随机正则化方法，前者利用解的先验信息改变求解策略，构造附加约束限制解的范围，使病态问题转化为良态问题，从而使解变得稳定和确定，目前的方法有 Tikhonov 正则化、全变分正则化、约束最小二乘拉格朗日方程等。而后者又包括 MAP 估计方法和 ML 估计方法。MAP 估计方法是统计学方法的典型代表，它把图像复原问题看成一个概率估计问题，即在已知退化图像和某些先验条件的前提下，使出现清晰图像的后验概率达到最大；另一种统计学方法是 ML 估计方法，它可认为是 MAP 估计方法在等概率先验模型下的特例。

1.4.2 确定正则化图像复原方法

确定正则化图像复原的核心思想是利用模糊图像、退化模型及噪声的先验知识，建立带有正则化项的代价函数，进而寻求清晰图像和退化模型的最优估计，代价函数通常具有如下形式：

$$(\boldsymbol{x},\boldsymbol{h})=\min_{\boldsymbol{x},\boldsymbol{h}}\|\boldsymbol{y}-\boldsymbol{hx}\|_2^2+\lambda_1\Theta_1(\boldsymbol{x})+\lambda_2\Theta_2(\boldsymbol{h}) \tag{1.4}$$

其中，$\boldsymbol{y}$ 表示模糊图像；$\boldsymbol{x}$ 表示清晰图像；$\boldsymbol{h}$ 表示模糊核；$\Theta_1(\boldsymbol{x})$ 表示图像的正则化项；$\Theta_2(\boldsymbol{h})$ 表示模糊核的正则化项。

为了求解病态问题，苏联数学家 Tikhonov 提出了一套处理病态问题的方法，即 Tikhonov 正则化方法，可通过如下的最小化泛函获得其解：

$$E(f,g,\alpha)=M(f,g)+\alpha N(f) \tag{1.5}$$

其中，$M(f,g)$ 表示解与原数据之间的距离，即保证所得解逼近真解；$N(f)$ 是正则项，保证解在真解附近连续依赖于原始数据，不至于过分放大误差或噪声；α 是控制两个正则项的权重参数，称为正则化参数。在理想情况下，如果式（1.5）达到最小且 $M(f,g)\to 0$，则可求得最优解。

Tikhonov 正则化方法往往会被过度平滑的副作用影响，从而影响图像细节信息的复原。Rudin 等在 Tikhonov 正则化方法的基础上提出 TV 模型[2]，该模型以 L_1 范数为约束，可以在保持图像边缘的同时有效地抑制噪声。该模型引起了学者的广泛关注，但由于该模型并不完全符合图像的形态学原理，在噪声较大的情况下稳态解往往有明显的阶梯效应。一些专家学者根据形态学原理，提出了许多改进的 TV 模型，如空域自适应 TV 模型[3]、约束 TV 模型[6]和迭代权重 TV 模型[7]等，但这些模型大都过于复杂，求解困难，且计算量较大。同时，研究表明高阶偏微分方程也可以缓解阶梯效应，但同样存在模型复杂、计算量大的问题[8]。

正则化约束可以在空域构建也可以在频域构建。陈新兵等[9]基于图像边缘的重拖尾稀疏分布，提出一种基于曲面拟合与广义高斯分布（generalized Gaussian distribution，GGD）的 TV 卫星图像盲复原方法，性能优于传统正则化复原方法。空域约束普遍使用图像边缘或梯度域的稀疏性作为约束条件，因此如何正确描述空域的统计分布特性并对解进行约束是该类算法成败的关键。Cai 等[10]利用图像小波域系数的稀疏性作为约束条件，所得图像能够很好地抑制噪声和伪迹。另外，还可对频域变换后各频带采用不同的正则化因子得到具有子频带约束的图像复原方法[11]。与空域约束方法相比，基于频域约束的复原具有更好的边缘保持效果，复原后图像的高频细节更加清晰，是一种有效的复原方法[12]。另外，由于复原过程中未知量的个数非常庞大并且远远多于已知量的个数，通常使用单个约束项并不能保证解的合理性。文献[13]采用空域和小波域联合约束的正则化方法，改进了复原性能。

无论使用哪种变换域的约束形式，当图像的分布统计特性与之不相匹配时，往往会造成错误的估计，导致图像复原失败[10]。由于图像分布和统计特征的复杂性，目前的基于确定正则化的复原方法仅仅对于特定退化过程的某些特定图像具有很好的效果，即具有很强的图像依赖性。

1.4.3 随机正则化图像复原方法

如 1.4.2 节所述，正则化定义连续（分段）函数上的能量泛函，可用于描述和解决多种底层的计算机视觉问题。随机正则化方法与确定正则化方法相比，具有几个潜在的优点：首先，可以在统计学上对退化过程进行建模，这样就能够更好地利用图像自身和退化过程的先验知识对未知量进行估计，而不仅仅是猜测赋予数据什么样的权重。其次，图像的概率分布可以提供方便、直观和符合实际的成像模型，而模型参数可以通过示例学习得到，这样就能够更好地利用不确定的先验信息进行图像复原。最后，由于随机正则化方法是基于统计学概率分布的，所以从原理上就能够估计出待复原未知量的完全概率分布，实现对解的不确定性建模，这对于处理后续的边缘截断是非常有益的。

在随机正则化的模式下，PSF 和图像被看作概率空间的样本，可以通过 MAP 估计和 ML 估计最小化损失函数的期望值得到未知量。随着计算机视觉在字典学习和稀疏表示方面的进步，这些方法在图像处理领域取得了巨大成功，成为图像复原方面的研究热点。

MAP 估计方法本质上是充分利用样本和参数的先验信息，把先验概率分布转化为后验概率分布进行优化，估计过程可融入许多附加限制，如强边缘检测、迭代 ML 估计以及 Framelet、Curvelet 和 Contourlet 等的稀疏性。从原理上来看，MAP 估计方法几乎能够处理所有退化图像，但许多实验表明基于 MAP 估计方法的图像复原方法性能不够稳定，在某些情况下甚至比确定性滤波器更差，其主要因素来自两个方面：一是由于图像本身和退化过程难以泛化地描述和表示，目前技术条件下的方法大都是针对具体退化模型建立的，而对其他退化形态缺乏适应性。二是由于统计分布模型自身的缺陷，MAP 估计方法的性能过多地依赖于样本数目与相关的统计理论，具有很强的图像和条件依赖性。文献[14]在 MAP 框架下，对运动模糊图像进行复原，发现同时估计退化图像和 PSF 的 MAP 估计方法通常存在数据过拟合问题，导致算法失效。研究发现，$\mathrm{MAP}_{x,k}$（同时估计退化图像和 PSF）和 MAP_k（仅仅估计 PSF）两种方法在处理盲解卷积问题时具有相似的原理与实现方法，并且在处理大尺度 PSF 时具有类似的局限性，即在样本量不充足的情况下，全局优化不再趋于正确的模式。相比而言，由于 PSF 尺度比图像尺度要小许多，MAP_k 估计方法便于更好地进行约束与优化，能够获得更稳定的复原结果。

1.4.4 基于局部相似性的图像复原方法

自 20 世纪 80 年代起，自相似的概念逐渐在数学和物理中扮演起重要的角色。

自相似指的是图像的某些局部区域在不同的位置以不同的尺度重复出现。自相似性最初用于分形图像压缩编码，后来逐渐应用于图像复原。Efros 等[15]利用非局部自相似性对图像的纹理和空缺进行了修补。Buades 等[16]提出著名的非局部均值（non-local means，NLM）模型，利用滤波器中的局部邻域相似性对灰度相似性进行改进，打破了双边滤波器在邻域空间的约束。NLM 模型充分利用图像自身的重复模式，通过局部邻域相似性抑制噪声，可以有效地复原边缘和细节等信息[17]。

NLM 模型的核心思想是分析和比较图像中的局部邻域相似性，并根据该相似性计算权值。在此思想的基础上，刘忠伟提出一种基于非局部约束的 TV 图像复原方法，该方法将图像的局部关联性和非局部自相似性进行有效的互补，在 TV 正则项复原出图像结构的基础上，进一步利用非局部自相似性正则项复原边缘和细节等信息，同时能够有效地抑制 TV 复原的阶梯效应，但是该算法对应用条件和参数设置非常严格，而且对于强噪声的抑制仍不够理想，有待进一步的改进。

利用局部邻域的关联信息建立先验模型，对图像复原问题进行约束和优化，可使病态问题得到解决的思想在空域复原方法上占据统治性地位。目前的很多复原方法都可归结为局部相似性的图像处理方法，如邻域滤波器、各向同性的高斯平滑滤波器、各向异性的 Perona&Malik 模型[18]等。各国学者也在不断改进各种局部相似性方法，然而由于图像局部相似性的规律难以建模和表示，目前技术条件下的局部处理方法离完全解决图像复原问题还有很大的差距。

1.4.5　基于示例学习的图像复原方法

近年来，图像的稀疏先验约束被广泛应用于图像复原，包括 NLM[16]、学习的稀疏化模型[19]、分段线性估计[20]、广义矩估计（generalized method of moments，GMM）[21]、领域专家（fields of experts，FoE）[22]、核回归[23]和三维滤波的块匹配（block matching with 3D filtering，BM3D）[24]，这些方法大致可以分为两类：基于重建的复原方法和基于学习的复原方法。基于重建的复原方法是通过对模糊图像的退化过程进行建模来构造清晰图像的先验约束，由观测的模糊图像估计原始的清晰图像，最终将图像复原问题转化为代价函数在约束条件下的最优化问题。这类方法可以有效地结合图像本身的先验知识，将复原的病态问题转化为良态问题，通常能够取得优于非模型化方法的结果。但由于图像分布和退化过程的复杂性，目前技术条件下还没有任何模型能够构建泛化的约束形式与之相匹配，这就导致基于重建的方法仅仅对于特定退化类型的特定图像或区域具有较好的复原效果。基于学习的方法目前主要用于图像的超分辨率复原[25]，其基本思想是：通过学习算法获得高低分辨率图像块之间的关系，用以指导高分辨率图像块的重建；从大量的训练样本集中获取先验知识作为超分辨率复原的依据，用学习过程中获得的知识对输入图像中的信息进行补充。这类方法通过学习获得先验知识，取代了基于重建方法中人为定义的方式，可获得更好的复原效果[18]，目前已成功应用于指纹、人脸和文字等图像的复原。虽然基于学习的方法在超分辨率复原中可以取得很好的效果，但却不能直接用于解决退化图像的复原问题，因为图像块的匹配是基于微几何结构相似性的，而退化图像的微几何结构特征已经被严重破坏，丢失了大量的边缘和细节等微几何结构信息。如果直接将基于学习的方法应用于退化图像复原，则输入的模糊图像块将不能像超分辨率复原中的低分辨率图像块一样匹配到合适的清晰图像块。因此，将基于学习的方法应用于退化图像的复原仍需要大量的研究工作。

除上述的多种复原方法外，近年来图像复原领域流行的方法还包括基于变分贝叶斯框架的方法、基于迭代阈值/收缩技术的方法和基于算子分裂的方法。变分贝叶斯方法的主要思想是利用概率模型描述原始图像、PSF 和参数等未知量，并通过先验信息和 MAP 等方法获得未知量的最优估计，但常见的 GMM、Student's-t 分布、超 Laplacian 分布等并不能精确描述图像复杂的结构特征，有待进一步的深入研究。迭代阈值/收缩技术在图像复原问题中可保证解存在且唯一，但是当阈值函数及参数选取不当或严重病态时，复原性能会受到很大的影响。算子分裂法是 Bregman 分裂、Douglas-Rachford 分裂和 ADM 等方法的总称，通常将约束优化问题转化为若干非约束优化问题进行处理，具有步骤简单、收敛速度快、复原效果好等优点，但是同样存在应用条件苛刻和参数选取复杂的问题。近年来，压缩感知/稀疏表示技术在图像复原中有了广泛应用，该技术利用机器学习方法构建字典，并通过字典中原子的线性组合表征图像，具有很好的泛化性能，但由于目前基于机器学习的方法还不够成熟，往往存在欠学习和过学习的缺陷，另外很难通过具体的模型确定字典的种类和数量，因而还有待进一步深入研究。

1.5 视频序列图像的复原方法

单幅退化图像复原方法过多依赖图像自身的先验知识，通过迭代方式同时估计 PSF 和原始图像，其最大缺点是缺少稳定性；另外，单幅退化图像复原方法较难确定目标偏移，也很难消除图像的抖动和偏移。对于复原问题，采用多帧的方式不仅可以有效地控制噪声，而且可以增强解的稳定性，达到快速收敛的效果，同时放宽了对支持域的要求。Christou 等[26]利用多幅观测图像作为解卷积的附加约束条件，将未知变量与观测量的比率从单帧图像的 2∶1 减少到 L 帧图像的 $(L+1):L$。另外，视频序列图像的复原还能够利用视频的帧间信息作为先验条件。因此，与单幅图像复原相比，视频序列图像复原在理论上能够获得更低的系统误差和更可靠的结果。

从广义上讲，视频序列图像复原技术包括单帧到单帧、多帧到单帧以及序列到序列的复原等三个方面，其中前两个方面得到了较为广泛的研究，Schulz[27]提出了基于多帧的 ML 盲解卷积算法；洪汉玉等[28]提出了基于相邻两帧图像的 PSF 辨识和图像复原方法；杨秋英等提出了基于图像相关性的两帧序列图像复原方法[29]和基于功率谱 AR（auto regressive）模型估计的序列图像复原方法[30]。而序列到序列的复原，即对视频序列中所有图像帧进行复原的研究则相对较少。理论上来讲，任何单幅图像复原方法均能用于视频序列中的各图像帧，以此可实现视频复原，即序列图像的静态批处理复原方法。但是在实际应用中，这往往会受到运算复杂度的限制，而且未能有效利用视频的帧间信息，导致复原的视频序列之间不连贯而出现闪烁现象。

1.5.1 视频复原的特征

视频复原与图像复原有很大的相似性，但视频复原具有如下一些独有的特征。

（1）运动信息。场景中目标/相机的运动轨迹对于图像/视频复原是至关重要的。虽然从单幅图像中估计运动轨迹也是可能的（如文献[31]），但是这些方法仅仅被限制到相机运动或者静态场景中目标的运动；另外，这些方法的成败很大程度上依赖于目标分割算法的性能，分割过程中的任何误差都可能会在复原过程中放大。与此不同，从视频中估计运动则要容易很多，使用一些传统的运动检测方法，例如，块匹配和光流法就能够有效地估计出运动向量场。

（2）空间变化属性。对于单幅退化图像，许多情况下的运动模糊复原难题是空间变化的。一个简单的例子是场景中包含一辆快速运动的汽车和一些静态的背景（背景是清晰的，而汽车是运动模糊的），对于这种特别的模糊复原问题，至少有两个不同的 PSF，使用哪个 PSF 取决于正在处理的像素位置。对于空间变化的图像复原难题，卷积矩阵 $\boldsymbol{H}$ 不是块循环矩阵，因此不能应用快速傅里叶变换（fast Fourier transform，FFT）找到有效的解决方案。相反地，对于视频的复原则要容易很多，PSF 在时间上是低通的，并且与像素位置无关，能够使用 FFT 有效地处理，进而实现速度和精度上的巨大提升。

（3）时间连贯性。时间连贯性主要是指视频沿着时间轴的平滑性。尽管视频平滑性能够像单幅图像复原一样在空域中执行，但是逐帧地执行单幅图像复原并不能保证帧间连贯性。例如，通过多次重复单幅图像生成视频序列，其中每帧图像的平均亮度被随机地改变，如果仅仅研究每帧图像是没有问题的，但是当视频播放时，平均亮度的随机涨落将会产生闪烁现象。

由于视频复原的这些独有的特征，许多图像复原方法无法直接应用于视频复原。

1.5.2 三维解卷积与几种视频复原方法

三维卷积是传统二维卷积的一种自然扩展。给定时空体 $f(x,y,t)$ 和 PSF $h(x,y,t)$，信号 $g(x,y,t)$ 通过卷积

$$g(x,y,t)=f(x,y,t)*h(x,y,t)\overset{\text{def}}{=}\sum_{u,v,\tau}h(u,v,\tau)f(x-u,y-v,t-\tau) \tag{1.6}$$

给定。由于卷积是线性操作，能够使用矩阵表示，则视频退化过程可按照下面的准则将信号 $f(x,y,t)$ 映射到 $g(x,y,t)$：

$$\boldsymbol{Hf}=\text{vec}(g(x,y,t))=\text{vec}(f(x,y,t)*h(x,y,t)) \tag{1.7}$$

假设卷积矩阵 $\boldsymbol{H}$ 是具有周期边界和块循环结构的三次矩阵，在每个块内具有块循环行列式嵌套循环行列式块（block-circulant with circulant-block，BCCB）的子矩阵[32]，那么该循环矩阵可以使用离散傅里叶变换（discrete Fourier transform，DFT）矩阵进行对角化[32]。

定理 1.1 如果 $\boldsymbol{H}$ 是三次的块循环矩阵，那么它能够通过三维的 DFT 矩阵 $\boldsymbol{F}$ 进行对角化：

$$\boldsymbol{H}=\boldsymbol{F}^{\mathrm{H}}\boldsymbol{\varLambda F} \tag{1.8}$$

其中，$(\cdot)^{\mathrm{H}}$ 是厄米对称算子；$\boldsymbol{\varLambda}$ 是包含 $\boldsymbol{H}$ 特征值的对角矩阵。

在视频复原难题中，与原始图像 $f(x,y,k)$ 对应的第 k 帧观察图像可建模为

$$g(x,y,k)=h(x,y,k)*f(x,y,k)+\eta(x,y,k) \tag{1.9}$$

其中，$h(x,y,k)$ 是退化视频的 PSF；$\eta(x,y,k)$ 是时空噪声。

为简化视频复原难题，目前的大部分方法是假设视频遭受空间不变性模糊，即 $\eta(x,y,k)$ 对于所有时间（或者较短的时间间隔内）是相同的，则式（1.9）的模型可简化为

$$\boldsymbol{g}_k=\boldsymbol{Hf}_k+\eta \tag{1.10}$$

在该模型的基础上，为改善视频的帧间连贯性和复原效果，文献[33]考虑处理下面的最小化问题：

$$\min_{\boldsymbol{f}_k}\|\boldsymbol{Hf}_k-\boldsymbol{g}_k\|^2+\lambda_S\sum_i\|\boldsymbol{D}_i\boldsymbol{f}_k\|_1+\lambda_T\|\boldsymbol{f}_k-\boldsymbol{M}_{i,k}\hat{\boldsymbol{f}}_{k-1}\|^2 \tag{1.11}$$

其中，$\hat{\boldsymbol{f}}_{k-1}$ 是第 k–1 帧的解决方案；$\boldsymbol{M}_{i,k}$ 是运动补偿操作算子，映射 $\boldsymbol{f}_{k-1}$ 坐标到 $\boldsymbol{f}_k$ 坐标；操作符 $\boldsymbol{D}_i$ 是 0°、45°、90°和 135°方向的空间前向有限差分操作算子；规整化参数 λ_S 和 λ_T 用于控制空间平滑性和时间平滑性的权重。

文献[34]和文献[35]应用多通道的方法求解空间不变性模糊难题，将退化过程建模为

$$\boldsymbol{g}_i = \boldsymbol{H}\boldsymbol{M}_{i,k}\boldsymbol{f}_k + \eta \tag{1.12}$$

其中，$i = k-m,\cdots,k,\cdots,k+m$，$m$ 是时间窗口的尺寸（其范围一般为 1～3）；$\boldsymbol{M}_{i,k}$ 是运动补偿操作算子，映射 $\boldsymbol{f}_k$ 坐标到 $\boldsymbol{g}_i$ 坐标。第 k 帧图像能够通过求解下面的最小化问题[34]进行复原：

$$\min_{\boldsymbol{f}_k} \sum_{i=k-m}^{k+m} \alpha_i \| \boldsymbol{H}\boldsymbol{M}_{i,k}\boldsymbol{f}_k - \boldsymbol{g}_i \|^2 + \lambda \| \boldsymbol{f}_k \|_{\text{TV2}} \tag{1.13}$$

其中，α_i 是常量；$\| \boldsymbol{f}_k \|_{\text{TV2}}$ 是第 k 帧图像的各向同性全变分。

文献[35]分别利用加权的最小平方和加权的 TV 代替目标函数与各向同性 TV 规整化函数，通过迭代方式自适应地更新权重，最后完成每帧图像的复原。

这些方法的一个缺点是复原结果很大程度上依赖于运动估计和补偿的精度，尤其是在闭塞区域，这种问题更加严重。假设 $\boldsymbol{M}_{i,k}$ 不能保持单射，那么 $\boldsymbol{M}_{i,k}$ 就不是全阶矩阵，而且 $\boldsymbol{M}_{i,k}^{\text{T}}\boldsymbol{M}_{i,k} \neq \boldsymbol{I}$，最小化 $\| \boldsymbol{H}\boldsymbol{M}_{i,k}\boldsymbol{f}_k - \boldsymbol{g}_i \|^2$ 的结果就可能产生严重的误差[36]。文献[34]引入不可察觉像素的概念减少由 $\boldsymbol{M}_{i,k}$ 产生的误差，但是复原结果依然依赖于选择像素的有效性。

这些方法的另外一个缺点是实时性较差。由于块循环矩阵允许使用 DFT 方法，所以该属性是实现加速的主要条件，但是在多通道模型中，操作 $\boldsymbol{H}\boldsymbol{M}_{i,k}$ 不再是块循环矩阵。文献[34]和文献[35]采用共轭梯度（conjugate gradient，CG）法求解最小化问题，虽然共轭梯度迭代的总次数可能会减少，但是每次迭代的运行时间都较长。表 1.1 展示了几种视频复原方法的比较。

表 1.1 几种视频复原方法的比较

视频复原方法	Ng 等[34]	Belekos 等[35]	Chan 等[33]	Shechtman 等[37]
问题类型	超分辨率复原	超分辨率复原	退化复原	超分辨率复原
方法	逐帧的方法	逐帧的方法	逐帧的方法	时空容积
空间一致性	$\sum_i \sqrt{[\boldsymbol{D}_x\boldsymbol{f}]_i^2 + [\boldsymbol{D}_y\boldsymbol{f}]_i^2}$	$\sum_i w_i \sqrt{[\boldsymbol{D}_x\boldsymbol{f}]_i^2 + [\boldsymbol{D}_y\boldsymbol{f}]_i^2}$	$\sum_i \| \boldsymbol{D}_i\boldsymbol{f} \|_1$	$\| \boldsymbol{D}_x\boldsymbol{f} \|^2 + \| \boldsymbol{D}_y\boldsymbol{f} \|^2$
时间一致性	$\| \boldsymbol{H}\boldsymbol{M}_{i,k}\boldsymbol{f}_k - \boldsymbol{g}_i \|^2$	加权的 $\| \boldsymbol{H}\boldsymbol{M}_{i,k}\boldsymbol{f}_k - \boldsymbol{g}_i \|^2$	$\| \boldsymbol{f}_k - \boldsymbol{M}_k\hat{\boldsymbol{f}}_{k-1} \|^2$	$\| \boldsymbol{D}_t\boldsymbol{f} \|^2$
运动补偿	要求	要求	要求	不要求
运动模糊处理	空间变化算子	空间变化算子	空间变化算子	3D-FFT
目标函数	TV/L_2	加权最小平方和	TV/L_2 + 二次惩罚	Tikhonov
求解程序	共轭梯度	共轭梯度	子梯度投影	封闭形式的解

1.6 图像复原的难点

在图像复原中，退化过程一般是非线性、时变和空变的，处理起来难度很大，往往找不到解或者难以利用计算机进行处理。另外，退化过程对目标成像的影响是复杂多变的，造成 PSF 难以确定且随机变化，这进一步加大了图像复原的难度。目前的图像复原方法，如限制逆滤波、最小二乘维纳滤波、功率谱滤波、最大熵复原、空间自适应限制复原、IBD 等大都基于空间不变 PSF 的假设，然而成像系统在空间和时间上的退化不可能完全相同，如光学透镜造成的场曲、畸变，成像平台的不规则振动，气流的随机变化等，都会产生空间变化的模糊图像，若仍使用相同 PSF 复原整幅图像显然是不够准确的，典型现象就是会表现出人造伪像，如纹波、振铃等。

1.6.1 视觉认知计算与图像复原

Mannos 等[38]的研究表明，简单的数学指标如均方误差（mean squares error，MSE）和峰值信噪比（peak signal-to-noise ratio，PSNR），不能可靠地估计图像的感知质量，并首次将视觉认知的概念应用于图像处理；他们根据人类视觉系统（human vision system，HVS）的认知特性推导出了一个对比敏感度函数（contrast sensitivity function，CSF），并将其应用于失真度量中，更好地预测了图像质量。在 Mannos 等的工作之后，许多研究团体相继投入 HVS 模型的研究之中。Nill[39]提出一种视觉感知加权的 DCT 图像编码方法，对于图像的压缩、复原和质量评价具有很好的应用价值。Hontsch 等[40]提出一种具有感知失真控制的自适应图像编码方法，通过图像特征的局部自适应模型研究 HVS 掩模的属性，并通过检测最小感知失真阈值的方式计算出局部图像的失真敏感度映射图，该编码方法能够适应图像局部频率、方向和空间特性的变化，有效地控制了图像编码和重构过程中目标的失真度。尽管人类视觉的认知特性已经初步应用到图像的压缩、编码和质量评价等领域，但是对于图像复原来说仍然有很多问题有待研究。

1.6.2 图像理解与图像复原

近年来，图像处理和计算机视觉在实际应用中取得了巨大进步，相应的技术和方法已经能够用于理解特殊类的图像，但至今仍缺乏一种对所有图像都有效的通用性理解方法，这主要取决于以下事实：只要不知道图像中蕴含哪些期望理解和认知的事物，就可以通过多种方式加以理解。目前的方法仅对图像中的可预测部分进行建模，缺乏智能性和学习能力，因此鲁棒性受到非常大的考验，一般都很难适应成像环境或目标的微小变化。

为了让计算机能够理解图像，科学家在人工智能、场景分析、图像处理、图像分析和计算机视觉等领域研究了几十年，各种方法在图像的本质描述和表征上存在着很大区别。

由于图像数据的稠密性和多义性，建立图像与描述之间的联系一般需要引入中间层描述。中间层描述一般包含空间/几何信息，通常从一些基本的图像预处理开始降低噪声和失真，增强某些重要的特征；然后，依据图像数据提取特征信号（典型的特征信号包括图像的斑点、边、线、拐角和区域等），并将相应的描述存储于抽象的中间层内，这些描述不受理解范畴信息的约束，便于理解特定模式下的图像。

目前，图像理解的研究还处于初级阶段，其主要难点如下。

（1）HVS 和大脑认知的模拟是相当困难的。

（2）由于图像自身的复杂性，特定问题的解决方案很难推广到一般情况，而通用性的解决方案又无法完成图像理解的任务。

（3）由于图像数据的稠密性和多维性，对其进行处理所需的计算量非常庞大。

图像理解的长远目标在于通过时间、空间和频域等的分析，最终挖掘出实用、鲁棒的计算理论和技术，完成对图像的理解与认知，从而使计算机达到甚至超过人类的水平，显然这还有很长的路要走。

1.7　本章小结

退化图像复原，特别是湍流退化图像的复原是一个世界性的难题，其难点在于其退化模型是未知的和随机变化的，且很难用数学解析式进行描述。此外，退化图像中可能含有噪声，图像序列之间可能存在偏移、抖动，这些因素进一步增加了图像复原的难度。国内外有不少学者多年来一直致力于图像复原技术的研究和相关难题的解决，特别是近十年来，图像复原技术和方法的研究与发展得到了有力的推进。本书重点介绍的也正是近年来单幅图像复原方法和视频序列图像复原技术的最新进展，希望对促进我国退化图像复原技术的发展和推动相关技术人员的研究工作起到一定的作用。

第二篇　图像盲复原方法

大气湍流的随机性和瞬态多变性导致采集到的湍流退化图像的先验信息未知，也就是说反映图像退化过程的PSF未知，所以要采用盲复原方法对退化图像进行处理。

本章结合作者的研究工作，介绍几种湍流退化图像盲复原新方法，内容包括基于PSF估计的自适应盲复原方法、基于稀疏多正则化的湍流图像盲复原方法、基于低秩矩阵和稀疏正则化的图像盲复原方法、基于回归映射的图像盲复原方法共4章内容。

在第2章基于PSF估计的自适应盲复原方法中，研究现有PSF的估计方法，提出一种基于平移不变NSWT的PSF估计方法，并将之应用于基于PSF估计的大气湍流退化图像自适应维纳滤波算法中，提出一种基于PSF估计的大气湍流退化图像自适应增量迭代维纳滤波算法。

在第3章基于稀疏多正则化的湍流图像盲复原方法中，针对空间目标图像和湍流模糊核的特征，构建图像梯度及灰度的L_0正则约束和各向异性约束的模糊核梯度L_2范数正则项，提出一种基于稀疏多正则约束模糊核估计的盲解卷积方法。

在第4章基于低秩矩阵和稀疏正则化的图像盲复原方法中，针对稀疏正则盲解卷积算法对噪声敏感的问题，采用图像低秩结构构造稀疏先验正则模型的保真项，提出一种基于低秩矩阵、非局部相似性和稀疏先验的图像盲解卷积算法。

在第5章基于回归映射的图像盲复原方法中，将复原问题作为回归问题进行求解，通过引入果蝇优化参数构建果蝇优化的复原模型，提出一种基于果蝇优化最小二乘支持向量机的图像复原方法。

本篇内容将稀疏正则化和稀疏多正则化等理论与方法用于图像盲复原，对图像盲复原理论和技术进行了一定的创新与发展。

第 2 章　基于 PSF 估计的自适应盲复原方法

本章在对湍流退化图像特性进行深入分析的基础上，使用基于冗余提升的平移不变非下采样小波变换（nonsubsampled wavelet transform，NSWT）进行 PSF 的估计，然后结合最小二乘估计的方法设计了基于 PSF 估计的自适应维纳滤波盲复原方法，实现了湍流退化图像的复原处理。为了获得更好的 PSF 估计和盲复原效果，设计了基于自适应增量迭代维纳滤波的盲复原方法，并通过仿真实验验证了该方法的有效性。

2.1　基于冗余提升 NSWT 的 PSF 估计

图像模糊退化的共性是它们都是对原始图像进行低通平滑，从而丢失了部分高频分量信息，失去了较为敏感的边缘和棱角信息。PSF 的物理含义是在不考虑加性观测噪声影响的情况下，一个点源 (s,t) 通过该成像系统后所形成的扩散图像。由于湍流流场对目标成像影响的复杂多变性，实际的湍流光学 PSF 通常是一个有限冲激响应滤波器，一般不具有对称性。其形式是随机变化的，具有复杂多峰和斑点状。实际情况下，大气湍流的 PSF 依赖于海拔、温度和风的转向率等众多因素。

2.1.1　大气湍流 PSF 辨识基础

根据光学成像原理，受到光学系统衍射的限制，PSF 是频率带宽有限函数，带宽等于传递函数的截止频率 f_c。据此，Banish 对不同入射波长下的气动光学效应降晰函数进行了研究，提出的计算方法认为波长变化引起的气动光学模糊畸变是很小的，尤其是短波段，这与实际数据比较符合[41]。当 $l_c \leqslant D$ 时，在焦平面上的模糊圆尺寸存在变化，从而 PSF 可以表示为

$$\text{PSF}=(1-\exp(-k^2\sigma_\phi^2))(l_c^2/(4\pi\sigma_\phi^2 f^2))\cdot\exp(-l_c^2x^2/(4\sigma_\phi^2 f^2))(2J_1kA)^2 \quad (2.1)$$

其中，J_1 是贝塞尔（Bessel）函数；l_c 是相位相关长度；σ_ϕ 是相位方差；k 是波数；$A = D_x/(zf)$ 为孔径系数，D_x 是光学孔径直径；f 是焦距。

在式（2.1）中，第一项 $(1-\exp(-k^2\sigma_\phi^2))(l_c^2/(4\pi\sigma_\phi^2 f^2))$ 描述了湍流效应，第二项 $\exp(-l_c^2x^2/(4\sigma_\phi^2 f^2))(2J_1kA)^2$ 描述了衍射系统效应。因此 PSF 是湍流作用的综合反映。一方面是与湍流有关的高斯分布，另一方面是衍射极限艾里斑。在波长很短的情况下，对于 PSF 来说，湍流起决定作用，PSF 结果是高斯分布；在波长

增加时，衍射对 PSF 起主要作用，结果表现为艾里斑。

正是由于大气湍流的高频随机特性，观察到的湍流退化图像呈现抖动效应。由于大气流场是随时间不断变化的，大气流场对目标成像的作用函数为时间函数，于是来自目标的可见光或红外辐射穿过流场后在焦平面的成像模型可表示为

$$g_t(x,y)=\iint_D h_t(x,y;\alpha,\beta)o(x-\alpha,y-\beta)\mathrm{d}\alpha\mathrm{d}\beta+n(x,y) \tag{2.2}$$

其中，$(\alpha,\beta)\in D,(x,y)\in\Omega$，$\Omega$ 为图像区域；$g_t(x,y)$ 为某一时刻 t 的湍流退化图像；$o(x,y)$ 为目标原图像；$n(x,y)$ 为传感器噪声；$h_t(x,y;\alpha,\beta)$ 为湍流的 PSF；D 为 PSF 的支撑区间。

大气湍流对目标成像的影响通常可假定为线性移不变，即 PSF 具有空间移不变性，即

$$h_t(x,y;\alpha,\beta)=h_t(\alpha,\beta),\quad (x,y)\in\Omega \tag{2.3}$$

将式（2.2）代入式（2.1）得

$$\begin{aligned}g_t(x,y)&=\iint_D h_t(\alpha,\beta)o(x-\alpha,y-\beta)\mathrm{d}\alpha\mathrm{d}\beta+n(x,y)\\&=h_t(x,y)*o(x,y)+n(x,y)\end{aligned} \tag{2.4}$$

由式（2.3）可知，在忽略噪声的情况下，只有先得到大气湍流的瞬时 PSF，才有可能从湍流退化图像中恢复出原目标图像。

在各态历经假设下，长积分时间下的长曝光图像等价于许多短曝光图像的系统平均，因此，理论上长曝光时间的 PSF 可以表示为

$$\langle \mathrm{PSF}(u,v)\rangle=\left\langle\left|F\left(P_0(x,y)\exp\left(iF^{-1}\left(R(f_x,f_y)\sqrt{\phi_\phi(f_x,f_y)}\right)\right)\right)\right|^2\right\rangle \tag{2.5}$$

其中，$\langle\cdot\rangle$ 表示取系统平均。当目标为点目标时，$\mathrm{PSF}(u,v)$ 即点目标所成的短曝光图像，如图 2.1（a）所示。从图 2.1（a）中可以看到，在强湍流效应下，点目标短曝光像光斑破碎成一系列小光斑。$\langle \mathrm{PSF}(u,v)\rangle$ 为点目标所成的长曝光图像（多帧短曝光图像的平均），如图 2.1（b）所示。从图 2.1（b）中可以看到，点目标长曝光图像是一个扩展的模糊光斑，随机相位的影响已经非常微弱。由于湍流瞬息万变，各帧短曝光图像可以认为是被相互独立的气流流场干扰所得到的退化图像。

(a) 短曝光图像PSF

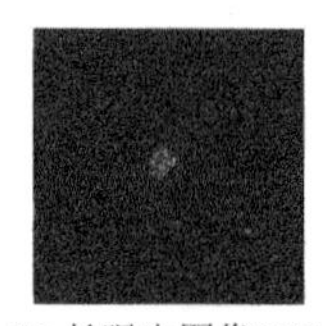

(b) 长曝光图像PSF

图 2.1　短曝光图像 PSF 和长曝光图像 PSF

2.1.2　常见 PSF 类型

在许多情况下，不精确的 PSF 估计不仅不能提高图像的复原质量，相反还会造成图像质量的进一步恶化。在图像的降质过程中，虽然造成图像降质的原因不同，降质系统 PSF 也不尽相同，但就总体而言，降质系统 PSF 可总结为以下几种类型。

1. 线性运动 PSF

线性运动 PSF 可以描述目标与成像系统间的相对匀速直线运动所形成的图像退化。线性运动 PSF 可表示为

$$h(m,n)=\begin{cases}\dfrac{1}{d}, & \sqrt{m^2+n^2}\leqslant\dfrac{d}{2}, \quad n=m\tan\phi\\ 0, & \text{其他}\end{cases} \tag{2.6}$$

其中，$h(m,n)$ 为图像在位置 (m,n) 处的降质 PSF；d 为 PSF 的长度，与目标运动的速度有关。

线性运动 PSF 示意图如图 2.2 所示。

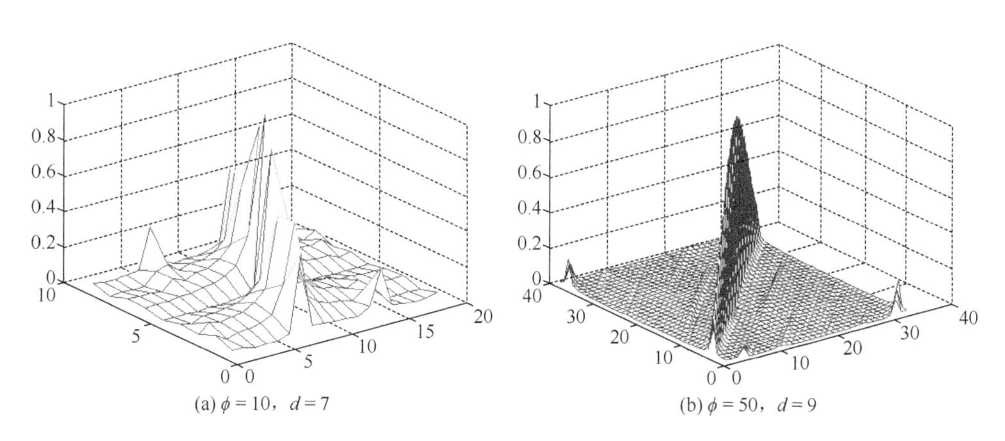

图 2.2　线性运动 PSF 示意图

其中：水平轴（x 轴和 y 轴）表示 PSF 的尺寸大小，单位为像素；纵轴 z 表示 PSF 不同位置处的值，没有单位。

2. 散焦 PSF

几何光学的分析表明，光学系统由聚焦不准而造成的图像退化所对应的 PSF 应该是均匀分布的圆形光斑，定义为

$$H(u,v)=\begin{cases}\dfrac{1}{\pi R^2}, & u^2+v^2 \leqslant R^2 \\ 0, & \text{其他}\end{cases} \tag{2.7}$$

其中，R 为散焦的半径；$H(u,v)$ 为 PSF $h(m,n)$ 的傅里叶变换（尺寸为 $l \times l$）。

散焦 PSF 示意图如图 2.3 所示。

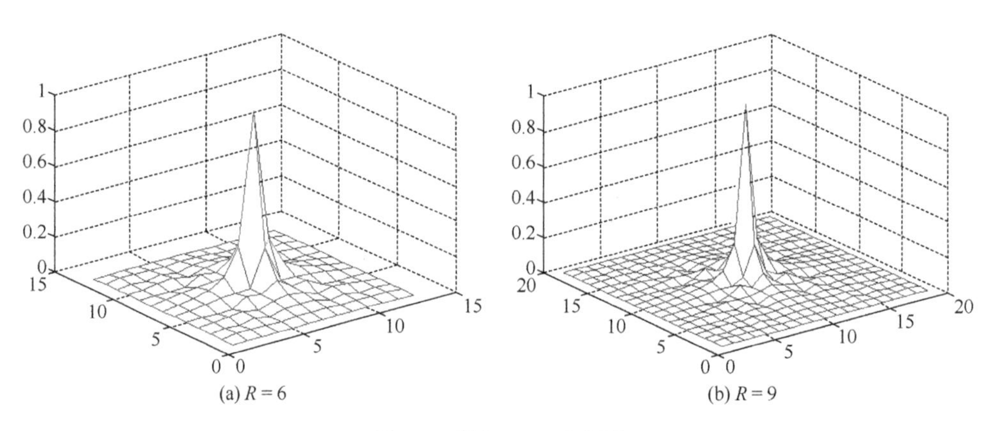

图 2.3　散焦 PSF 示意图

其中：水平轴（x 轴和 y 轴）表示 PSF 的尺寸大小，单位为像素；纵轴 z 表示 PSF 不同位置处的值，没有单位。

3. 高斯 PSF

高斯 PSF 是许多光学测量系统和光学成像系统中最常见的 PSF。由于决定成像系统 PSF 的因素非常多，综合结果使得最终的 PSF 趋于高斯型：

$$h(m,n)=\begin{cases}K \cdot \exp\{-\alpha(m^2+n^2)\}, & \alpha > 0,(m,n) \in C \\ 0, & \text{其他}\end{cases} \tag{2.8}$$

其中，K 为归一化常数；C 为 PSF 的支撑区域。

高斯 PSF 示意图如图 2.4 所示。

2.1.3　已有 PSF 的估计方法

由于先验信息的缺失，采集的湍流退化图像的 PSF 往往是未知的，为了简化问题，有必要在图像复原处理前估计出其退化函数。之前相关学者在进行图像复原的时候，一般先假定 PSF 的类型，然后将求解 PSF 的问题转化为估计模型中的参数问题；例如，文献[42]假设湍流引起的像模糊作用过程具有高斯随机特性，所以模糊降晰函数取类似于高斯函数的形式，然后进行 PSF 的辨识，并实验验证了估计效果。之后人们又提出了许多关于 PSF 估计的方法，其大多是基于 PSF

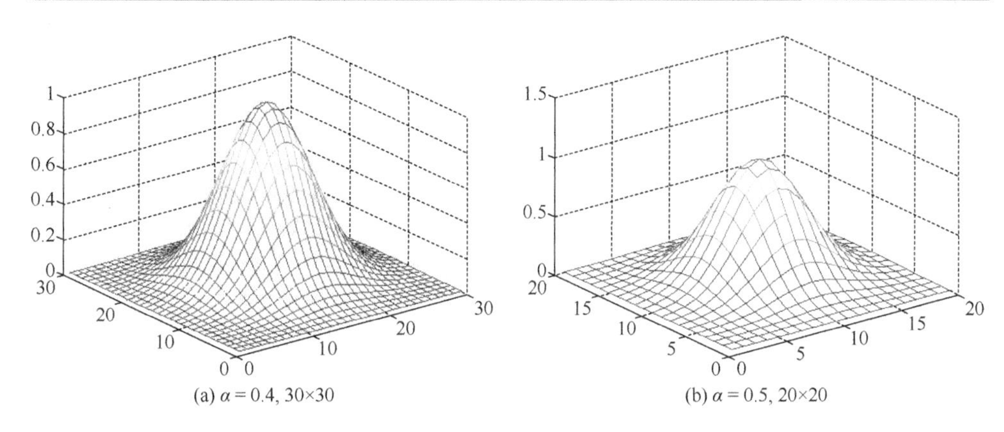

(a) $\alpha = 0.4$, 30×30　　(b) $\alpha = 0.5$, 20×20

图 2.4　高斯 PSF 示意图

其中：水平轴（x 轴和 y 轴）表示 PSF 的尺寸大小，单位为像素；纵轴 z 表示 PSF 不同位置处的值，没有单位。

的先验知识进行的；例如，在有些条件下，可以判定图像上的某些棱边等先验信息，并将其作为降晰函数的估计依据。除此之外，有学者提出运用后验判断进行 PSF 的估计，一般的处理方法是分析模糊图像的傅里叶频谱，然后根据频谱信息估计 PSF。还有基于 Hough 变换和自相关函数的方法、基于微分算子的方法、基于 Apex 的估计方法及基于奇异值分解的估计方法等。谢伟等提出的基于倒频谱的运动模糊图像 PSF 估计方法，在分析图像傅里叶频谱的基础上，进一步采用倒频谱进行分析，定量给出模糊参数值，实现了对 PSF 的估计[43]。陈前荣等提出的基于方向微分和加权平均的运动模糊方向鉴别法，对运动模糊图像在其运动方向上进行一阶微分，然后求运动方向上各行数据的自相关函数，并将计算结果在与运动方向垂直的方向上各列求和，利用得到的鉴别曲线确定 PSF，鉴别性能得到一定程度的改善[44]。但是以上这些估计方法只适用于固定模糊和低频随机介质传输带来的模糊和抖动的图像复原，对于积分时间短、湍流变化复杂、成像条件复杂多变的湍流退化图像的 PSF，估计效果并不好。基于“误差-参数”曲线法的气动光学降晰函数辨识方法，以复原误差作为准则，得到“误差-参数”曲线，并从该曲线的变化中判别出参数。“误差-参数”曲线在大于真实值后的收敛性，有利于在较大范围内快速判定真实参数；而曲线在超过正确降晰函数尺寸后的快速收敛性，也使得该方法能较准确地确定 PSF 的尺寸。但是“误差-参数”曲线法在真值附近鉴别曲线较平坦，使鉴别误差和计算量比较大[45]。文献[46]在误差度量中增加了规整化项，力图改变这个缺陷，但“误差-参数”曲线仍然是一条单调曲线，对正确参数的判别作用不大。文献[47]采用空间可变的 PSF 估计方法，用两层 Kolmogorov 相位叠加来模拟光波的相位畸变，从湍流的物理特性出发，实现了 PSF 的估计。该方法可以在不同的像素点处估计 PSF，具有较强的随机性。非迭代盲目反卷积 PSF 估计方法是一种直接由退化图像的频谱提取较为准确的 PSF 估计的方法，该方法首先计算图像频谱函数的功率谱密度函数，通过建立 PSF 与理想图像频谱之间的比例关系进行迭代求解，并设定迭代终止条件，从而获得 PSF 的精确估计[48]。Zhang 等提出的使用波前编码相位板优化简化 PSF 估计的方法，通过使用波前编码技术提高景深，使用标准方差衡量 PSF 随景深变化的稳定性，从而优化了实际光学系统中相位板的最佳参数，获得了 PSF 的优化估计。通过对比实验发现，使用相位板估计 PSF 获取的复原图像稳定性和质量明显高于未使用相位板的方法，但是这种方法的缺陷是计算量较大，而且对于严重模糊的退化图像进行 PSF 估计的效果并不理想[49]。有学者提出基于非抽样小波变换的 PSF 估计方法，根据不同尺度下小波变换模极大值和高斯 PSF 方差的关系，结合 Fried 参数提出一种新的 PSF 估计方法，仿真实验后发现实验效果较好，不足之处是复原后图像出现了较严重的振铃效应和“二次模糊”，这可能是非抽样小波变换分解的细节捕捉能力欠佳，导致小波分解时不能将细节信息和非细节信息精确处理所致[50]。为了解决这个问题，本章使用非线性提升的方法实现了非抽样小波的冗余提升，使之获得了更好的细节捕捉能力，然后将它用于 PSF 的估计中。

2.1.4 冗余提升 NSWT 的实现

NSWT 的基本思想是把信号或图像分解为不同频率通道上的近似信号和每一尺度下的细节信号。该细节信号称为小波面，其图像大小与原始图像尺寸相同。通过有限滤波器的内插近似，从而实现无抽取离散小波变换。变换过程中，所得的小波面具有相同大小，较容易找到各个小波面系数之间的对应关系。在二维空间，其算法类似于用卷积核对图像进行滤波。

NSWT 的每级只生成一个低通子带和带通子带，在此基础上做方向分级，具有比可分离小波更强的多分辨率分析能力和细节捕捉能力。NSWT 在处理图像时，其低通滤波器的截止频率位于对角线方向上，而人眼对对角线方向上的信息敏感性最差，这样符合人的视觉特性；与可分离小波相比，NSWT 具有更好的频率特性和方向属性。但是 NSWT 存在下采样环节，这导致了平移可变，将之应用于 PSF 的估计后发现，复原后的图像出现比较严重的 Gibbs 现象和振铃效应，这在很大程度上是 NSWT 不具有平移不变性引起的。为了解决这个问题，设计了以下冗余提升 NSWT 的构造方法。

提升算法给出了双正交小波的构造方法，其基本思想是将现有的小波滤波器分解成基本的构造模块分步骤完成小波变换。由 Sweldens 提出的提升格式由三个步骤组成，即分裂（split）、预测（predict）和更新（update），如图 2.5 所示。分裂的目的是将信号分割成相互关联的两部分，并且两个部分的相关性越强，分割效果越好。在提升格式中，预测主要从信号中分离出高频分量。更新的目的是用预测误差来修正原信号从而得到提升后的信号。通过预测和更新两个提升环节实现信号的高低频分离。

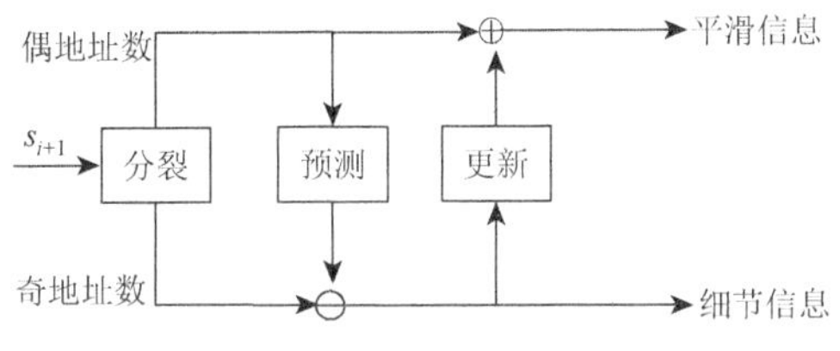

图 2.5　小波提升实现过程

与传统快速小波变换的提升相似，NSWT 的快速提升算法中的分裂步骤也将数据分成两个集合，这样每次变换后子带中的数据量将减为原来的一半。虽然该算法提高了运算速度，但数据分裂会造成小波变换的平移可变性，这样不利于图像处理的应用。本章的冗余提升 NSWT 算法将快速算法中的分裂改为复制，使每次变换的子带数据量与原数据量相同，同时，通过对滤波器进行相应的插值，实现了图像的多分辨率分解。从而巧妙地实现了平移不变性，且算法过程是可逆的。以下是冗余提升 NSWT 算法的具体实现过程。

设 s_m 为原始图像，图像大小为 $2^n \times 2^n$ 。 s_{m+1} 用于保存低频数据， d_{m+1} 用于保存高频数据。$s_{i,j}$ 表示低频数据中每一行或列的像素，$d_{i,j}$ 表示高频数据中每一行或列的像素。

（1）分裂。将输入信号 s_m 赋予 s_{i+1} 和 d_{j+1} 。

（2）预测。

$$d_{i,j} = d_{i,j} - P(s_{i,j}) \tag{2.9}$$

其中，第一阶段（水平/垂直提升）预测算子为 $P(s_{i,j}) = \max(x_{i-1,j}, x_{i,j-1}, x_{i,j+1}, x_{i+1,j})$ ，$i \bmod 2 \neq j \bmod 2$ 。第二阶段（对角提升）预测算子为 $P(s_{i,j}) = \max(x_{i-1,j-1}, x_{i-1,j+1}, x_{i+1,j-1}, x_{i+1,j+1})$ ， $i \bmod 2 = j \bmod 2 = 1$ 。

（3）更新。

$$s_{i,j} = s_{i,j} + U(d_{i,j}) \tag{2.10}$$

其中，第一阶段（水平/垂直提升）更新算子为 $U(d_{i,j}) = \max(0, x_{i-1,j}, x_{i,j-1}, x_{i,j+1}, x_{i+1,j})$ ， $i \bmod 2 \neq j \bmod 2$ 。第二阶段（对角提升）更新算子为 $U(d_{i,j}) = \max(0, x_{i-1,j-1}, x_{i-1,j+1}, x_{i+1,j-1}, x_{i+1,j+1})$ ， $i \bmod 2 = j \bmod 2 = 1$ 。

冗余提升 NSWT 中的预测、更新滤波器具有非线性的特点。图 2.6 是对冗余提升后的 NSWT 的平移不变性的验证。假设图中灰格子里的数据代表局部极值点（二维图像中局部极值点往往代表图像中的边缘纹理细节信息）。从图 2.6 中可以看到，冗余提升后局部极值点的位置和原来位置保持一致，从而说明冗余提升后的 NSWT 具有平移不变性。冗余提升 NSWT 以增加小波的复杂度来换取更好的图像处理效果。虽然其增加了部分计算时间，但与小波变换和二代小波变换相比，冗余小波变换具有平移不变性以及更好的细节捕捉能力，相同的子带尺寸使得小波尺度系数间的传递性更方便。

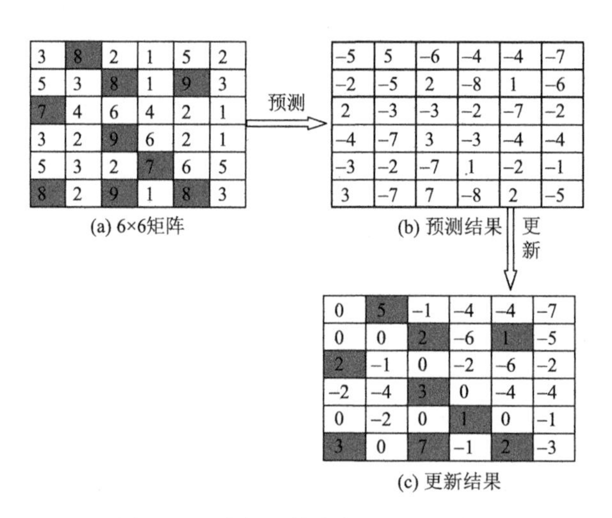

(a) 6×6矩阵　(b) 预测结果　(c) 更新结果

图 2.6　冗余提升算法实现过程示意图

2.1.5　基于冗余提升 NSWT 的 PSF 估计算法

1. Lipschitz 指数与图像小波分解的模极大值

在数学上，信号的奇异性可以由 Lipschitz 指数准确地表征[51]。而 Lipschitz 指数同信号某一点的非线性提升 NSWT 分解的模极大值的关系可以表征如下。

假设 $W_s f(x,y)$ 为图像 $f(x,y)$ 的小波分解在尺度 s 下的细节信号，$W_s^1 f(x,y)$ 和 $W_s^2 f(x,y)$ 分别是水平和垂直分量，小波分解的模可以表示为

$$W_s f(x,y)=\sqrt{\left|W_s^1 f(x,y)\right|^2+\left|W_s^2 f(x,y)\right|^2} \tag{2.11}$$

而模糊退化图像 $g(x,y)$ 的小波分解可以表示为

$$W_s^1 g(x,y)=s\frac{\partial}{\partial x}\big(g(x,y)*\theta_s(x,y)\big)=s\frac{\partial}{\partial x}\big(f(x,y)*h(x,y)*\theta_s(x,y)\big) \tag{2.12}$$

由于 $h(x,y)$ 是方差为 σ 的高斯函数，假设 $\theta_s(x,y)$ 是方差为 s 的高斯函数，根据高斯函数的性质：

$$h(x,y)*\theta_s(x,y)=\theta_{s_0}(x,y),\quad s_0=\sqrt{s^2+\sigma^2} \tag{2.13}$$

将式（2.13）代入式（2.12）整理得

$$W_s^1 g(x,y) = s\frac{\partial}{\partial x}\left(f(x,y) * \left(h(x,y) * \theta_s(x,y)\right)\right) = \frac{s}{s_0} W_{s_0}^1 f(x,y) \tag{2.14}$$

同理可得

$$W_s^1 g(x,y) = s\frac{\partial}{\partial y}\left(f(x,y) * \left(h(x,y) * \theta_s(x,y)\right)\right) = \frac{s}{s_0} W_{s_0}^2 f(x,y) \tag{2.15}$$

联立式（2.14）和式（2.15）可得

$$W_s^1 g(x,y) = \frac{s}{s_0}\sqrt{\left|W_{s_0}^1 f(x,y)\right|^2 + \left|W_{s_0}^2 f(x,y)\right|^2} = \frac{s}{s_0} |W_{s_0} f(x,y)| \tag{2.16}$$

其中，$s_0 = \sqrt{s^2 + \sigma^2}$ 。

Mallet 已经证明，图像边缘的 Lipschitz 指数α与小波分解的模极大值的关系为

$$|W_s f(x,y)| \leqslant K s^{\alpha} \tag{2.17}$$

其中，K为一个常数[52]。从而可得以下关系式：

$$|W_s g(x,y)| \leqslant K \frac{s}{s_0} s_0^{\alpha} \tag{2.18}$$

假设三级 NSWT 分解尺度上对应的 NSWT 模极大值峰值为q_1、q_2和q_3，对式（2.18）两端取等号得到

$$\begin{cases} q_1 = K(1+\sigma^2)^{(\alpha-1)/2} \\ q_2 = 2K(4+\sigma^2)^{(\alpha-1)/2} \\ q_3 = 3K(9+\sigma^2)^{(\alpha-1)/2} \end{cases} \tag{2.19}$$

式（2.19）中含有K、σ和α三个未知量，联立方程可以求得σ的解。最终求得σ的解为

$$\sigma = \sqrt{\frac{4-m}{m-1}} \tag{2.20}$$

其中，$m \in [1,4]$，m的值由方程$3m^n - 8m + 5 = 0$求得；n的取值为$n = \dfrac{\ln(q_3/(3q_1))}{\ln(q_2/(2q_1))}$。

2. 大气湍流退化图像 PSF 的估计方法

大气湍流的形成是高度随机的，很难对 PSF 建立精确的数学模型。在长曝光条件下，湍流效应的作用过程具有类似高斯随机作用的特征。并且，大气湍流扰动可以等效为图像的抖动，而抖动可以用图像重心的摆动来描述，如果将长曝光图像看作无数个短曝光图像的集合，那么每个短曝光图像可以简单地理解为高斯

函数的分量。也就是说，可以理解为短曝光图像的 PSF 也具有类似高斯函数的特征。因此，假定图像相对它的平均位置的偏离是一个高斯概率密度函数：

$$p(x,y)=\frac{1}{\pi\sigma^2}\exp\left(-\frac{x^2+y^2}{\sigma^2}\right) \tag{2.21}$$

下面给出了大气相干长度参数 r_0 和抖动方差的关系[53]：

$$\sigma^2\approx 0.35\left(\frac{\lambda f}{D}\right)^{\frac{1}{3}}\left(\frac{\lambda f}{r_0}\right)^{\frac{5}{3}} \tag{2.22}$$

其中，λ 为波长；f 为望远镜焦距；D 为望远镜直径。

根据式（2.22）计算得到 σ，即可计算大气相干长度 r_0：

$$r_0=0.5326\left(\frac{\lambda f}{\sigma}\right)^{\frac{6}{5}}D^{-\frac{1}{5}} \tag{2.23}$$

对于长曝光图像，系统的光学传递函数 $H(u,v)$ 满足

$$H(u,v)=T(u,v)\exp\left(-3.44\left(\lambda f\frac{\sqrt{u^2+v^2}}{r_0}\right)^{\frac{5}{3}}\right) \tag{2.24}$$

其中，$T(u,v)$ 是无湍流时光学系统的光学传递函数。根据光学原理，对于无像差系统，$T(u,v)$ 由式（2.25）给出：

$$T(u,v)=\begin{cases}\dfrac{2}{\pi}\left(\arccos\left(\dfrac{d}{D}\right)-\left(\dfrac{d}{D}\right)\left(1-\left(\dfrac{d}{D}\right)^2\right)^{\frac{1}{2}}\right), & d\leqslant D\\ 0, & d>D\end{cases} \tag{2.25}$$

其中，$d=\lambda f\sqrt{u^2+v^2}$；这样在已知成像系统参数 λ、f、D 和大气相干长度的情况下就可以计算成像瞬间光学传递函数 $H(u,v)$ 和 PSF $h(x,y)$。

3. 基于冗余提升 NSWT 的 PSF 估计算法的实现

本章基于冗余提升 NSWT 的 PSF 估计算法具体实现步骤如下。

（1）模极大值计算。对湍流退化图像进行 3 次冗余提升 NSWT 分解，每次分解的尺度分别是 1、2、3，分别记录不同尺度下小波分解模极大值的峰值 q_1、q_2 和 q_3。

（2）PSF 的方差 σ 和大气相干长度 r_0 的计算。根据式（2.20）和式（2.23）计

算 σ 和 r_0。其中摄像仪工作波长 λ 设定为 700mm，光学系统焦距 f 设定为 22.20m，摄像仪直径 D 设定为 1.06m。

（3）计算光学传递函数 $H(u,v)$。

（4）对 $H(u,v)$ 进行傅里叶逆变换得到 PSF $h(x,y)=\text{IFFT}[H(u,v)]$。

2.2　基于 PSF 估计的自适应维纳滤波盲复原方法

图像复原过程可看成在已知退化图像 $g(x,y)$、PSF $h(x,y)$ 和噪声 $n(x,y)$ 的一些先验知识的情况下，求出原始图像 $f(x,y)$ 的逆过程，这是一个不适定（病态）的问题。图像复原的结果受噪声的干扰很大。维纳滤波器是信号去噪中具有最佳线性过滤特性的滤波器。其计算量小、去噪效果好，在图像复原领域得到了广泛应用。

2.2.1　维纳滤波

维纳滤波算法的思想是把图像信号看成平稳随机过程，假设原始图像 $f(x,y)$ 与噪声 $n(x,y)$ 不相关，噪声为高斯白噪声且噪声方差已知，将 $f(x,y)$ 和对 $f(x,y)$ 的估计 $\hat{f}(x,y)$ 看作随机变量，按使复原的图像与原图像的均方误差最小的原则来进行图像复原。因此，维纳滤波也称作最小均方误差滤波。维纳滤波用的最优准则是基于图像和噪声各自的相关矩阵，能根据图像的局部方差调整滤波器的输出，局部方差越大，滤波器的平滑作用就越强，恢复后图像与原始图像的均方误差最小。维纳滤波对应的频域形式为

$$G(u,v)=\frac{1}{H(u,v)}*\frac{|H(u,v)|^2}{|H(u,v)|^2+s\dfrac{P_n(u,v)}{P_f(u,v)}}F(u,v) \tag{2.26}$$

其中，$|H(u,v)|^2=H^*(u,v)H(u,v)$，$H^*(u,v)$ 是退化图像 $H(u,v)$ 的复共轭；$P_n(u,v)$ 是噪声功率谱；$P_f(u,v)$ 是原始图像功率谱。

实际情况下，由于无法获知原始图像的功率谱，所以有

$$G(u,v)=\frac{1}{H(u,v)}*\frac{|H(u,v)|^2}{|H(u,v)|^2+k}F(u,v) \tag{2.27}$$

其中，k 的取值是关键，k 取值的优劣决定了滤波算法的自适应程度和算法性能的好坏。

由式（2.27）可知，当 k 为 0 时，维纳滤波器就转化为标准的逆滤波器，而逆滤波器是从退化模型严格反推出来的，所以当 k 不等于 0 时，虽然能抑制噪声

的扩大，但复原的模型没有去卷积滤波器精确，容易造成复原的失真。k越大，抑制噪声效果越好，但复原不准确，图像会比较模糊；k越小，复原越准确，然而噪声抑制效果不好。为了在抑制噪声与图像复原之间取得平衡，必须实现参数k的最优化。很多学者针对k的取值提出了一些可行的方法，周玉等提出一种运动模糊图像的维纳滤波复原方法，对模糊图像进行了二次维纳滤波，然后将k值设定为噪声均方值与第一次维纳滤波后原图像估计值的功率谱的比值；在将其应用于大气湍流退化图像复原后发现，该方法突出了图像细节，提高了图像的整体质量，但该方法计算量较大，噪声滤除不彻底，对湍流退化较严重图像复原处理后会存在振铃效应[54]。张红民等提出了一种自适应变参数维纳滤波方法，通过计算退化图像的局部噪声方差σ_n^2和模糊图像方差σ_g^2之比实现了参数的自适应，在对湍流退化图像进行复原实验后发现，处理后图像的清晰度增强，但依然不具有较好的鲁棒性和对于不同背景条件下所成湍流退化图像的普适性[55]。William 等假定在噪声未知情况下，噪声功率谱可以近似用整体图像的方差代替，理想图像功率谱用退化图像功率谱与噪声功率谱之差代替，进而完成了对散焦和噪声模糊图像的复原处理，得到了较好的复原效果[56]。首先对胡小平等提出的离焦模糊图像的维纳滤波复原方法进行一次维纳滤波，得到原图像的估计值；然后利用该初始值求得原图像及噪声的密度估计值；最后利用这些新获得的信息构成改进的维纳滤波器对退化图像进行第二次滤波，实验表明，该方法可以去除大气湍流退化图像的噪声干扰，突出图像细节特征，不足之处是该方法不能自适应[57]。基于以上的分析，本章提出了一种基于曲线拟合的参数最优化 PSF 估计维纳滤波方法。采用一元线性回归的方法建立图像清晰度评价函数与k的函数关系模型，然后使用最小二乘估计的方法求取k的最佳取值。

2.2.2 基于 PSF 估计的最小二乘曲线拟合维纳滤波复原方法

1. 最小二乘曲线拟合方法

在实验和统计中，经常需要从一组给定的数据（如(x_i, y_i) $(i=1,2,\cdots,m)$）中确定自变量x与因变量y之间的近似表达式。如果使用插值的方法，得到的表达式$y=s(x)$必然通过这些数据点，即$y_i=s(x_i)$。但这在实际中很可能是不合理的，因为实验得到的数据会带有一定的误差；如果要求$y=s(x)$通过这些数据点，不仅会将误差留下来，而且这样的结果也不一定能反映原数据的真实客观性。

数据拟合是根据测定的数据间的关系，确定曲线数据间的关系类型，然后再根据在给定点上误差的平方和达到最小的原则求解无约束问题。具体地说，就是对式（2.28）进行求解，然后确定出最优参数 $a_k^*(k=0,1,\cdots,n)$，从而得到拟合曲线 $y=s^*(x)$。

$$\min F(a_0,a_1,\cdots,a_n)=\sum_{i=1}^{m}(s(x_i;a_0,a_1,\cdots,a_n)-y_i)^2 \tag{2.28}$$

2. 曲线拟合实现参数自适应

基于曲线拟合的 PSF 估计维纳滤波复原方法的具体实现过程如下。

（1）定义图像清晰度评价函数：

$$D=\frac{1}{IJ}\sum_{i=1}^{I}\sum_{j=1}^{J}(S(i,j)-\overline{S}(i,j))^2 \tag{2.29}$$

其中，$\overline{S}$ 代表梯度图像 S 的平均梯度。D 越大，图像越清晰。点 (i,j) 处的梯度定义为

$$S(i,j)=\sqrt{G_x(i,j)^2+G_y(i,j)^2} \tag{2.30}$$

其中，G_x、G_y 表示使用 Sobel 梯度算子求得的 x 和 y 方向的图像梯度。

（2）记录 k 取不同值时复原后图像的 D 值。k 的初值 $k_0=0.01$，步长 $\Delta k=0.02$。

（3）利用描点法绘制 D 与 k 的关系曲线。多次实验绘制的二者关系曲线如图 2.7 所示。从实验数据中可知，$k \geqslant 1.5$ 时，D 的取值已经很小，因此，绘制曲线时设定 $k\in[0,1.5]$。为了准确估计线型，采集了多次实验的数据曲线（该曲线的实验图像是添加了方差为 0.15 的混合高斯噪声的土星湍流退化图像）。

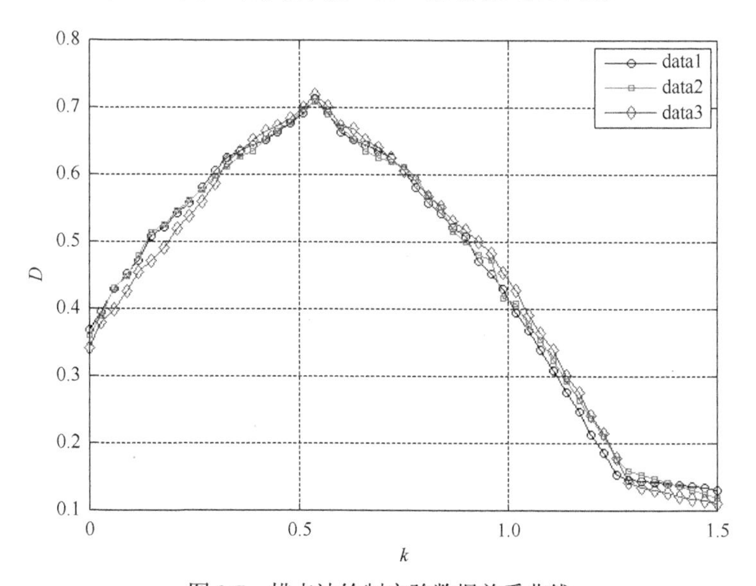

图 2.7　描点法绘制实验数据关系曲线

（4）确定二者的函数关系模型。由图 2.7 可知，D 与 k 近似服从二次函数关系。

（5）确定 k 的最优值。假设二者的一元线性回归模型为

$$\begin{cases} D = \beta_0 k^2 + \beta_1 k + \varepsilon \\ E\varepsilon = 0, \quad D(\varepsilon) = \sigma^2 \end{cases} \tag{2.31}$$

使用最小二乘估计法求模型中参数 β_0 和 β_1 的近似值 $\hat{\beta}_0$ 和 $\hat{\beta}_1$。从而可以得到，当 $k = -\beta_1 / (2\beta_0)$ 时，图像清晰度评价函数 D 取得最大值，此时的 k 值即最优值。

为了进一步验证结果的有效性，使用 MATLAB 的 ployfit 拟合函数求得最小二乘拟合多项式的系数，再用 ployval 函数按所得多项式计算所给出的点上的函数近似值。根据计算结果绘制出拟合曲线图。图 2.8 是以土星湍流退化图像为实验图像绘制的曲线及利用 ployfit 函数和 ployval 函数计算的近似数据绘制的曲线。从图中可以看到，两条曲线吻合得较好，说明最小二乘曲线拟合效果较好。大量实验后，确定 T 的最优值为 $T = 0.5412$。

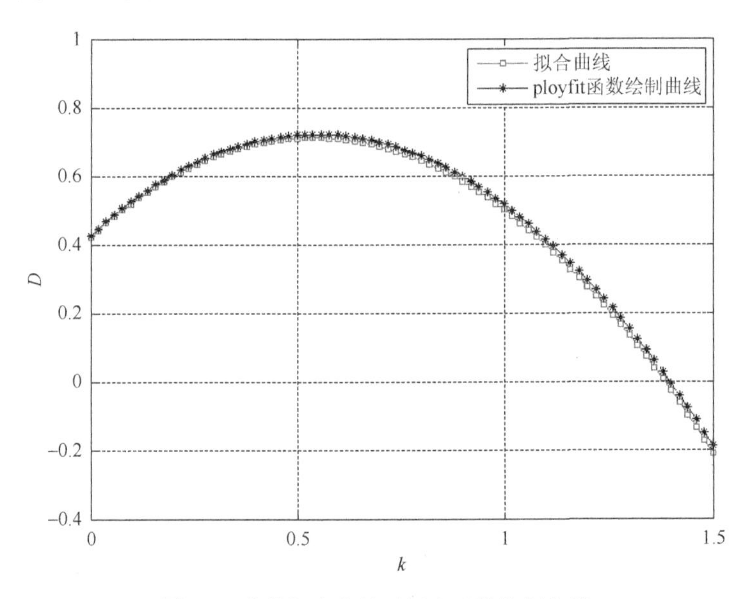

图 2.8　曲线拟合方法及拟合函数绘制曲线

3. 基于 PSF 估计的最小二乘曲线拟合维纳滤波复原方法

本章基于曲线拟合的参数最优化 PSF 估计维纳滤波方法的具体实现过程如下。

（1）NSWT 冗余提升。使用 2.1.4 节的方法实现 NSWT 的冗余提升。

（2）PSF 估计。使用 2.1.5 节的方法进行基于冗余提升 NSWT 的 PSF 估计。

（3）自适应维纳滤波复原。使用 2.2.2 节的方法对湍流退化图像进行基于 PSF 估计的自适应维纳滤波复原处理。

2.2.3　图像复原评价方法

图像质量的评价函数必须具有无偏性好、单峰性强、信噪比高、计算量小，能反映离焦特性的特点。选用以下参数为图像复原质量评价指标。

1. 局部相对灰度平均梯度

灰度平均梯度能较好地反映图像的对比度和纹理变化特征，其值越大表示图像越清晰，图像复原效果越好。灰度平均梯度（gray mean gradient，GMG）定义为

$$\mathrm{GMG}=\frac{1}{(M-1)(N-1)}\sum_{x=1}^{M-1}\sum_{y=1}^{N-1}\sqrt{\frac{\left(f_x'(i,j)\right)^2+\left(f_y'(i,j)\right)^2}{2}} \tag{2.32}$$

其中，$f_x'(i,j)$ 和 $f_y'(i,j)$ 分别代表处理后图像像素点 (i,j) 位置处 x 方向和 y 方向的梯度。

为了能进一步衡量局部细节的复原效果，定义局部相对灰度平均梯度（relative gray mean gradient，RGMG）如下：

$$\mathrm{RGMG}=\frac{\mathrm{GMG}\left(f(i,j)\right)-\mathrm{GMG}\left(g(i,j)\right)}{\mathrm{GMG}\left(g(i,j)\right)} \tag{2.33}$$

其中，$f(i,j)$ 表示复原处理后图像主轮廓附近的 m 个像素的灰度值；$g(i,j)$ 表示退化图像主轮廓附近的 m 个像素的灰度值。局部相对灰度平均梯度值越大，表示处理后图像纹理细节恢复得越好，复原效果越理想。

2. 算法运行时间

算法运行时间是算法复杂度的最直接度量方法，时间复杂度是算法有效性的量度之一。本章采用算法运行时间 t 作为时间复杂度的度量因子。

3. 信噪比改善量

信噪比改善量可表征复原前后图像的清晰度改善程度。信噪比改善量的值越大，图像清晰度改善程度越高。

2.2.4 实验与分析

1. 实验图表和数据

为了验证 PSF 估计及本章复原方法的效果，使用文献[43]中谢伟等的倒频谱 PSF 估计结合最小二乘维纳滤波（Cepstrum-LSEWF）、文献[50]中非抽取小波变换 PSF 估计结合最小二乘维纳滤波（NSWT-LSEWF）、文献[47]中 Kolmogorov 相位叠加 PSF 估计结合最小二乘维纳滤波（KPS-LSEWF）、文献[49]中 Zhang 等的波前编码相位板 PSF 估计结合最小二乘维纳滤波（WCPM-LSEWF）、本章平移不变 NSWT 的 PSF 估计结合文献[55]中张红民等的自适应维纳滤波（SVNSWT-AWF）、本章平移不变 NSWT 的 PSF 估计结合最小二乘维纳滤波（SVNSWT-LSEWF）共 6 种方法对湍流退化图像进行复原实验。为了衡量方法的有效性，用 RGMG、t 和信噪比改善量（incremental signal-to-noise ratio，ISNR）对算法性能进行了评价。实验在 Pentium 3.0GHz、内存为 2048MB 的 Windows XP 操作系统下使用 MATLAB R2008a 进行。

实验 2.1　土星湍流退化图像仿真实验

图 2.9 中的湍流退化图像（图 2.9（c））是在原始土星图像（图 2.9（a））中添加方差为 0.15 的混合高斯噪声的情况下由气动仿真软件生成的，图 2.9（b）是气动仿真软件随机生成的 PSF 的三维图。图 2.9（d）～图 2.9（o）依次是 6 种方法估计的 PSF 的三维图及 6 种结合维纳滤波的复原方法复原后的结果图像。图 2.10 是不同噪声方差下使用 6 种结合维纳滤波的复原方法复原的 6 幅复原图像的性能参数曲线。

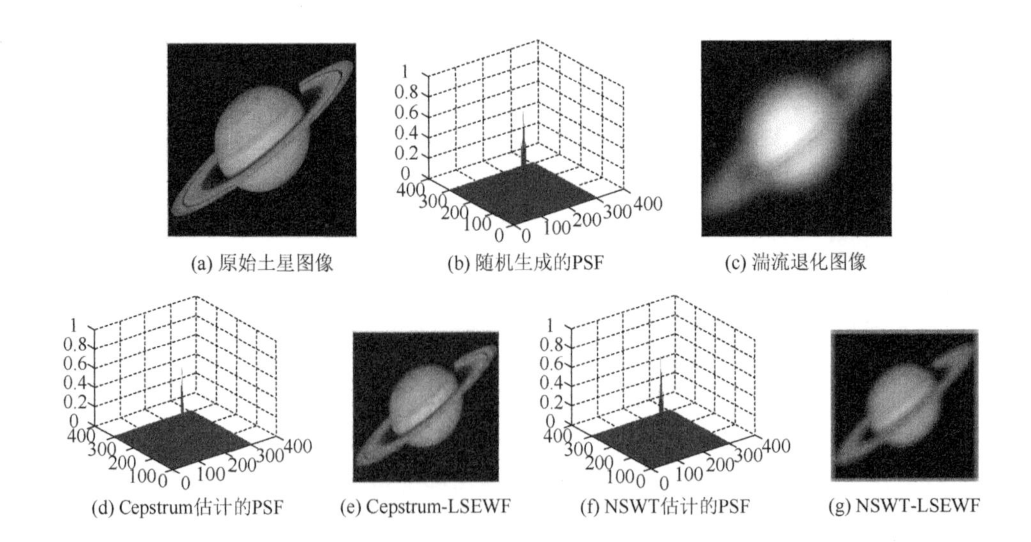

(a) 原始土星图像　(b) 随机生成的PSF　(c) 湍流退化图像

(d) Cepstrum估计的PSF　(e) Cepstrum-LSEWF　(f) NSWT估计的PSF　(g) NSWT-LSEWF

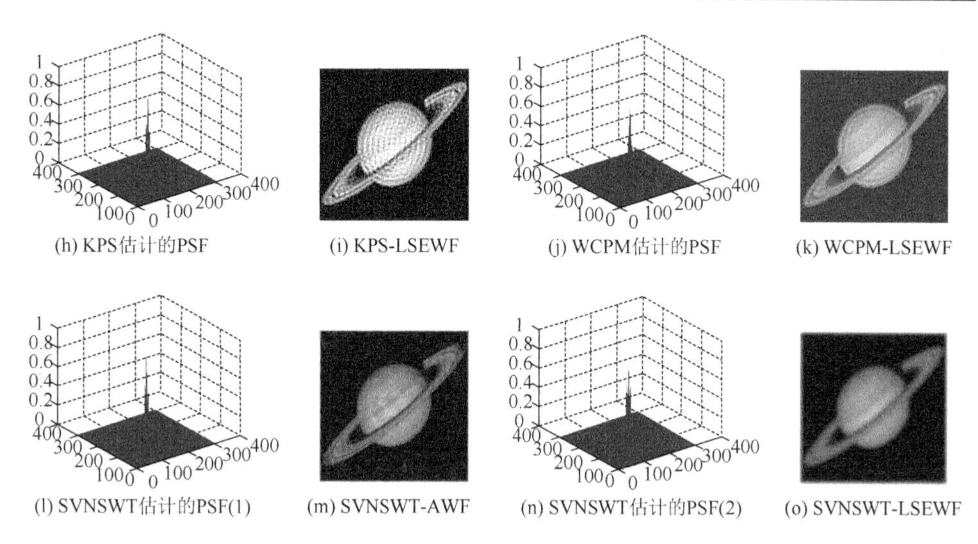

(h) KPS估计的PSF　(i) KPS-LSEWF　(j) WCPM估计的PSF　(k) WCPM-LSEWF

(l) SVNSWT估计的PSF(1)　(m) SVNSWT-AWF　(n) SVNSWT估计的PSF(2)　(o) SVNSWT-LSEWF

图 2.9　6 种方法估计的 PSF 及土星湍流退化图像复原后的结果图像

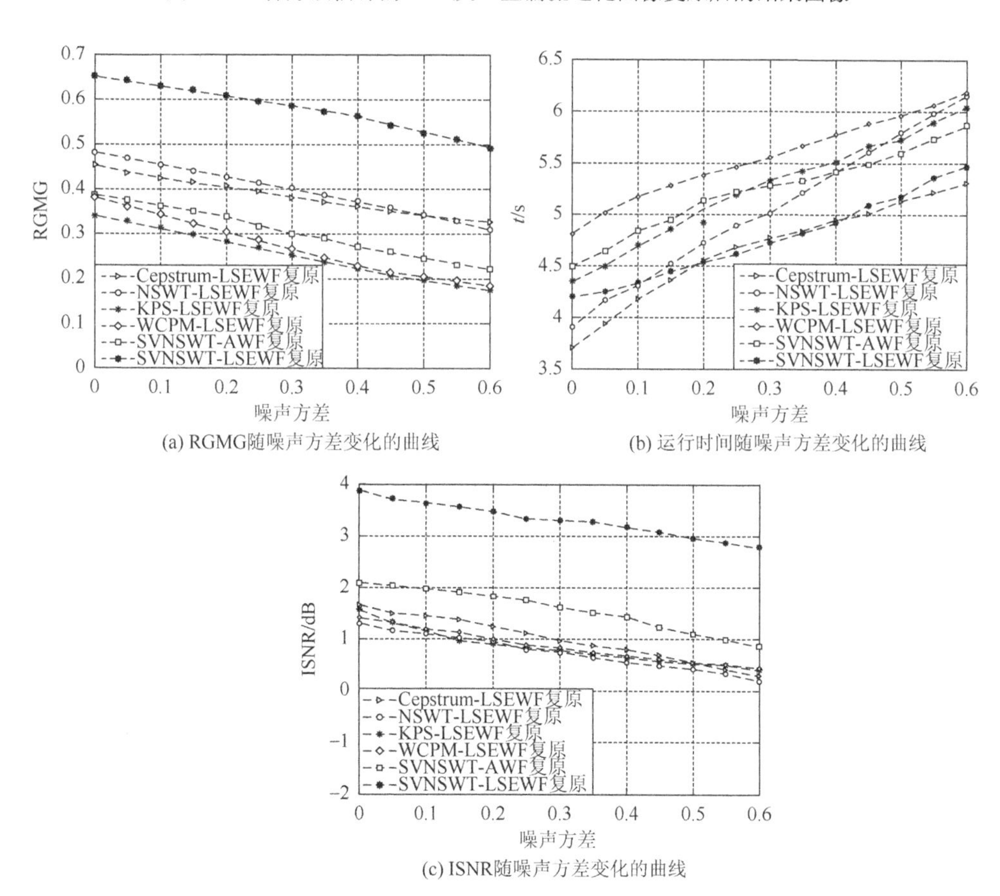

(a) RGMG随噪声方差变化的曲线　(b) 运行时间随噪声方差变化的曲线

(c) ISNR随噪声方差变化的曲线

图 2.10　土星湍流退化图像复原后的性能参数曲线

实验 2.2　星空大气湍流退化图像仿真实验

图 2.11 中的大气湍流退化图像（图 2.11（c））是在原始星空图像（图 2.11（a））中添加方差为 0.15 的混合高斯噪声的情况下由气动仿真软件生成的，图 2.11（b）是气动仿真软件随机生成的 PSF 的三维图。图 2.11（d）～图 2.11（o）依次是 6 种方法估计的 PSF 的三维图及 6 种结合维纳滤波的复原方法复原后的结果图像。图 2.12 是不同噪声方差下使用 6 种结合维纳滤波的复原方法复原的 6 幅复原图像的性能参数曲线。

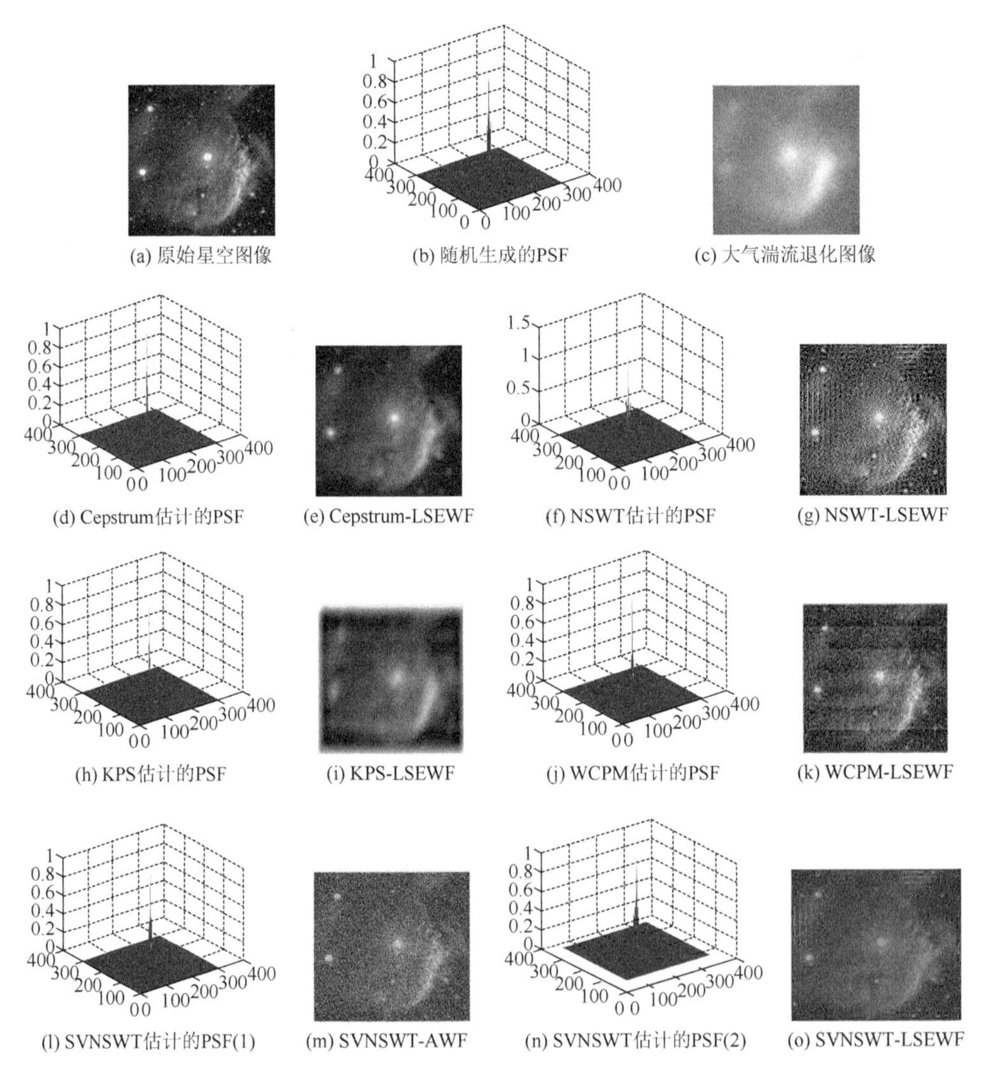

(a) 原始星空图像　(b) 随机生成的PSF　(c) 大气湍流退化图像

(d) Cepstrum估计的PSF　(e) Cepstrum-LSEWF　(f) NSWT估计的PSF　(g) NSWT-LSEWF

(h) KPS估计的PSF　(i) KPS-LSEWF　(j) WCPM估计的PSF　(k) WCPM-LSEWF

(l) SVNSWT估计的PSF(1)　(m) SVNSWT-AWF　(n) SVNSWT估计的PSF(2)　(o) SVNSWT-LSEWF

图 2.11　6 种方法估计的 PSF 及星空大气湍流退化图像复原后的结果图像

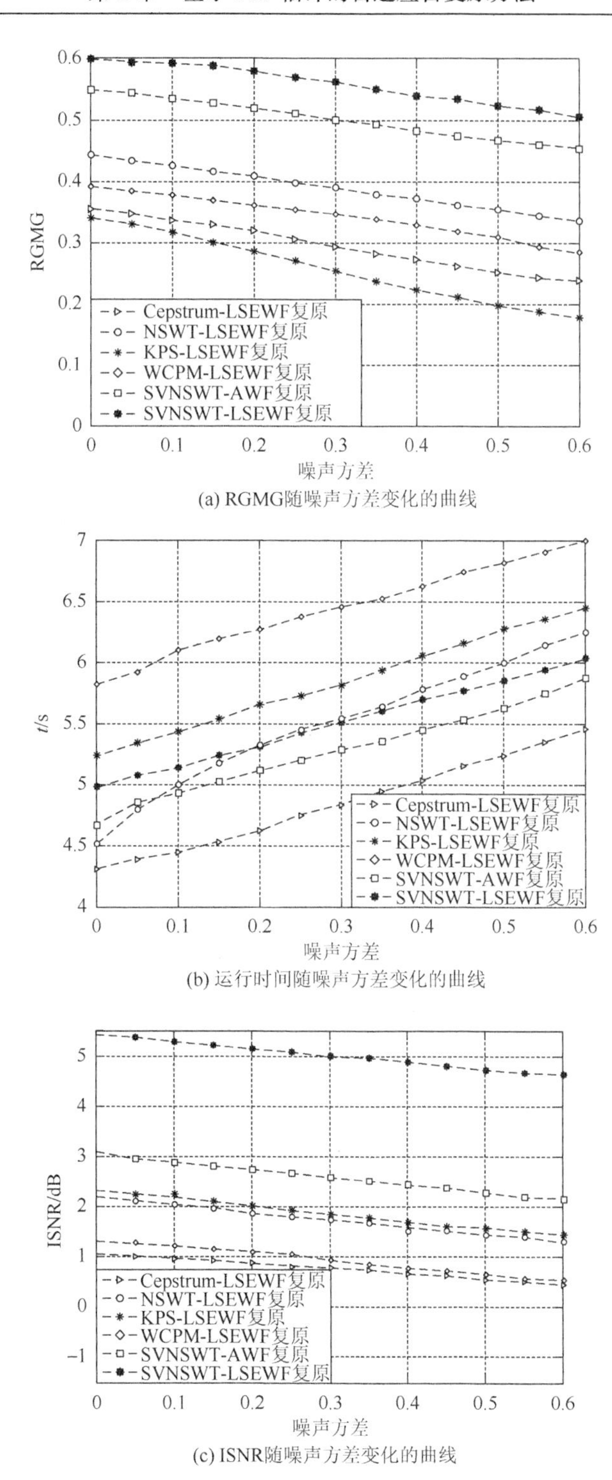

(a) RGMG随噪声方差变化的曲线

(b) 运行时间随噪声方差变化的曲线

(c) ISNR随噪声方差变化的曲线

图2.12　星空湍流退化图像复原后的性能参数曲线

2. 实验结果分析

从两组复原实验的结果图像中可以看到，本章方法(SVNSWT-AWF 和 SVNSWT-LSEWF）复原后图像的灰度分布均匀、图像对比度增强、边缘振铃效应较弱、背景分布均匀、未出现较多杂乱点。本章方法估计的 PSF 更接近真实 PSF。其他算法估计的 PSF 和复原效果不太理想。倒频谱法估计的 PSF 与真实 PSF 差距较大，因此之后的复原效果受到很大影响，边缘振铃很严重，图像模糊依然存在。Kolmogorov 相位叠加估计的 PSF 效果差，复原图像中振铃效应非常严重。波前编码相位板估计的 PSF 效果一般，复原后图像边缘振铃较严重，并且背景区域出现较多杂乱点，整体视觉效果不够理想。

2.3 基于 PSF 估计的自适应增量迭代维纳滤波

2.2 节方法的仿真实验结果表明，使用大气湍流光学传递函数的物理模型在已知相关大气参数的情况下，能够获得 PSF 的一个比较准确的初始估计。相比于传统的 PSF 估计方法，改进的 PSF 估计方法解决了 PSF 估计的盲目性，减少了估计时间，提高了退化图像复原校正的质量和速度。并且当湍流退化图像的噪声干扰较强时，维纳滤波仍然具有较强的复原结果。但是改进的 PSF 估计方法是假设短曝光图像的 PSF 也像长曝光图像的 PSF 一样具有类高斯分布的特征，进而为基于长曝光图像的 PSF 估计方法构建改进的 PSF 估计方法。由于湍流退化图像 PSF 的随机性，使用上述假定可能与实际的情形存在差别，从而会影响复原的效果。并且，维纳滤波在处理光学传递函数在零点附近的噪声放大问题时比较有效，但对于空间可变的湍流退化图像来说，复原效果却一般。而且维纳滤波器是一种非迭代滤波器，不便于引入额外的约束对解进行限制，在一些情况下可能得不到理想的复原效果。

为了获得更好的复原效果，有学者设计了迭代维纳滤波算法，通过算法的初始估计和迭代，使复原结果尽量逼近原图像。Solbo 等提出的小波域维纳滤波算法，采用基于贝叶斯估计的小波阈值去噪技术估计期望信号，并据此设计小波域维纳滤波器，从而实现了 WienerChop 滤波算法的迭代[58]。Zheng 等提出的迭代维纳滤波算法，在估计出 PSF 参数后，使用迭代维纳滤波复原图像，得到了优于传统维纳滤波的复原效果[59]。但是以上算法的不足之处是迭代复原后图像依然存在振铃效应，且运算时间较长。

增量迭代维纳滤波是在维纳滤波器的基础上引入额外的约束对解进行限制，是一种利用傅里叶变换对解进行估计的迭代算法。增量迭代维纳滤波器不需要知道信号和噪声的功率谱的准确值，而且该滤波器能够根据主观判据对迭代进行控制，确保正确和快速的收敛[60]。经过以上分析，本节提出了一种基于 PSF 估计的自适应增量迭代维纳滤波算法，希望能使用迭代卷积的算法尽量减少 PSF 估计及卷积运算过程中的误差，尽可能精确地逼近原图像，得到满意的复原结果。

2.3.1　增量迭代维纳滤波原理

在非相干光学成像系统中，有如式（2.34）所示的图像退化模型：

$$g(i,j)=h(i,j)*f(i,j)+n(i,j) \tag{2.34}$$

其中，$g(i,j)$ 为经大气扰动的物体所成的像；$h(i,j)$ 为 PSF；$f(i,j)$ 为目标物体的未失真图像；$n(i,j)$ 为零均值的白噪声。噪声 $n(i,j)$ 存在时，方程的解可能会伴随着噪声的放大偏离真实解，为抑制噪声的影响，常用式（2.35）表示式（2.34）的解：

$$\hat{F}(u,v)=\frac{G(u,v)H^*(u,v)}{|H(u,v)|^2+r} \tag{2.35}$$

其中，r 为噪声抑制因子。r 为未失真图像信噪比的倒数，即

$$r=\frac{N(u,v)}{f(u,v)} \tag{2.36}$$

其中，$N(u,v)$、$f(u,v)$ 分别是噪声和目标的功率谱。定义频域反卷积误差为

$$S(u,v)=G(u,v)-\hat{F}(u,v)*H(u,v) \tag{2.37}$$

且

$$S_1(u,v)=G(u,v)-\hat{F}_{\text{old}}(u,v)*H(u,v) \tag{2.38}$$

由式（2.35）和式（2.38）得

$$\hat{F}_{\text{new}}(u,v)=\frac{H^*(u,v)S_1(u,v)}{|H(u,v)|^2+r}+\frac{|H(u,v)|^2}{|H(u,v)|^2+r}\hat{F}_{\text{old}}(u,v) \tag{2.39}$$

其中，等号右边第二项分式部分小于等于 1，由此可得增量迭代维纳滤波算法的近似式为

$$\hat{F}_{\text{new}}(u,v)=\hat{F}_{\text{old}}(u,v)+\frac{H^*(u,v)S_1(u,v)}{|H(u,v)|^2+r} \tag{2.40}$$

如果令 $S_2(u,v)=G(u,v)-\hat{F}_{\text{new}}(u,v)*H(u,v)$，结合式（2.38）和式（2.40）得

$$S_2(u,v)=\frac{r}{|H(u,v)|^2+r}S_1(u,v) \tag{2.41}$$

由于 $r\geqslant 0$，并且 $|H(u,v)|^2\geqslant 0$，所以 $\|S_2(u,v)\|^2\leqslant\|S_1(u,v)\|^2$。也就是说，

增量迭代维纳滤波的迭代能够使反卷积误差最小。

增量迭代维纳滤波器因不过分依赖先验知识和快速准确的复原效果，在多种原因形成的退化图像复原处理中获得了广泛的应用。胡边等将增量迭代维纳滤波算法应用于基于哈特曼-夏克波前探测的解卷积中（D-IWF），扩展了噪声抑制因子的选取范围，获得了优化的卷积结果[61]。闫华等提出的基于增量迭代维纳滤波和空间自适应规整的超分辨率图像复原（IWF-ASR），利用增量迭代维纳滤波的快速收敛能力，将解的先验约束结合到迭代过程中，有效地提高了复原方法的自适应性[62]。温博等提出的基于自解卷积和增量迭代维纳滤波的迭代盲图像复原方法（SDIWF-IBD），将自解卷积 PSF 估计法应用于迭代盲目反卷积，准确估计了 PSF 频域，然后使用增量迭代维纳滤波进行图像复原；实验结果表明，该方法复原效果良好，具有较好的实时性[63]。本章对增量迭代维纳滤波进行了进一步的改进，使其可以更好地进行自适应步长迭代控制，加速其收敛性。

2.3.2 基于步长迭代控制的自适应增量维纳滤波算法

对式（2.40）添加迭代步长控制函数后得

$$\hat{F}_{k+1}(u,v)=\hat{F}_k(u,v)+\lambda_k\frac{H^*(u,v)S_1(u,v)}{|H(u,v)|^2+r_k} \tag{2.42}$$

其中，迭代步长函数 λ_k 为

$$\lambda_k=\exp(2k^{-0.5})-1 \tag{2.43}$$

式（2.43）的曲线图如图 2.13 所示[64]。从图中可以看到，随着迭代次数的增加，迭代步长变小，从而确保迭代过程更加逼近原图像。

使用频域反卷积误差作为迭代标准，当卷积误差小于某个值时，停止迭代。设定算法的迭代终止条件为

$$\frac{\sum_{i=1}^{k}\|S_i(u,v)\|^2-\sum_{i=1}^{k+1}\|S_i(u,v)\|^2}{\sum_{i=1}^{k}\|S_i(u,v)\|^2}\leqslant\delta \tag{2.44}$$

基于以上分析，最终设计的基于步长迭代控制的自适应增量维纳滤波算法具体实现过程如下。

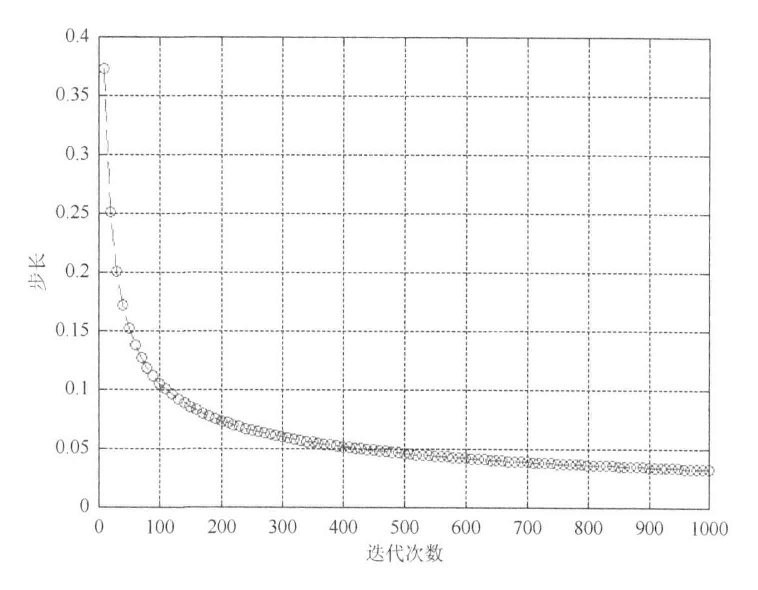

图 2.13　迭代步长函数曲线

（1）设定初始值。设定初始值 $\hat{f}_0 = g$，使用基于冗余提升 NSWT 的 PSF 估计算法得到退化图像的 PSF 初始估计 $\hat{h}_0$，设定最大迭代次数 $N = 1000$ 和迭代终止条件 $\delta = 10^{-5}$。

（2）迭代运算 $\hat{f}_k$ 和 $S_k(u,v)$。$\hat{h}_k$ 为使用基于冗余提升 NSWT 的 PSF 的估计算法对退化图像 $\hat{f}_k$ 的 PSF 进行估计的结果。

（3）如果 $\dfrac{\sum_{i=1}^{k}\| S_i(u,v)\|^2 - \sum_{i=1}^{k+1}\| S_i(u,v)\|^2}{\sum_{i=1}^{k}\| S_i(u,v)\|^2} \leqslant \delta$，停止迭代。否则，$k = k+1$，转步骤（2），继续迭代。

（4）如果 $k = N$，停止迭代。否则，$k = k+1$，转步骤（2），继续迭代。

2.3.3　实验与分析

1. 实验数据和图表

为了验证基于步长迭代控制的自适应增量维纳滤波的复原效果，本部分使用文献[58]中 Solbo 等的小波域维纳滤波（WT-WF）、文献[59]中 Zheng 等的迭代维纳滤波（PSFE-IWF）、文献[62]中闫华等的增量维纳正则化复原（IWF-ASR）、文献[63]中温博等的自解卷积增量维纳滤波（SDIWF-IBD）、本章 PSF 估计的自适应维纳滤波（PSFE-AWF）和本章基于步长迭代控制的自适应增量维纳滤波算法（AIWF）进行仿真实验。使用 RGMG、t 和 ISNR 对算法性能进行了评价。实验在配置为 Pentium 3.0GHz、内存为 2048MB 的 Windows XP SP3 操作系统下使用 MATLAB R2008a 进行。

实验 2.3 星体湍流退化图像复原仿真实验

湍流退化图像是在原始清晰图像中添加方差为 0.15 的混合高斯噪声的情况下由仿真软件生成的。图 2.14 是几种方法复原后的结果图像。表 2.1 是 6 种复原方法估计 PSF 的复原结果的局部相对灰度平均梯度（RGMG）值、复原方法运行时间（t）和信噪比改善量（ISNR）的值。图 2.15 是 6 种复原方法复原后的性能参数曲线。

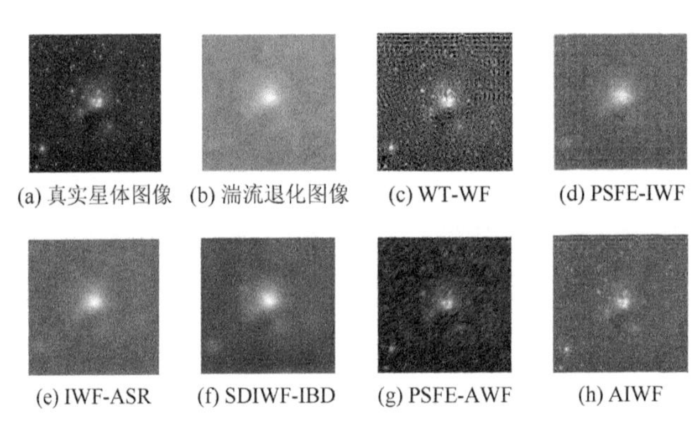

图 2.14 星体湍流退化图像复原后的结果图像

表 2.1 6 种复原方法对星体湍流退化图像复原的性能参数

方法	RGMG	t/s	ISNR/dB
WT-WF[58]	0.451	5.874	2.748
PSFE-IWF[59]	0.383	5.742	3.284
IWF-ASR[62]	0.579	7.241	2.184
SDIWF-IBD[63]	0.518	5.328	2.459
PSFE-AWF	0.627	4.441	3.641
AIWF	0.743	4.939	4.787

实验 2.4 空间站湍流退化图像复原实验

所用图像来自 http://www.arcor.de 发布的图像数据。图 2.16 是 6 种复原方法复原后的结果图像。表 2.2 是 6 种复原方法估计 PSF 的复原结果的局部相对灰度平均梯度（RGMG）值、复原算法运行时间（t）和信噪比改善量（ISNR）的值。

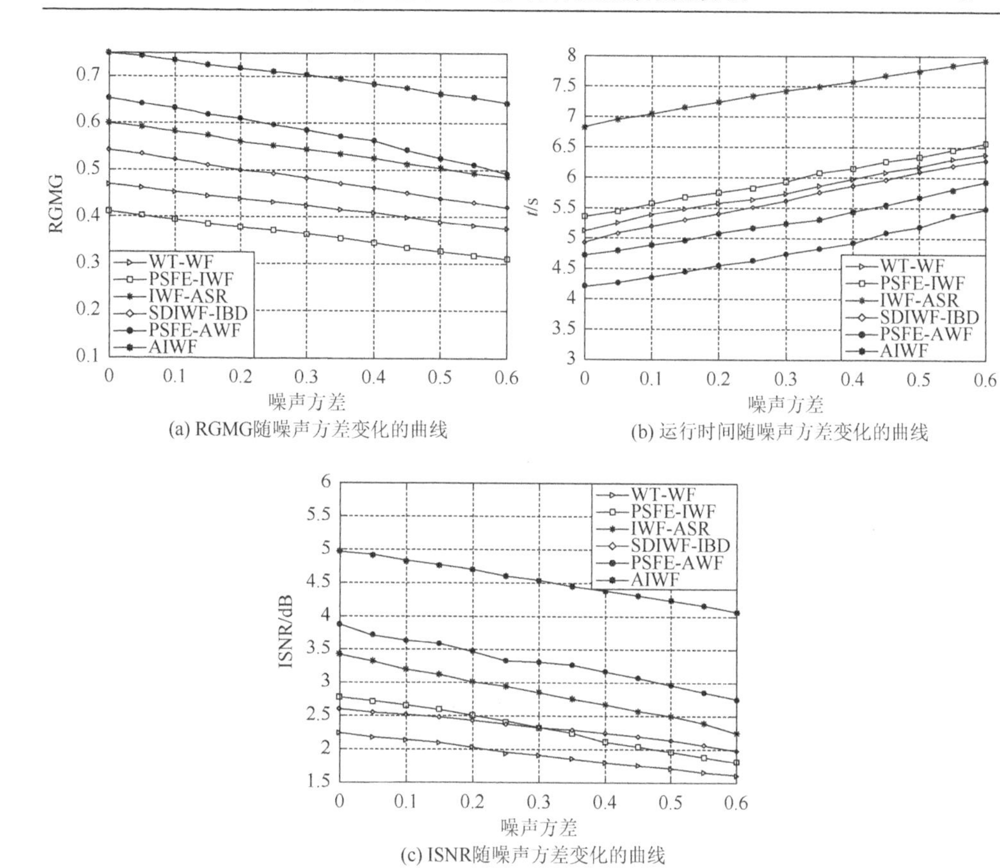

(a) RGMG随噪声方差变化的曲线

(b) 运行时间随噪声方差变化的曲线

(c) ISNR随噪声方差变化的曲线

图 2.15　星体湍流退化图像复原后的性能参数曲线

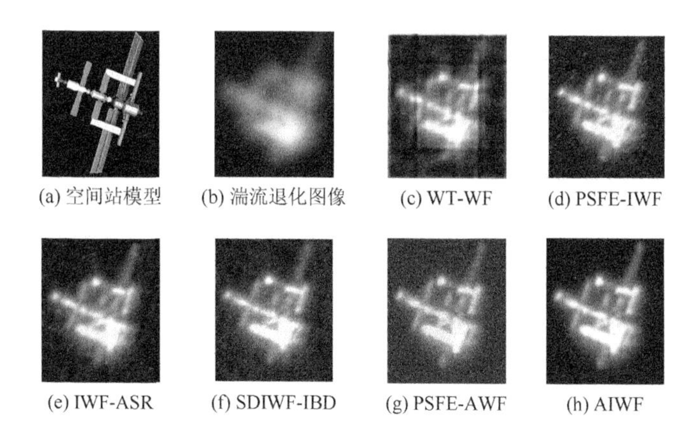
(a) 空间站模型　(b) 湍流退化图像　(c) WT-WF　(d) PSFE-IWF

(e) IWF-ASR　(f) SDIWF-IBD　(g) PSFE-AWF　(h) AIWF

图 2.16　空间站湍流退化图像复原后的结果图像

表 2.2　6 种复原方法对空间站湍流退化图像复原的性能参数

方法	RGMG	t/s	ISNR/dB
WT-WF[58]	0.465	6.311	1.819
PSFE-IWF[59]	0.451	6.221	2.483
IWF-ASR[62]	0.417	6.701	2.674
SDIWF-IBD[63]	0.429	5.181	1.644
PSFE-AWF	0.580	5.315	3.258
AIWF	0.631	5.498	3.370

2. 实验结果分析

从复原后结果图像中可以看到，本章的基于步长迭代控制的自适应增量维纳滤波算法复原图像的对比度增强了，背景区域灰度均匀，目标轮廓细节得到了很好的恢复。Solbo 等的小波域维纳滤波算法的复原结果图像中出现了较严重的边缘振铃。Zheng 等的迭代维纳滤波复原后的图像中出现了较多的杂乱点。闫华等的自适应增量维纳滤波正则化复原算法及温博等的自解卷积和增量迭代维纳滤波算法的复原效果较好，但振铃效应依然存在。本章的自适应维纳滤波算法复原的图像也出现一些杂乱点。

从实验数据上来看，本章算法在自适应维纳滤波的基础上，获得了较大的提高。综合两组仿真实验的数据可以看到，在同等条件下，本章算法复原的图像的 RGMG 高出自适应迭代维纳滤波方法 8%以上，高出其他算法更多。ISNR 高出自适应维纳滤波方法 3%以上，高出其他算法更多。与此同时，本章算法运行时间维持在较低水平，没有出现大幅度增长。并且随着噪声强度的增加，这种趋势依然明显，表明本章算法的稳定性较好。

2.4 本章小结

本章针对 PSF 估计不准确和现有盲复原方法不能适应大气湍流退化图像复原处理的需要，提出了一种基于 PSF 估计的自适应维纳滤波复原方法和一种基于 PSF 估计的自适应迭代增量维纳滤波复原方法。首先，通过冗余提升的方法构建了平移不变 NSWT；据此，设计了基于平移不变 NSWT 的 PSF 估计方法；然后，将其应用到基于最小二乘估计的参数自适应维纳滤波复原方法中。为了获得更好的 PSF 估计效果和复原效果，将 PSF 估计方法应用到基于步长迭代控制的自适应增量维纳滤波中。最后，仿真实验验证了本章算法的复原效果和性能。

第3章 基于稀疏多正则化的湍流图像盲复原方法

利用地基望远镜获取卫星、空间站和星空图像需要透过大气层，所获图像会受湍流和成像系统衍射极限的影响产生模糊退化。自适应光学（adaptive optics，AO）虽然可实现对退化图像的波前校正，但受处理能力以及波前数据误差等因素的影响，获取的图像需要进行图像复原处理[65]。

在模糊条件未知的盲解卷积方法中，PSF 估计的准确度很大程度上决定着解卷积的效果。为准确估计 PSF，引入反映图像与模糊核特征的先验知识约束就成为研究重点。Ayers 等[66]提出的单帧迭代盲解卷积方法，根据湍流 PSF 的非负性与频率已知特征对目标强度进行估计；但该方法过于依赖图像的先验知识，恢复的稳定性和可靠性受限。洪汉玉等提出的多种湍流图像盲解卷积方法[67]是根据湍流图像和 PSF 特性，构造复原的目标函数，建立图像及 PSF 的迭代求解关系；这些方法能有效提高图像的解卷积质量，但计算量较大。近年来，“什么是合适的先验知识？如何利用先验进行约束？”已成为一个公开问题。通过对自然图像统计信息的研究可知，清晰图像的边缘梯度服从“重尾分布”（heavy tail），利用图像主要边缘的稀疏性作为正则约束进行图像边缘预测，会对 PSF 的估计起到非常重要的作用[14]。现有的正则化方法在运动模糊图像盲复原方面取得了较好的成果[68]，但直接应用于湍流空间图像复原时，效果并不理想，主要是图像和 PSF 的正则约束存在两方面不足：一是现有方法主要是建立在自然图像统计信息的基础上，空间图像特有的内在特性并没有体现；二是 PSF 以单一 Tikhonov 为正则约束，无法体现湍流模糊核的特点。因此，选取适用于湍流退化图像的稀疏正则约束，是获得准确的 PSF 及高质量复原结果的关键。

针对退化图像背景简单，目标图像呈近似稀疏的特点，本章提出了一种稀疏多正则化的盲解卷积方法。对于空间图像和湍流模糊核的特点，分别构造相应的稀疏正则项，建立多正则约束的盲解卷积模型实现模糊核的快速、稳定求解。对于解卷积可能产生振铃效应的问题，提出了振铃抑制的非盲解卷积途径。

本章首先介绍图像正则化去模糊方法和振铃效应。然后，针对湍流条件下 PSF 未知的问题，提出了基于 L_0 范数多正则化的模糊图像盲复原方法，详细阐述 PSF 估计模型和优化求解过程。最后进行仿真图像和真实退化图像的解卷积实验，并对复原结果进行了对比和分析。

3.1　正则化复原与振铃效应

由于图像复原问题的病态本质，较难得到真实有效的解，所以必须寻求近似方法对病态问题进行修正，以求取逼近原始问题的解。正则化方法是实现该目标的有效途径，也是现阶段解决图像复原问题的主要方法。

3.1.1　正则化复原

给定图像降质模型为$g = f \otimes h + n$，则基于正则化的图像复原框架可表示为

$$\min_{f,h} J(f,h) = \min_{f,h} \| g - f \otimes h \|_2^2 + \alpha R(f) + \beta R(h) \tag{3.1}$$

其中，$\min\limits_{f,h} \| g - f \otimes h \|_2^2$为保真项，用于反映观测数据和理想数据之间的拟合程度；后两项为正则约束，用于描述已知先验信息和约束解的正则性，α和β为正则化参数，用于平衡保真项与正则项。

式（3.1）中涉及三个关键部分：一是如何构造反映图像和模糊核的正则项，使之能够描述图像的内在特点和退化特性等先验知识；二是如何快速、准确地求解目标函数，获取全局稳定解；三是如何设定合适的正则参数。这三者相互依赖、相互联系，其中正则项的构造是问题的核心，为图像和 PSF 的估计指出了方向；求解策略和参数设置是重要因素，关系到目标模型正确解的确定。经过多年研究分析，学者从不同角度分析和刻画图像的特征与表现属性，构建了多种图像正则模型并成功用于特定的解卷积问题。下面介绍本章对比实验用到的两种代表性方法：全变分正则化盲复原方法和L_0范数正则化盲复原方法。

1. 全变分正则化盲复原方法

全变分正则化盲复原方法是 Chan 等在全变分理论基础上提出的一种经典盲复原方法，该方法利用全变分作为平滑特性的度量，其代价函数为

$$\min_{f,h} \| g - f \otimes h \|_2^2 + \alpha \int_{\Omega} |\nabla f| \,\mathrm{d}x\mathrm{d}y + \beta \int_{\Omega} |\nabla h| \,\mathrm{d}x\mathrm{d}y \tag{3.2}$$

其中，正则项中的∇为梯度算子；α和β为正值的正则参数；$\Omega \in \mathbf{R}^2$为图像范围。

对于两个未知变量的非凸目标函数，利用变分法将式（3.2）转化为欧拉-拉格朗日（Euler-Lagrange）方程，如下：

$$\begin{aligned} h(-x,-y)*(h\otimes f-g)-\alpha\nabla\cdot\frac{\nabla h}{|\nabla h|}=0 \\ f(-x,-y)*(h\otimes f-g)-\beta\nabla\cdot\frac{\nabla f}{|\nabla f|}=0 \end{aligned} \tag{3.3}$$

采用交替最小（alternating minimization，AM）算法，将式（3.3）的求解转化为以下两个子问题的迭代处理。

（1）f-子问题：

$$h^n(-x,-y)*(h^n*f^{n+1}-g)-\alpha\nabla\cdot\frac{\nabla f^{n+1}}{|\nabla f^{n+1}|}=0 \tag{3.4}$$

（2）h-子问题：

$$f^{n+1}(-x,-y)*(h^{n+1}*f^{n+1}-g)-\beta\nabla\cdot\frac{\nabla h^{n+1}}{|\nabla h^{n+1}|}=0 \tag{3.5}$$

全变分基于自然图像的局部平滑特性建立空间模型，与图像分段平滑的特性相一致，具有良好的边缘保持特性。但在信噪比较低时，复原结果存在阶梯效应（staircasing effect）、虚假边缘等问题。全变分法经过严格的理论推导，能够保证解的唯一性；但解卷积时参数敏感，计算量较大。

2. L_0 范数正则化盲复原方法

L_0 范数正则化盲复原方法是 Xu 等[69]提出的一种具有代表性的稀疏正则化复原方法，该方法利用自然图像梯度的 L_0 范数作为平滑正则度量，复原模型如下：

$$\min_{f,h}\|g-f\otimes h\|_2^2+\lambda_1\|\nabla x\|_0+\lambda_2\|h\|_2^2 \tag{3.6}$$

其中，第一项为保真项，后两项分别为图像梯度 L_0 正则项和 PSF 的 Tikhonov 正则项；λ_1 和 λ_2 为正值的正则参数。

L_0 范数优化属于非凸的 NP-hard 问题（即有这样一种问题，所有 NP 问题都可以归约到这种问题，但它不一定是 NP 问题，称为 NP-hard 问题），求解的关键是寻找最优凸近似。Candès 等认为 L_0 范数的不连续性使其最小化成为 NP 问题（即可以通过非确定性图灵机在多项式时间内求解的问题）[70]。Xu 等通过构造分段连续函数（式（3.7））拟合 L_0 范数的离散曲线，并证明当 $\varepsilon=\frac{1}{8}$ 时，$\phi(x)$ 近似于 L_0 范数。

$$\phi(x)=\begin{cases}\frac{1}{\varepsilon^2}|x|^2, & x<\varepsilon \\ 1, & \text{否则}\end{cases} \tag{3.7}$$

将范数最小化转化为凸函数优化问题：

$$\min_{f,h}\left\{\| g - f \otimes h \|_2^2 + \lambda_1 \sum_{*\in\{h,v\}} \phi(\partial_* f) + \lambda_2 \| h \|_2^2\right\} \tag{3.8}$$

其中，∂_* 代表图像 f 在水平和垂直方向的偏导。

(a) 原图像

(b) L_0 平滑

图 3.1 图像梯度 L_0 范数正则平滑

图 3.1 为图像梯度 L_0 范数正则平滑的结果，从中可以看出，L_0 范数约束的图像梯度正则项能够滤除图像的细小边缘及纹理结构，起到了保留图像中的大边缘、抑制小边缘及轻微噪声的作用。

采用交替最小化的策略，将式（3.8）转换为迭代求解图像 f 和点扩展函数 h 两个子问题。

（1）f-子问题：

$$f^{n+1} = \arg\min_{f}\left\{\| g - f^n \otimes h^n \|_2^2 + \lambda_1 \sum_{*\in\{h,v\}} \phi(\partial_* f^n)\right\} \tag{3.9}$$

（2）h-子问题：

$$h^{n+1} = \arg\min_{h}\{\| g - f^{n+1} \otimes h^n \|_2^2 + \lambda_2 \| h^n \|_2^2\} \tag{3.10}$$

与全变分正则化盲复原方法不同，基于图像梯度 L_0 范数模型通过交替迭代所估计的复原图像，滤除了细小边缘细节，指引模糊核的正确估计方向，得到的是中间复原图像而并非最终的结果，估计并得到模糊核后，再采用超 Laplacian 非盲解卷积[71]而获得的才是最终的复原图像。

基于图像梯度 L_0 范数正则模型以图像主要边缘稀疏特性为基础建立模型，其前提是边缘能够作为区分清晰图像与模糊图像的依据，这与自然图像统计特性一致。L_0 正则化复原能够很好地恢复轻微噪声和无噪的自然模糊图像，是当前最具代表性的稀疏正则复原方法之一。

3.1.2 振铃效应

在盲复原方法中，经过交替迭代估计出 PSF 后，即可将复原问题转化为非盲解卷积问题。大部分非盲解卷积方法都是在已知准确 PSF 的基础上提出的，而盲解卷积得到的 PSF 在一定程度上与真实的 PSF 存在差别，加之图像中存在噪声等干扰，复原结果存在不同程度的失真。典型的失真是解卷积时高频截断造成图像的边缘和边界处产生水波形式波纹（Gibbs 效应）的失真，称为振铃效应。

根据振铃位置，将其分为边界振铃和边缘振铃。边界振铃是出现于复原图像边界附近的一种波纹，如图 3.2（a）所示；边缘振铃主要出现在图像的主要边缘附近，呈现为与边缘平行的若干条纹，其强度与边缘梯度幅值成正比，并沿垂直边缘方向减弱，如图 3.2（b）所示。振铃效应混淆了图像的高频特征，降低了图像质量，极端情况下甚至会完全破坏图像信息，如图 3.2（c）所示。因此，对于迭代盲解卷积方法而言，消除振铃效应是一个不能忽视的问题。

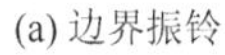

(a) 边界振铃

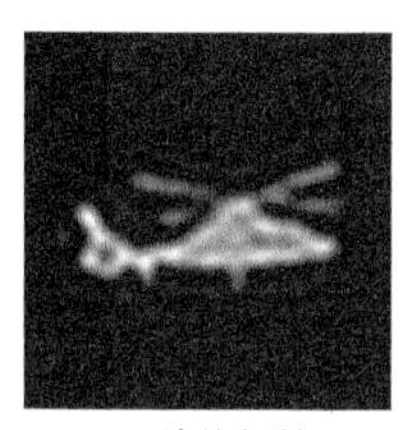

(b) 边缘振铃

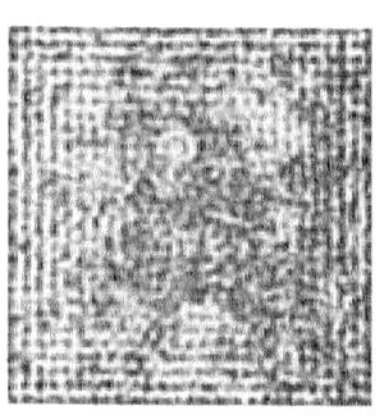

(c) 极端表现

图 3.2　振铃效应

迭代过程中可设定适当的终止条件，当振铃达到一定强度时强行终止迭代。但此方法存在一个关键问题：终止迭代的判断条件缺乏通用可行的标准；若迭代次数限制设置不当，可能模糊边缘和纹理等细节信息，达不到图像复原的目的。

根据去振铃在复原过程中所处的阶段，将去振铃算法分为两类：一是在复原的同时去振铃，其思路是在复原的同时对算法加入约束，使得复原后图像中的振铃效应控制在合理范围内或者消失；如 Umnov 等[72]提出的基于联合稀疏编码的振铃抑制，是将稀疏字典加入复原正则约束。二是复原后去振铃，其思路是采取区域选择方式复原，改善边缘区域的连续性，同时尽量保留图像的边缘部分；如李俊山等提出的基于边缘分离的去振铃复原方法，通过先剔除模糊图像边缘复原，再将增强的模糊图像强边缘加入复原结果的方式构成完整的复原图像。Pan 等[73]利用双边滤波平滑 L_p 先验和梯度先验的非盲解卷积图像差，再从 L_p 先验的复原结果中用滤除差值图像的方式减轻振铃效应。

3.2　基于稀疏多正则约束的盲复原

如何有效利用空间目标图像和湍流模糊的 PSF 特点构建相应的先验知识，是本章算法的研究重点。

3.2.1　空间目标图像的退化特点

空间目标图像具有背景简单、目标稀疏的特点。以图 3.3 所示的卫星目标清晰图像为例，图像以太空为背景，呈现单一深黑色，灰度值范围为[0, 255]。从图中可以看出，清晰图像的灰度值主要集中在 0 附近，分布具有重尾特点。

(a) 清晰空间卫星图像

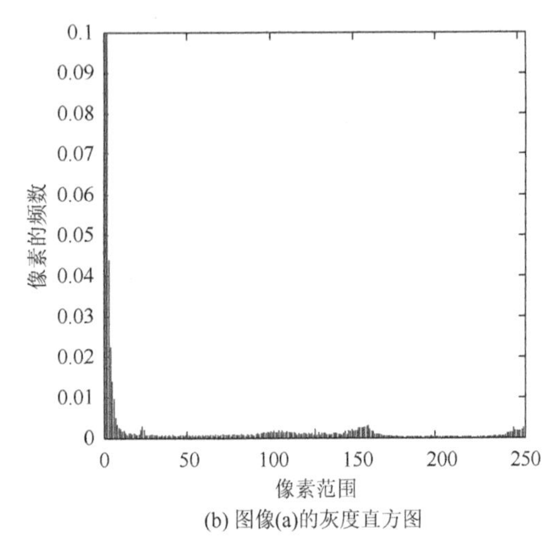

(b) 图像(a)的灰度直方图

图 3.3　空间目标（卫星）图像

相关研究指出，湍流退化的 PSF 具有如下特性[74]。

（1）非负性。PSF 在其支持域内积分为 1。

（2）整体衰减，各向异性。表现为 PSF 在整体上有峰值，峰值附近很快衰减。衰减各向异性是指其在支持域内的近邻点值之间的变化量存在差异，表现为峰值附近各方向的递减程度并不一致，可能存在局部峰值。

（3）时间相关平滑性。表现为 PSF 的模糊程度与成像积分时间有关，曝光时间越长，模糊核平滑越明显。

本章在分析不同曝光时间的湍流光学传输效应的基础上，获得了不同成像积分时间的 PSF 的二维和三维形式，如图 3.4 所示。可以看出，在 PSF 稀疏分布、短曝光条件下，PSF 呈局部锯齿状，峰值附近下降程度不一致，支持域范围较小。随着曝光时间的增加，PSF 逐渐呈略光滑状，支持域逐渐增宽，整体呈现出类高斯（Gaussian-like）的分布特征。

将退化过程视作空间域不变模糊，通过清晰成像与不同曝光时长的 PSF 卷积获得对应积分时间下的模糊图像，如图 3.5 所示。可以看出，随成像积分时间的增加，模糊程度逐渐增强。表 3.1 分析了不同强度湍流退化图像中近零像素（灰度值范围[0, 10]）的分布，从统计规律看，随着模糊程度增强，图像中近零像素的比例下降。

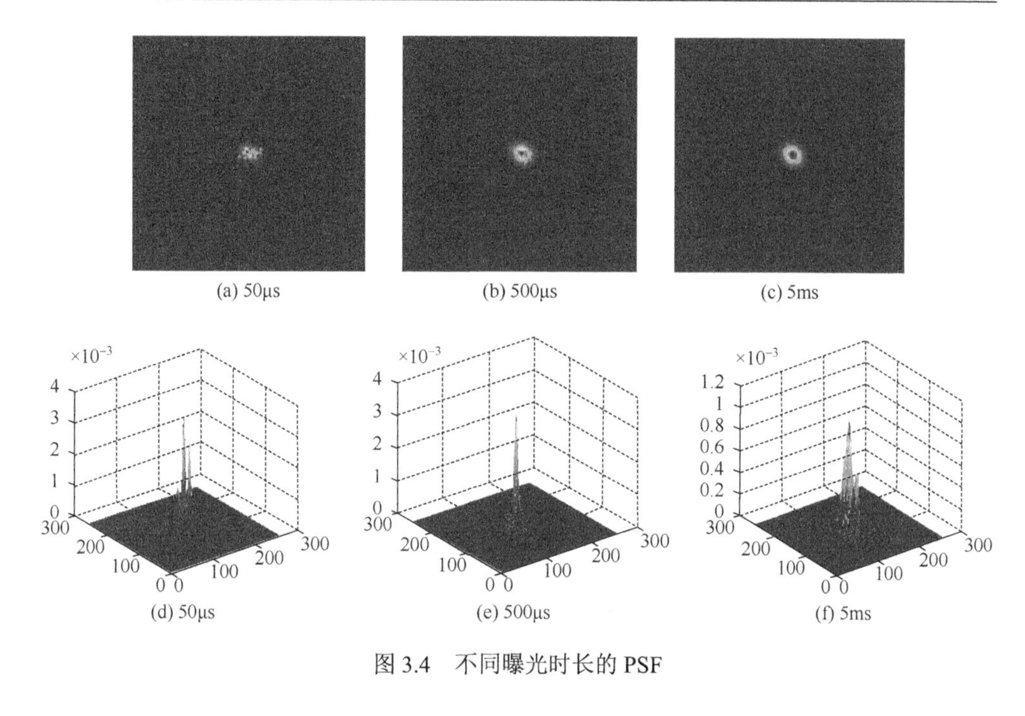

(a) 50μs (b) 500μs (c) 5ms

(d) 50μs (e) 500μs (f) 5ms

图 3.4 不同曝光时长的 PSF

(a) 50μs (b) 500μs (c) 5ms

图 3.5 不同模糊程度的退化卫星图像

表 3.1 空间目标图像的灰度值近零像素比例

退化程度	原始未退化	轻微湍流	中等湍流	强湍流
近零像素比例/%	90.95	88.31	78.23	70.22

3.2.2 多正则约束的复原模型

对于退化图像 $g = f \otimes h + n$，本章采用图像梯度 L_0 范数来规范自然图像梯度的稀疏特性，滤除细小边缘。针对空间目标图像灰度值呈现近零的“重尾分布”，引入图像灰度的 L_0 范数来加强目标区域的稀疏特性，由此得到目标图像的 L_0 范数多正则化约束：

$$R(f) = \| \nabla f \|_0 + \alpha \| f \|_0 \tag{3.11}$$

式（3.11）用来约束生成模糊图像边缘映射图，达到规整目标图像的梯度和灰度邻域的目的。

对于 PSF 而言，为保护其衰减性具有方向性的特点，采用 L_2 范数约束 PSF 的梯度，并引入各向异性的权重系数进行约束[67]。此外，加入模糊核的 L_0 范数，提出的 PSF 正则项约束如下：

$$\begin{aligned} R(h) &= \lambda_2 \| h \|_0 + \phi(\nabla h) \| \nabla h \|_2^2 \\ \text{s.t.} \quad \phi(\nabla h) &= \mathrm{e}^{-\frac{|\nabla h|^2}{2\varepsilon^2}} \end{aligned} \tag{3.12}$$

其中，正则参数 $\lambda_2 > 0$，λ_2 越大，约束 PSF 越稀疏，极端情况甚至是一些孤立点，适用于短曝光条件；$\phi(\nabla h) \in [0,1]$ 用于保护 PSF 梯度的衰减各向异性，ε 取值越小则梯度衰减越快，反之，ε 越大，则梯度衰减越平缓，PSF 呈现越光滑的状态，适用于长曝光条件。

综上所述，提出多正则化的图像盲解卷积模型如下：

$$\min_{f,h} \| g - f \otimes h \|_2^2 + \lambda_1 (\| \nabla f \|_0 + \alpha \| f \|_0) + \lambda_2 \| h \|_0 + \phi(\nabla h) \| \nabla h \|_2^2 \tag{3.13}$$

其中，正则参数 $\lambda_1 > 0$，α 为非负值。当 $\alpha = 0$ 时，图像正则简化为梯度 L_0 范数约束式。通过适当调节正则参数，平衡图像梯度和灰度的稀疏性，可以使本章提出的盲复原模型不仅能够处理空间目标的退化图像，也可适用于其他自然光学图像。

3.2.3　模型的优化求解

为了有效求得最优解，采用交替最小化策略，将式（3.13）的优化过程转化为以下两个子问题：

$$\min_{f} \| g - f \otimes h \|_2^2 + \lambda_1 (\| \nabla f \|_0 + \alpha \| f \|_0) \tag{3.14}$$

$$\min_{h} \| g - f \otimes h \|_2^2 + \lambda_2 \| h \|_0 + \phi(\nabla h) \| \nabla h \|_2^2 \tag{3.15}$$

众所周知，L_0 范数的优化是非凸的 NP-hard 问题，常见方法是求其最优的凸近似。在一定条件下，L_1 最小化问题跟 L_0 最小化问题等价，在稀疏编码问题中常用 L_1 范数近似 L_0 范数，利用凸优化算法求解，如分裂布莱格曼（split Bregman）法[75]、迭代伸缩阈值（iterative shrinkage thresholding）法[76]。对于图像逆问题而言，往往不一定满足 L_1 和 L_0 优化等价的条件，而直接最小化 L_0 范数会导致极大的计算量。文献[77]给出了半二次分裂实现 L_0 最小化的求解算法，避免范数最优近似的等价条件约束问题。同时，文献[78]给出了引理证明，极大地简化了范数的优化求解。本章在此基础上，利用变量分裂和拉格朗日乘子法将其转化为无约束式，再求解 L_0 最小化，提高了求解的准确性。

1. 估计图像

对于式(3.14)，利用变量分裂策略，引入辅助变量 $m=f$ 和 $n=(n_x,n_y)^{\mathrm{T}}=\nabla f$，将约束问题等价为

$$\min_{f,m,n}\|g-f\otimes h\|_2^2+\lambda_1(\alpha\|m\|_0+\|n\|_0),\quad \text{s.t. } m=f,\quad n=\nabla f \tag{3.16}$$

通过拉格朗日乘子法，转化为求解如下无约束优化问题：

$$\min_{f,m,n}\|g-f\otimes h\|_2^2+\lambda_1(\alpha\|m\|_0+\|n\|_0)+\frac{\gamma_1}{2}\|m-f\|_2^2+\frac{\gamma_2}{2}\|n-\nabla f\|_2^2 \tag{3.17}$$

其中，γ_1、γ_2 为正定的惩罚参数，当 γ_1 和 $\gamma_2\to\infty$ 时，式(3.17)的解收敛于式(3.16)。根据交替最小化策略，将式（3.17）分解为 f、m 和 n 三部分迭代式：

$$\arg\min_{f}\|g-f\otimes h\|_2^2+\frac{\gamma_1}{2}\|m-f\|_2^2+\frac{\gamma_2}{2}\|n-\nabla f\|_2^2 \tag{3.18}$$

$$\arg\min_{m}\lambda_1\alpha\|m\|_0+\frac{\gamma_1}{2}\|m-f\|_2^2 \tag{3.19}$$

$$\arg\min_{n}\lambda_1\|n\|_0+\frac{\gamma_2}{2}\|n-\nabla f\|_2^2 \tag{3.20}$$

（1）f-子问题。给定 m，式（3.18）是一个严格的凸二次函数最小化问题，存在封闭解。利用快速傅里叶变换和逆变换，可得

$$f=F^{-1}\left(\frac{\overline{F(h)}F(g)+\frac{\gamma_1}{2}F(m)+\frac{\gamma_2}{2}F_G}{\overline{F(h)}F(h)+\frac{\gamma_1}{2}I+\frac{\gamma_2}{2}\overline{F(\nabla)}F(\nabla)}\right) \tag{3.21}$$

$$\text{s.t.}\quad F_G=\overline{F(\nabla_x)}F(n_x)+\overline{F(\nabla_y)}F(n_y)$$

其中，$F(\cdot)$、$F^{-1}(\cdot)$ 为快速傅里叶变换和逆变换；$\overline{F(\cdot)}$ 为 $F(\cdot)$ 的复共轭；∇_x 和 ∇_y 分别代表水平和垂直方向的差分算子。

（2）m-子问题。式（3.19）是一个典型的单变量 L_0 范数优化问题，通过引理求解。

引理 3.1　令 z 是一个单变量，有关于 z 的 L_0 范数目标函数：

$$\min_z (z-q)^2+\mu\|z\|_0 \tag{3.22}$$

若 z^* 是目标函数（3.22）的解，其定义为

$$z^*=\begin{cases}q, & |q|^2\geqslant 0\\ 0, & \text{其他}\end{cases} \tag{3.23}$$

其中，$\|z\|_0=\begin{cases}1, & |z|\neq 0\\ 0, & \text{其他}\end{cases}$。

利用引理 3.1，可得

$$m=\begin{cases}f, & |f|^2>\dfrac{2\lambda_1\alpha}{\gamma_1}\\ 0, & \text{否则}\end{cases} \tag{3.24}$$

（3）n-子问题。同理可得

$$n=\begin{cases}\nabla f, & |\nabla f|^2>\dfrac{2\lambda_1}{\gamma_2}\\ 0, & \text{否则}\end{cases} \tag{3.25}$$

2. 估计模糊核

对于给定图像 f 求模糊核时，考虑到灰度条件下的解不够准确，将其转化到图像梯度空间下估计 h[79]。

$$\min_{h,k}\|\nabla g-\nabla f\otimes h\|_2^2+\lambda_2\|h\|_0+\phi(\nabla h)\|\nabla h\|_2^2 \tag{3.26}$$

同样基于半二次分裂法，引入辅助变量 $k=h$，将式（3.26）转化为如下目标函数式：

$$\min_{h,k}\|\nabla g-\nabla f\otimes h\|_2^2+\lambda_2\|k\|_0+\phi(\nabla h)\|\nabla h\|_2^2+\frac{\mu}{2}\|h-k\|_2^2 \tag{3.27}$$

其中，μ 是正定参数。采用交替迭代最小化策略，转化为两个子问题：

$$\arg\min_{h}\|\nabla g-\nabla f\otimes h\|_2^2+\phi(\nabla h)\|\nabla h\|_2^2+\frac{\mu}{2}\|h-k\|_2^2 \tag{3.28}$$

$$\arg\min_{k}\lambda_2\|k\|_0+\frac{\mu}{2}\|h-k\|_2^2 \tag{3.29}$$

（1）k-子问题。根据引理 3.1 可得

$$k=\begin{cases}h, & |h|^2>\dfrac{2\lambda_2}{\mu}\\ 0, & \text{否则}\end{cases} \tag{3.30}$$

（2）h-子问题。式（3.28）为凸二次函数最小化问题，存在封闭解。可同样利用快速傅里叶变换和逆变换实现快速求解。

3. 算法描述

模型（3.13）的求解是在交替最小化框架下，通过交替迭代分别估计复原图像和 PSF，滤除细小边缘细节，引导模糊核的正确估计方向，此时得到的复原图

像并非最终的结果，而是中间复原图像。首先给出关于中间复原图像的求解过程，如算法 3.1 所示。

算法 3.1　基于半二次分裂的多 L_0 正则图像估计

输入：模糊退化图像 g，模糊核 h，稀疏正则参数 λ_1，灰度正则参数 α，惩罚因子极值 $\gamma_{\max}$。

初始化：估计图像 $f^0 = g$；$\gamma_1 = \lambda_1 \alpha$，$\gamma_2 = 2\lambda_1$。

步骤：

While ($\gamma_1 < \gamma_{\max}$)

Step1. 利用式（3.24）更新变量 m。

Step2. 利用式（3.25）更新变量 n。

Step3. 利用式（3.21）更新估计图像 f；

$\gamma_1 = 2\gamma_1$；$\gamma_2 = 2\gamma_2$。

End While

输出：中间复原图像 f。

模糊核估计的求解过程如算法 3.2 所示。

算法 3.2　基于半二次分裂的多 L_0 正则模糊核估计

输入：中间复原图像 f，正则参数 λ_2，惩罚因子极值 $\mu_{\max}$。

初始化：$h = h_{\text{prev}}$，$k = 0$。

步骤：

While ($\mu < \mu_{\max}$)

Step1. 利用式（3.30）更新变量 k。

Step2. 利用 FFT 求解式（3.30），更新模糊核估计 h；

$\mu = 2\mu$。

End While

输出：模糊核估计 h。

采用从粗到精的多尺度图像金字塔策略为复原框架，设图像总层数为 S，每层尺度为 s，每层的输入图像 y_s 为原始退化图像 y 的 $\sqrt{1/2}$ 降采样，从最小尺寸的图像到原始输入的模糊图像逐层估计中间图像和模糊核，最终确定 PSF，如算法 3.3 所示。

算法 3.3　基于稀疏多正则化的模糊核估计

输入：模糊退化图像 g，模糊核尺寸 hsize，正则化参数 λ_1，λ_2，α，ε。

初始化：图像金字塔层数 S，h_0 = Dirac plus。

步骤：

For　$s = 1{:}S$

Step1. 对图像下采样得第 s 层图像 g_s，对核估计上采样得第 s 层模糊核 $h_s = h_{s-1}$。

Step2. 利用算法 3.1 估计第 s 层中间图像 f_s。

Step3. 利用算法 3.2 估计第 s 层模糊核 h_s。

End For

输出：估计模糊核 h_S。

需要指出的是，盲解卷积时须初始设置一个模糊核尺寸用于初始化 PSF，尺寸过小时，可能无法覆盖真实核的支持域，导致复原结果依然模糊，尺寸过大时可能导致振铃效应。通常，过大估计核尺寸带来的负面影响较为严重。稀疏正则化复原方法普遍遵循核尺寸为奇数且最小分辨率层的核尺寸不小于 3 的设置原则，前期的研究中多以经验设置固定值。为避免核过大导致复原失败，本节利用模糊核相似性度量[80]设置核尺寸调节机制，为降低运算量仅对最低层分辨率进行测试，具体过程如下。

（1）估计尺寸为 l 和 l–2 的模糊核分别为 $\hat{h}_l$ 和 $\hat{h}_{l-2}$。

（2）利用模糊核相似度量对估计核进行测评，得到相似度评价值 KS。

$$\mathrm{KS}(H,\hat{H}) = \max \frac{\sum_{\tau} H(\tau)\cdot \hat{H}(\tau)}{\| H \| \cdot \| \hat{H} \|} \tag{3.31}$$

（3）对尺寸进行减 2 缩小，重复（1）、（2）得到 l–KS 曲线，KS 最大值（核相似度最高）反映核优化过程收敛至最佳，对应的 l_1 即最小分辨率时的合适核尺寸，可将 PSF 初始化为 $l_1 \times l_1$ 的 Dirac 冲击矩阵。不同尺寸的核相似度量曲线如图 3.6 所示。

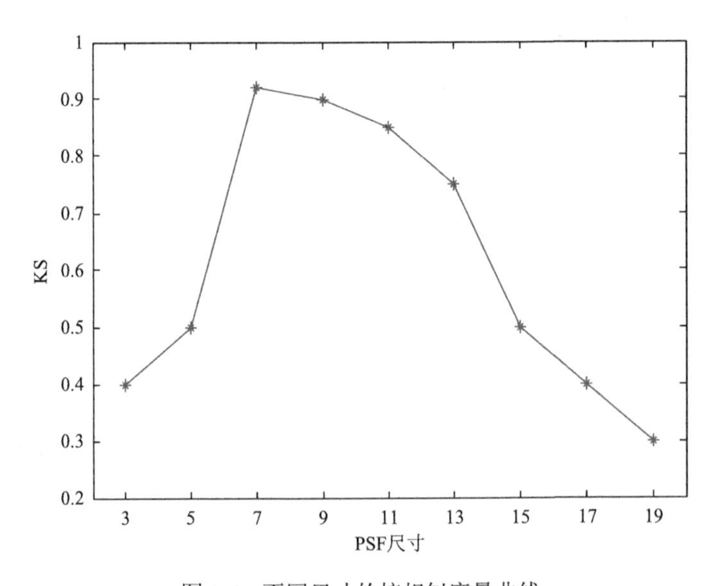

图 3.6　不同尺寸的核相似度量曲线

3.2.4　振铃抑制的非盲解卷积

当 PSF 确定后，图像盲复原问题就可转换为非盲复原问题。非盲复原方法的研究已经取得了很大进展，如经典逆滤波方法、Lucy-Richardson（LR）算法、快速全变分正则法（fast total variation deconvolution，FTVd）[81]、快速超拉普拉斯解卷积法（fast hyper-Laplacian regulation deconvolution）[71]等。值得指出的是，不同的非盲复原解卷积方法可能导致最终复原结果不同。例如，逆滤波算法对噪声敏感，且随着迭代次数的增加噪声会放大；LR 算法在迭代时容易产生振铃效应；FTVd 算法易产生阶梯效应和数值不稳定。

为了最大限度地复原图像细节，本章采用 Krishnan 提出的快速超拉普拉斯解卷积法（L_p 正则）。算法利用自然图像梯度的稀疏重尾特性约束图像，算法运算速度较快。L_p 正则估计图像如式（3.32）所示。

$$f = \arg\min_{f} \| g - f \otimes h \|_2^2 + \eta \| \nabla f \|^{\alpha} \tag{3.32}$$

式中，参数 η 和 α 与图像梯度稀疏相关，Krishnan 指出 $\alpha \in \left[\frac{2}{3}, 1\right]$ 时复原效果最佳。

本章实验中均设置 $\alpha = 0.8$，$\eta = 2\mathrm{e}^{-3}$。为了降低边缘振铃效应，结合边缘分离思路进行解卷积，具体流程是：首先提取模糊图像的强边缘；然后估计 PSF 进行解卷积，获得去边缘图像的复原结果；最后将增强的模糊强边缘加入复原结果，得到完整的复原图像。

3.2.5　实验与分析

为了验证本章算法的可行性和有效性，对模糊图像采用不同复原方法进行去模糊实验。实验环境为 Pentium(R) Dual-Core 2.1GHz CPU，RAM 为 8GB，编程环境为 MATLAB R2010a。

1. 实验设置

从算法 3.3 可知，本章算法中需要设置的关键正则参数有 4 个，即 λ_1、λ_2、α、ε。其中 λ_1 和 α 为图像的正则参数，λ_1 过小会导致复原图像过度锐化和噪声增强；λ_1 过大则使复原图像过于平滑，丢失细节信息。α 决定图像的灰度稀疏程度。λ_2 和 ε 为核的正则参数，λ_2 决定核的平滑程度；ε 决定核梯度的衰减程度。此外，优化时惩罚参数 γ_1、γ_2 和 μ 控制 L_0 范数优化过程中辅助变量的更新速度。参数的设置在一定程度上会影响算法的结果。

为了使参数设置简单可行，实验采用取值范围内人工调节的方式确定参数值。通过测试，本章实验中设置参数范围如下：$\lambda_1 \in [10^{-3}, 10^{-2}]$，$\lambda_2 \in [10^{-4}, 2\times10^{-3}]$；设定图像稀疏约束 $\alpha = \dfrac{10^{-2}}{\lambda_1}$；模糊核梯度衰减参数 ε 随模糊程度设置，$\varepsilon \in [1,5]$；最大惩罚值根据经验设定为 $\gamma_{\max} = \mathrm{e}^4$，$\mu_{\max} = 4\mathrm{e}^3$。为了适应不同大小的图像，根据初始核尺寸设置图像金字塔层数 $S = \max\left(\lfloor 2\times \lg(\mathrm{hsize}) \rfloor, 3\right)$。为抑制边界振铃，复原前调用 MATLAB 内部函数 edgetaper 对模糊图像的边界进行处理。

2. 实验及结果分析

实验 3.1 本章算法的有效性实验

首先对本章提出的 L_0 多正则约束的盲解卷积（L_0 multi-regularized blind deconvolution，L_0MR）算法进行有效性验证。图 3.7（a）为仿真湍流 PSF，支持域大小为 17×17。图 3.7（b）为海事卫星原始图像，大小为 256×256[①]。与 PSF 卷积获得湍流退化图像，如图 3.7（c）所示。盲解卷积时，初始 PSF 尺寸为 19×19，整个复原过程如图 3.8 所示。

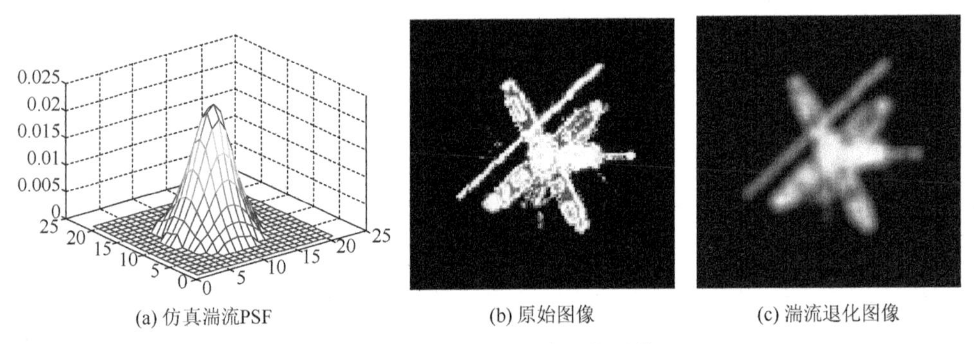

(a) 仿真湍流PSF (b) 原始图像 (c) 湍流退化图像

图 3.7 原始图像和湍流退化图像

从图 3.8 可以看出，多层分辨率下随着迭代过程增加，估计的模糊核与真实核逐渐靠近，最终通过解卷积获得的复原图像细节清晰，特征结构接近原始图像。整个复原过程的时间消耗包括多尺度交替估计图像和模糊核，以及非盲解卷积两部分。其中，交替估计过程通过分解并转化为多个凸优化的子问题，迭代过程以 FFT 和阈值收缩为主；边缘分离的 L_p 正则解卷积过程利用 Canny 算子和 FFT 快速求解。因此能保证高效快速的计算性能。此外，图像大小也会影响算法的运行时间。以实验 3.1 中 256×256 的图像，核尺寸 19×19 为例，整个复原过程耗时约 76s，其中模糊核估计耗时约 70s，解卷积耗时约 5.9s。

① 单位为像素，其余图像尺寸的单位也为像素。

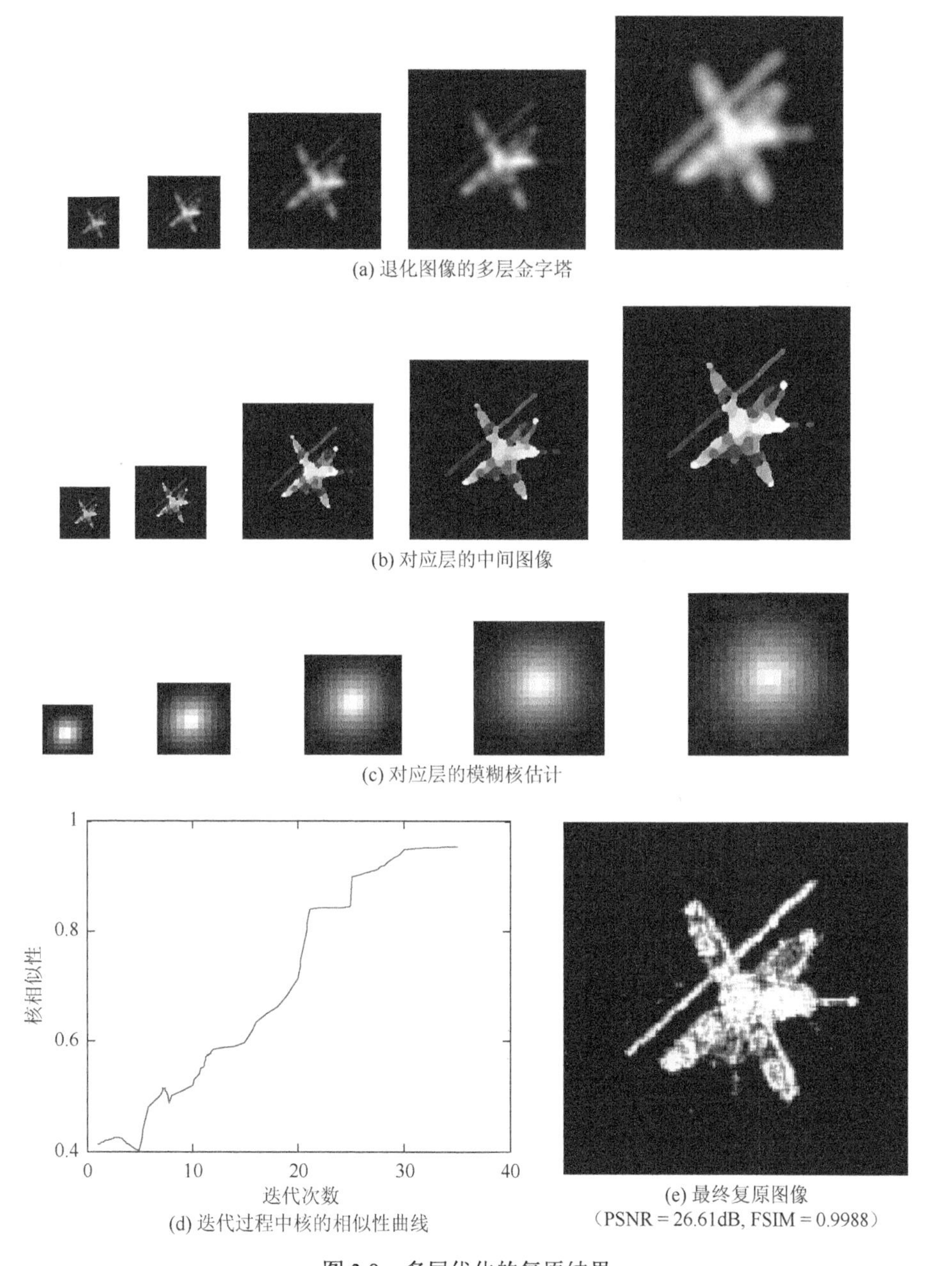

(a) 退化图像的多层金字塔

(b) 对应层的中间图像

(c) 对应层的模糊核估计

(d) 迭代过程中核的相似性曲线

(e) 最终复原图像（PSNR = 26.61dB, FSIM = 0.9988）

图 3.8　多层优化的复原结果

实验 3.2　不同模糊核尺寸的对比实验

模糊核的分布和支持域大小决定图像的模糊程度。为探究核尺寸对不同算法复原的影响，并进一步验证本章算法对振铃的抑制效果，此处利用仿真图像进行不同模糊核尺寸的对比实验。仿真湍流 PSF 见图 3.9（a），其支持域为 21×21，原始图像和湍流退化图像分别见图 3.9（b）和图 3.9（c），大小为 256×256。对比的复原算法分别为基于全变分正则化盲复原方法[82]和 L_0 范数正则化（L_0-norm regularized，L_0）盲复原方法[69]。对比算法采用文献作者提供的源代码，按照文献中所定参数设置。为不失一般性，不同算法的初始核尺寸统一设置为 21×21、25×25 和 31×31，复原结果如图 3.10 所示。

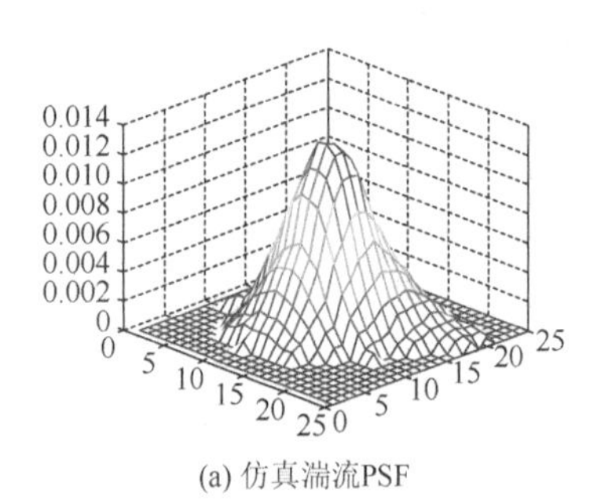

(a) 仿真湍流PSF

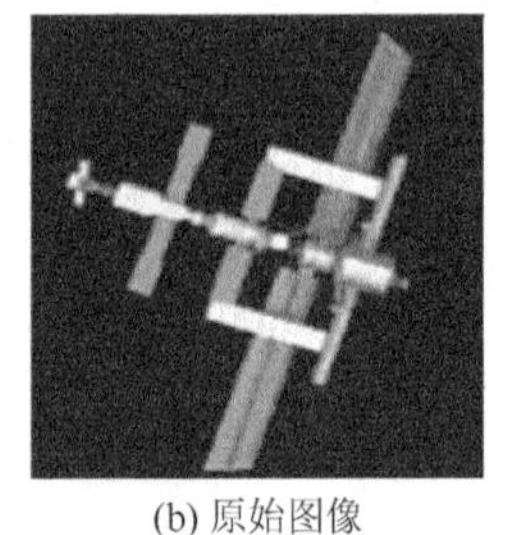
(b) 原始图像

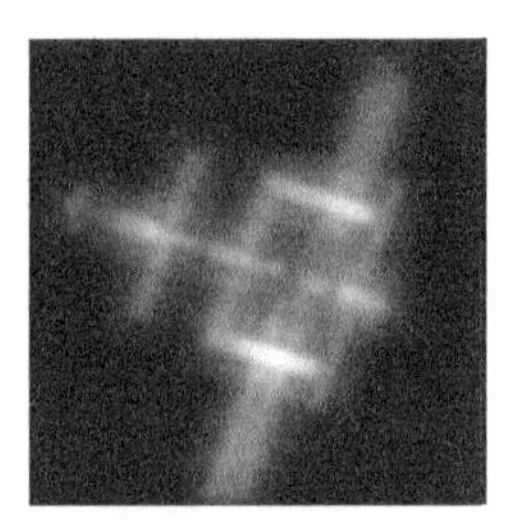
(c) 湍流退化图像

图 3.9　原始图像和湍流退化图像

(a) 全变分正则化盲复原方法复原结果（21×21）

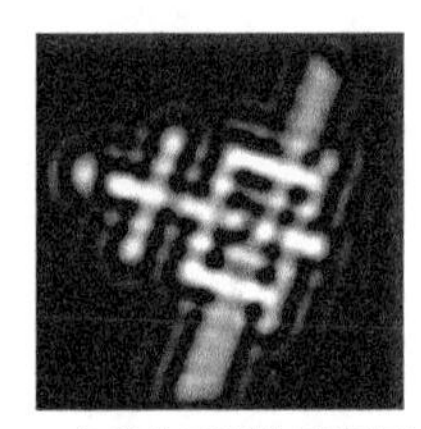
(b) 全变分正则化盲复原方法复原结果（25×25）

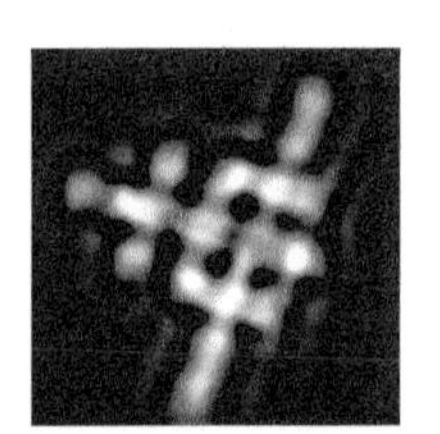
(c) 全变分正则化盲复原方法复原结果（31×31）

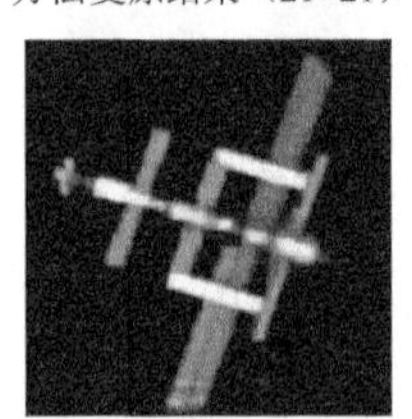
(d) L_0复原结果（21×21）

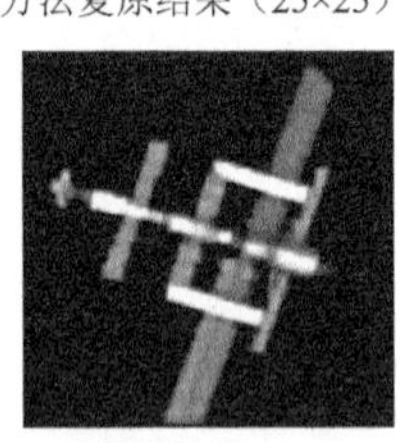
(e) L_0复原结果（25×25）

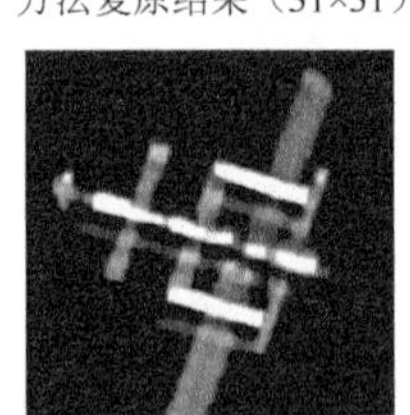
(f) L_0复原结果（31×31）

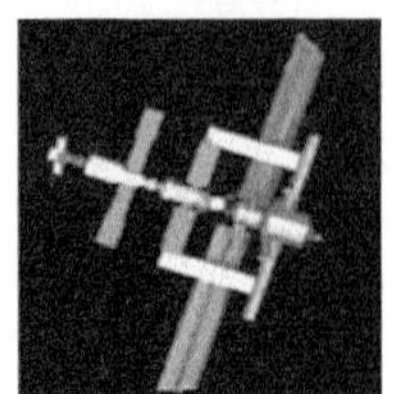
(g) L_0MR复原结果（21×21）

(h) L_0MR复原结果（25×25）

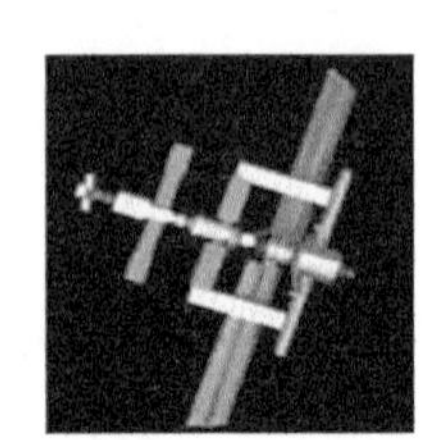
(i) L_0MR复原结果（31×31）

图 3.10　不同模糊核尺寸的模糊图像复原结果

为了客观衡量不同算法的复原效果，采用 PSNR、特征结构相似度（features similarity index，FSIM）和振铃测度（ringing metric，RM）三个图像质量评价指标对复原图像进行评价，对比结果见表 3.2。其中，PSNR 和 FSIM 属于参考型评价标准。FSIM 反映两幅图像在特征结构上的相似程度，取值范围为[0, 1]，数值越接近 1 表明图像间特征结果越接近，说明图像复原的质量越接近参考清晰图像。RM 属于无参考评价标准，用于衡量复原图像中的振铃强度，取值范围为[0, 1]，数值越大表明振铃效应越强[83]。

表 3.2　不同模糊核尺寸下图像复原的质量评价

复原方法	模糊核尺寸	评价指标		
		PSNR/dB	FSIM	RM
全变分正则化盲复原方法	21×21	30.12	0.7914	0.2851
	25×25	26.35	0.5702	0.6472
	31×31	22.64	0.2327	0.8861
L_0[69]	21×21	31.53	0.9024	0.1675
	25×25	31.07	0.9015	0.1691
	31×31	26.29	0.6812	0.3585
L_0MR（本章算法）	21×21	33.79	0.9935	0.1081
	25×25	33.79	0.9935	0.1081
	31×31	33.79	0.9935	0.1081

从图 3.10 和表 3.2 中可以看出，当设置尺寸等于核真实尺寸时，复原效果最清晰。其中本章算法取得更高的 PSNR 和 FSIM，表现出较好的复原性能。随着核尺寸的进一步增大，复原结果中出现一定的振铃效应。特别地，全变分正则化盲复原方法对尺寸大小最敏感，振铃效应最明显，复原效果也最差。L_0 利用图像梯度稀疏性选择有效边缘，核尺寸在一定范围内能收敛为同一基本形状，因此对模糊核大小设置较鲁棒，略大于真实核时，复原结果影响较小。但核尺寸满足基本形状后继续增大时，也会逐渐增强振铃。本章算法中对核尺寸进行收敛性判定，复原结果不受初始尺寸的影响。

实验 3.3　真实空间退化图像

为进一步验证本章算法的有效性，做了真实湍流退化图像的复原实验。图 3.11（a）为地面望远镜观测到的星空图像，图 3.11（b）为观测的空间站图像。图像大小为 256×256。图 3.11（c）为风洞实验的目标靶退化图像，呈现类似空间图像的稀疏特点，图像大小为 200×200。

(a) 星空图像

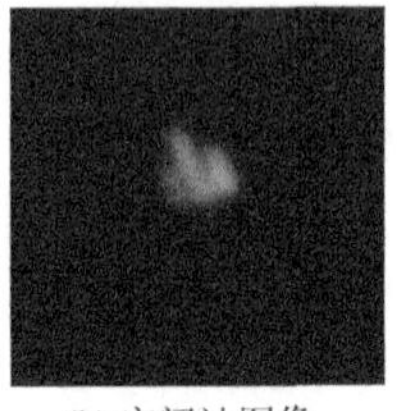
(b) 空间站图像

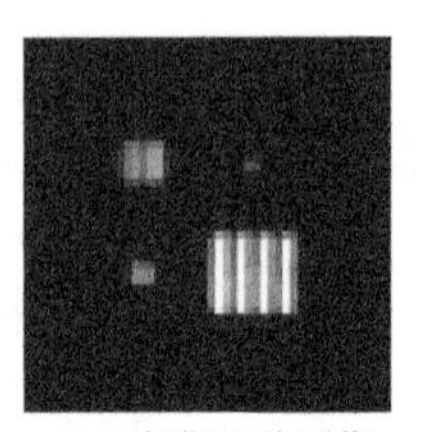
(c) 目标靶退化图像

图 3.11　真实湍流退化图像

考虑到真实观测图像往往没有原始图像参考，此处从主观观察和无参考评价两个方面来分析算法结果。无参考图像质量评价选择 RM 和模糊检测累积概率（cumulative probability of blur detection，CPBD）[84]，真实空间模糊图像的不同方法复原结果和质量评价见图 3.12 和表 3.3。

(a1) 星空复原结果
(全变分正则化盲复原方法)

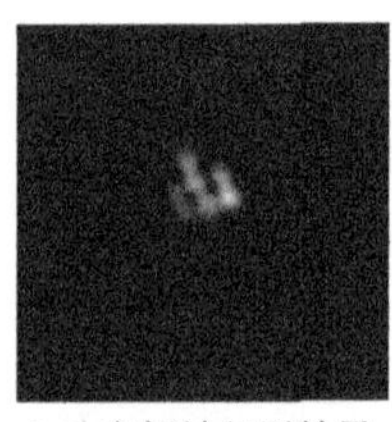
(a2) 空间站复原结果
(全变分正则化盲复原方法)

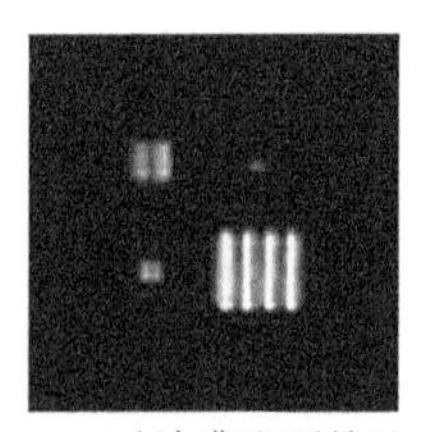
(a3) 目标靶复原结果
(全变分正则化盲复原方法)

(b1) 星空复原结果(L_0)

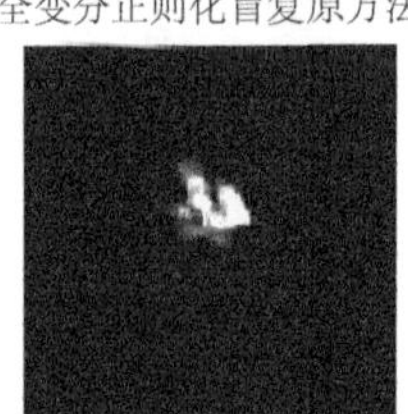
(b2) 空间站复原结果(L_0)

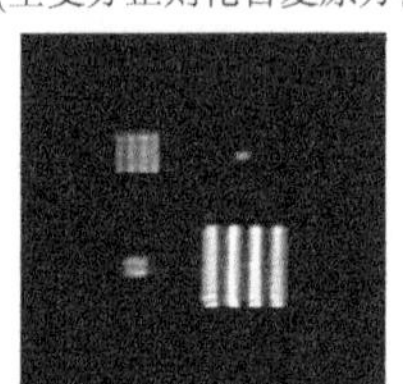
(b3) 目标靶复原结果(L_0)

(c1) 星空复原结果(L_0MR)

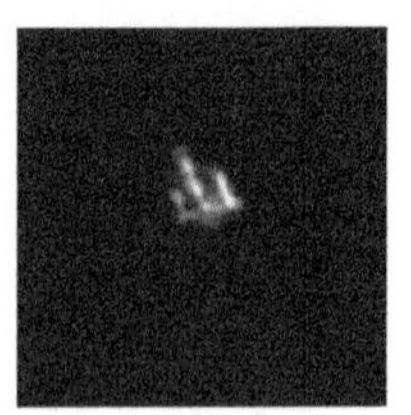
(c2) 空间站复原结果(L_0MR)

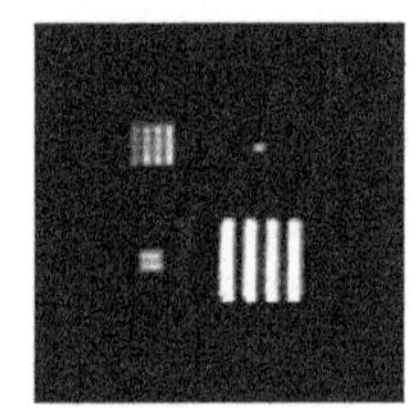
(c3) 目标靶复原结果(L_0MR)

图 3.12　真实空间模糊图像的不同方法复原结果

表 3.3　真实空间模糊图像的不同方法复原质量评价

图像	复原方法	复原图像质量指标	
		RM	CPBD
星空	全变分正则化盲复原方法	0.1991	0.4135
	L_0	0.1407	0.3094
	L_0MR	0.1010	0.7236
空间站	全变分正则化盲复原方法	0.2105	0.5505
	L_0	0.1875	0.4494
	L_0MR	0.1257	0.7913
目标靶	全变分正则化盲复原方法	0.5798	0.4961
	L_0	0.5074	0.2083
	L_0MR	0.1580	0.7055

从图 3.12 和表 3.3 中可以看出，三种方法复原后目标清晰程度有不同程度的提高。其中，本章算法整合多正则约束，核估计准确度较高，复原的图像细节更清晰，复原质量明显高于对比算法，图像质量是三者中最好的。

3.3　本 章 小 结

本章利用空间目标图像和湍流模糊的特性，提出了一种稀疏多正则化的盲复原方法，实现了湍流条件下空间稀疏目标图像的高质量复原。该方法的成功之处有三个方面：①加入图像灰度的 L_0 范数确保目标的稀疏性；对湍流模糊核采用多正则约束保证核的类高斯性和梯度衰减各向异性。②优化过程采用变量分离和拉格朗日乘子法代替 L_0 范数近似。③采用边缘分离的非盲解卷积法降低边缘振铃效应。实验结果表明，本章算法估计出的 PSF 精确度高，复原图像的质量和各种客观评价指标都得到了明显改善。

第 4 章　基于低秩矩阵和稀疏正则化的图像盲复原方法

第 3 章在正则化复原框架下，提出了湍流退化图像的多正则约束盲复原模型。需要指出的是，正则化方法建立在平滑图像的基础上，通过图像正则滤除细小边缘和纹理细节，指导模糊核估计的方向。随着噪声水平增强，虽然增大正则参数可在一定程度上抑制噪声，但若为平滑噪声而一味增大正则参数，则会造成损失图像结构和细节特征而“过平滑”。

本章首先分析噪声对稀疏正则盲复原中模糊核估计的影响，并对低秩稀疏分解模型进行介绍；其次，在图像非局部相似聚类的低秩恢复和第 3 章正则约束的基础上，提出基于低秩矩阵和稀疏先验的正则化盲复原模型，推导了模型的优化方法；最后，给出实验结果和分析。

4.1　噪声对核估计的影响和低秩稀疏分解模型

现有的大多数单帧图像盲解卷积（single-channel image blind deconvolution，SIBD）方法对噪声敏感。噪声水平较低或无噪时，基于图像稀疏分布的正则约束能够获得相对准确的模糊核估计，实现退化图像的高质量复原。但当输入图像受明显的噪声污染时，PSF 估计的误差较大，复原性能明显退化甚至失败。为消除噪声对盲解卷积的干扰，考虑到图像模糊和噪声干扰可视为两个相互独立的过程，研究人员提出了先降噪预处理，而后估计模糊核的复原方式。如经典小波阈值、非局部均值滤波、双边滤波（bilateral filter，BF）、块匹配三维协同（block match 3D，BM3D）滤波、非局部中心稀疏表示法等去噪方法，对去除图像中的高斯噪声效果较好。Tai 等[85]利用图像去噪包（NeatImage）对模糊图像先去噪，而后利用非局部均值滤波和解卷积过程交替迭代，较好地实现了噪声运动模糊图像的清晰化，但需多次对估计模糊核进行修正。Zhong 等[86]研究了代表性的去噪算法，指出滤波处理可能在移除噪声的同时破坏图像结构，导致核估计出现一定偏差。如何在去噪的同时尽可能地保持图像结构，是噪声模糊图像复原的难点。

近年来，数据的稀疏建模逐渐成为研究热点。其中，低秩稀疏分解通过寻找观测数据的低秩结构，有效分离数据的稀疏信息，已成功用于图像去噪、图像重构和超分辨率重建等领域。受低秩分解思想的启发，本章针对噪声不可忽略时，核估计准确度降低的问题，提出了一种基于低秩矩阵和稀疏正则化的盲解卷积算法，将降噪和模糊核估计同时处理。通过引入图像非局部相似性，对图像相似块聚类进行低秩矩阵恢复，构造了低秩矩阵和正则约束相结合的复原模型；对于模型的非凸优化问题，采用交替迭代策略，将模型分解为低秩奇异值分解、图像估计和模糊核估计三个子问题分别优化求解。

4.1.1　噪声对核估计的影响

对于退化图像 $g = f \otimes h + n$，图像稀疏正则化解卷积约束形式表示为

$$\min_{f,h} \| g - f \otimes h \|_2^2 + \alpha R(\nabla f) + \beta R(h) \tag{4.1}$$

其中，保真项 $\| g - f \otimes h \|_2^2$ 反映输入归一化模糊图像和清晰图像的近似程度。一方面，它是在贝叶斯框架下图像加性噪声近似为高斯噪声的基础上建立的，即要求其符合高斯分布；另一方面，保真项会在微小偏差下逼近全局极值。当图像中噪声密集时，这两方面相互矛盾。此外，图像 f 的稀疏先验往往会导致噪声放大，使得模糊核估计出现偏差。

为方便分析，采用频域的图像退化模型来分析噪声对模糊核估计的影响。

$$G = HF + N \tag{4.2}$$

其中，G、H、F 和 N 分别对应退化图像 g、点扩展函数 h、原始清晰图像 f 和噪声 n 的傅里叶变换。稀疏正则化盲复原中，利用交替迭代估计模糊核和图像。假设第 i 次迭代后频域上估计的图像为 F^i，根据图像 F^i 估计模糊核，有

$$H^{i+1} = G' / F^i + N / F^i \tag{4.3}$$

其中，G' 为无噪声污染的理想模糊图像。可以看出，当噪声不可忽略时，随着复原估计过程的交替迭代，估计的模糊核与真实核之间偏差逐渐增大。图 4.1 中左列为模糊图像和对应的模糊核。右两列为利用图像梯度稀疏正则约束在不同噪声水平下所估计的模糊核。可以看出，随着模糊退化图像中噪声水平的增强，估计的模糊核中出现大量离散点，与真实模糊核的偏差也逐渐增大，从而导致复原结果出现细节丢失、噪声放大、边缘伪像等问题。

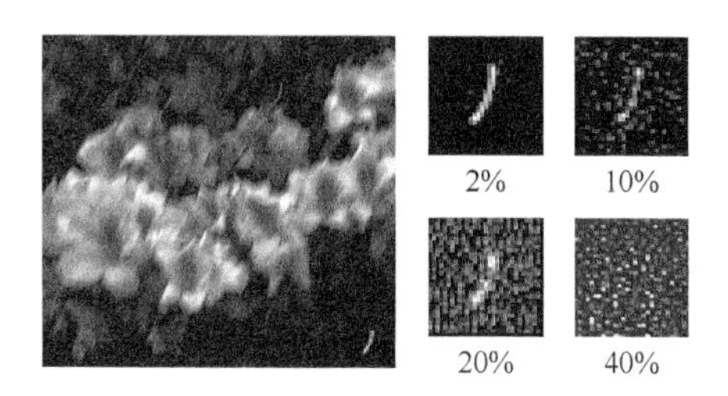

图 4.1　不同噪声水平对模糊核估计的影响

以 20%噪声条件下的模糊图像为例，分别采用非均值（non-local means，NLM）滤波和非局部中心稀疏表示（nonlocally centralized sparse representation，NCSR）[87] 进行去噪预处理，再利用图像梯度的 L_0 正则估计模糊核。其中，NLM 滤波利用图像块的相似性代替像素点相似性，NCSR 则是利用图像非局部冗余特性降低噪

声。图 4.2（a）和图 4.2（b）分别为 NLM 和 NCSR 去噪结果跟原始模糊图像的残差主观对比结果（图中数值单位为像素），图 4.2（c）和图 4.2（d）分别为两种算法去噪后正则化解卷积的复原图像和模糊核估计。可以看出，NCSR 去噪的误差小于 NLM 去噪的结果，获得的模糊核估计更接近真实核。就最终复原图像而言，NLM 对应的结果对模糊程度有所改善，但存在明显的细节伪影；NCSR 对应的图像质量明显优于前者。

(a) NLM去噪残差　　(b) NCSR去噪残差

(c) NLM去噪后去模糊　　(d) NCSR去噪后去模糊

图 4.2　不同去噪处理后正则化模糊核估计和复原结果对比

4.1.2　低秩稀疏分解模型

对于含有稀疏的噪声或误差干扰的观测数据，利用低秩稀疏分解（low-rank and sparse decomposition，LRSD）模型可以分解出数据中隐含的低秩结构和稀疏的噪声部分（图 4.3），也称为鲁棒主成分分析（robust principal component analysis，RPCA）[88]。

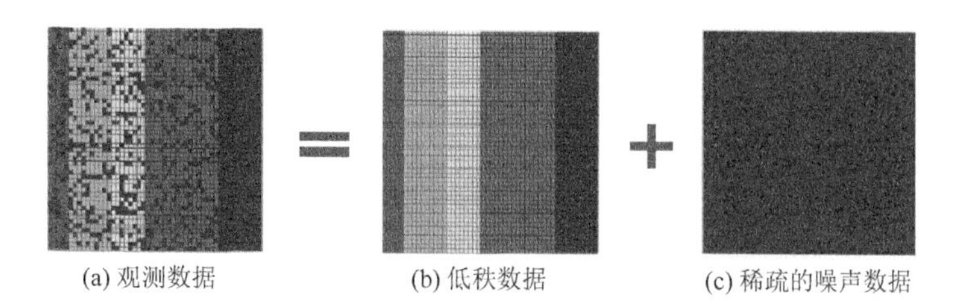
(a) 观测数据　(b) 低秩数据　(c) 稀疏的噪声数据

图 4.3　数据的低秩矩阵分解模型示意

从原始观测数据 $\boldsymbol{D}$ 中恢复低秩数据矩阵 $\boldsymbol{A}$ 和稀疏干扰矩阵 $\boldsymbol{E}$ 可表示为

$$\min_{\boldsymbol{A},\boldsymbol{E}} \operatorname{rank}(\boldsymbol{A}) + \gamma \| \boldsymbol{E} \|_l, \quad \text{s.t. } \boldsymbol{D} = \boldsymbol{A} + \boldsymbol{E} \tag{4.4}$$

其中，$\boldsymbol{D}$、$\boldsymbol{A}$ 和 $\boldsymbol{E}$ 分别代表观测数据矩阵、低秩矩阵和稀疏矩阵。$\operatorname{rank}(\boldsymbol{A})$ 表示矩阵 $\boldsymbol{A}$ 的秩。$\gamma > 0$ 为模型的正则参数，用于平衡训练误差和模型泛化能力。$\|\cdot\|_l$ 代表某种正则策略，对于不同分布的稀疏干扰（如图 4.4 的示例），选取相应的正则策略。例如，高斯分布、幅值较小的随机干扰，采用 Frobenius 范数 $(\|\cdot\|_F)$ 约束；稀疏分布、幅值较大的随机残缺，采用 L_0 范数 $(\|\cdot\|_0)$ 约束；列样本干扰则采用 L_2 范数 $(\|\cdot\|_2)$ 约束。

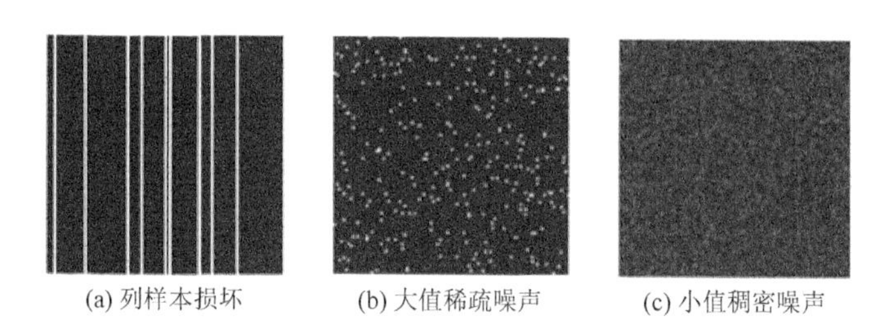
(a) 列样本损坏　(b) 大值稀疏噪声　(c) 小值稠密噪声

图 4.4　不同稀疏干扰分布

Candès 等[89]研究发现，引入字典表示有利于挖掘更低秩的数据结构。加入字典可将式（4.4）进一步表示为

$$\min_{\boldsymbol{Z},\boldsymbol{E}} \operatorname{rank}(\boldsymbol{A}) + \gamma \| \boldsymbol{E} \|_l, \quad \text{s.t. } \boldsymbol{D} = \boldsymbol{Z}\boldsymbol{A} + \boldsymbol{E} \tag{4.5}$$

其中，$\boldsymbol{A}$ 是数据矩阵 $\boldsymbol{D}$ 采用字典 $\boldsymbol{Z}$ 时的低秩结构部分。字典 $\boldsymbol{Z}$ 用于描述样本所属子空间之间的联系。当各子空间联系较薄弱时，可将字典 $\boldsymbol{Z}$ 取为单位矩阵 $\boldsymbol{I}$，则式（4.5）退化为式（4.4）。

4.2　结合非局部相似聚类和低秩矩阵的稀疏正则化盲解卷积

下面以非局部相似性的低秩模型和稀疏正则约束复原为基础，构建结合非局部相似聚类和低秩矩阵的稀疏正则化的盲解卷积方法。

4.2.1　非局部相似块结构组的低秩恢复

众所周知，自然图像由边缘特征、纹理细节以及平滑区域等组成。与图像局部的相邻像素所具有的灰度值相近特征不同，自然图像中还有一种重要的相似特性——非局部相似性。非局部相似性是指图像中高级别模式（如结构、纹理特征）存在的大量重复、相似信息的特性，如图 4.5 所示。

图 4.5　图像的非局部自相似

由于图像块的非局部相似性满足低秩性，噪声满足稀疏性，可以利用相似块聚类的低秩恢复来消除图像噪声。基本思想是将含噪图像分成 N 个图像块，利用图像非局部自相似性，用 K-nearest 法对每个图像块进行相似块匹配。利用低秩矩阵恢复无噪图像。

对于退化图像 $g=f+n$ 中的图像块 g_i，将其匹配的相似块集合记为 $\boldsymbol{S}(g_i)=\{g_{i1},g_{i2},\cdots,g_{ik}\}$，$k$ 为相似块的个数。根据第 i 个图像块的相似块集合所对应的无噪相似块集合（记为 $\boldsymbol{S}(f_i)$）具有低秩性的特点，图像去噪问题建模为矩阵低秩最小化问题[90]：

$$\min \operatorname{rank}\left(\sum_{i=1}^{N}\boldsymbol{S}(f_i)\right),\quad \text{s.t. } g_i=f_i+n_i \tag{4.6}$$

引入字典 $\boldsymbol{U}$，采用结构组稀疏形式，记 $\boldsymbol{S}(f_i)=\boldsymbol{U}_i\boldsymbol{A}_i$，以挖掘更低秩的数据结构。将低秩最小化转化为如下目标函数求解：

$$\left(\boldsymbol{U}_i,\boldsymbol{A}_i\right)=\arg\min_{\boldsymbol{A}_i}\sum_{i=1}^{N}(\|\boldsymbol{S}(g_i)-\boldsymbol{S}(f_i)\|^2+\tau\|\boldsymbol{A}_i\|_{p,q}) \tag{4.7}$$

其中，$\|\boldsymbol{A}_i\|_{p,q}$ 定义为结构稀疏的伪矩阵范数。采用奇异值分解的自适应阈值收缩方法求解：

$$\begin{cases}(\boldsymbol{U}_i,\boldsymbol{\Sigma}_i,\boldsymbol{V}_i)=\mathrm{SVD}(\boldsymbol{S}(g_i))\\ \hat{\boldsymbol{\Sigma}}_i=T_\varepsilon(\boldsymbol{\Sigma}_i)\end{cases} \tag{4.8}$$

其中，对角矩阵 $\boldsymbol{\Sigma}_i=\mathrm{diag}\{\lambda_1^i,\lambda_2^i,\cdots,\lambda_K^i\}$ 的矩阵元素为 $\boldsymbol{S}(g_i)$ 的奇异值；矩阵 $\boldsymbol{U}_i$、$\boldsymbol{V}_i$ 是奇异值分解的左乘和右乘矩阵；$T_\varepsilon(\cdot)$ 表示参数 ε 的软阈值处理。恢复后的低秩矩阵为 $\boldsymbol{S}(f_i)=\boldsymbol{U}_i\hat{\boldsymbol{\Sigma}}_i\boldsymbol{V}_i^{\mathrm{T}}$，$\boldsymbol{A}_i=\boldsymbol{\Sigma}_i\boldsymbol{V}_i^{\mathrm{T}}$。

为充分利用块与块之间的相关性，减少融合后的块效应，采用重叠块划分图像。图 4.6 为基于块结构组稀疏的低秩矩阵恢复示意图。将图像 g 分为 N 个大小相同、相互重叠的图像块；然后，对每个参考图像块 i 在大小为 $l\times l$ 的搜索窗口进行块匹配，搜索最相似的 k 个块，组成相似块聚类。相邻块距离越小，块之间相关性越高，相似块矩阵的秩越小，矩阵恢复后每个像素有多个估计值，进行加权平均可获得更稳定准确的结果。

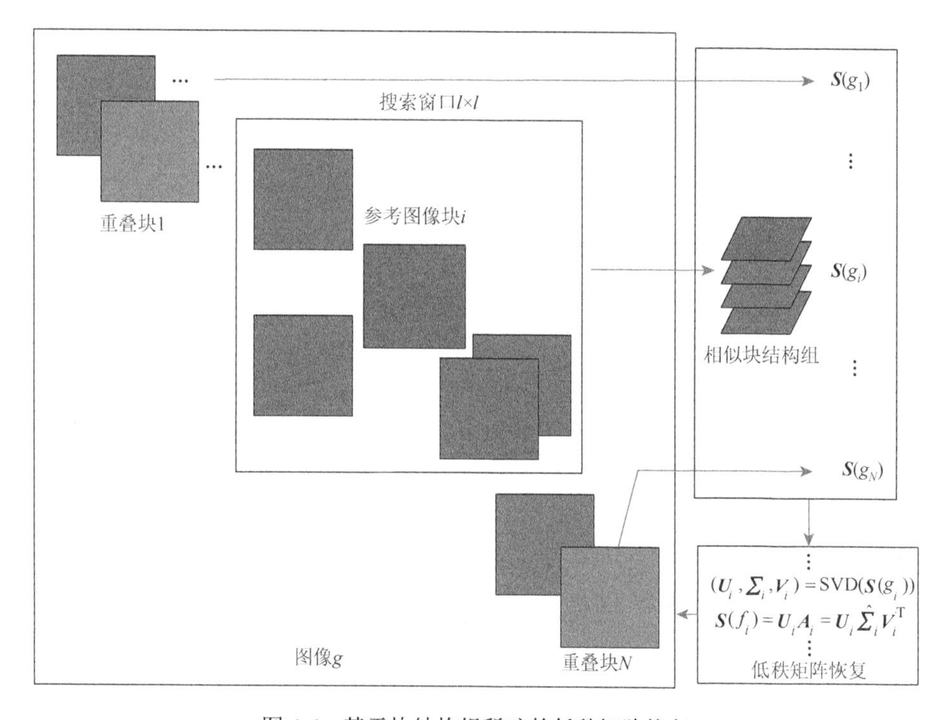

图 4.6　基于块结构组稀疏的低秩矩阵恢复

利用图像的非局部相似性，挖掘相似块聚类的低秩结构，在抑制噪声的同时能够很好地增强主要结构特征。

4.2.2　结合低秩矩阵和稀疏正则化的模型

首先利用图像的非局部相似性，对图像进行相似块匹配聚类，挖掘相似块聚类的低秩结构以消除传统去噪算法导致图像结构信息丢失的影响，抑制噪声的同时能够很好地增强主要结构特征；然后对恢复的低秩结构构造稀疏表示的正则化模型；利用分离迭代策略求解最小化，获得更精确的模糊核估计。

对于含噪模糊退化图像，提出的盲解卷积模型为

$$\min_{A_i,f,h}\sum_{i=1}^{N}(\|S(g_i)-S(f\otimes h)_i\|_2^2+\tau\|A_i\|_{p,q})+\lambda_1\|\nabla f\|_0+\lambda_2\|h\|_0+\phi(\nabla h)\|\nabla h\|_2^2$$

$$\text{s.t. } S(f\otimes h)_i=U_iA_i,\quad \phi(\nabla h)=\mathrm{e}^{-\frac{|\nabla h|^2}{2\varepsilon^2}} \tag{4.9}$$

其中，第一多项式项为保真项，反映观测图像和理想模糊图像低秩结构之间的拟合程度；相比第 3 章所提出模型的正则项，考虑自然图像特点，式（4.9）中的图像正则项仅保留梯度 L_0 范数项，模糊核正则项为核 L_0 范数项和各向异性梯度 L_2 约束。

4.2.3　模型的优化求解

采用交替最小化策略，复原模型式（4.9）可转化为三个子问题：

$$\min_{A_i}\sum_{i=1}^{N}(\|S(g_i)-S(f\otimes h)_i\|_2^2+\tau\|A_i\|_{p,q}) \tag{4.10}$$

$$\min_{f}\sum_{i=1}^{N}(\|S(g_i)-S(f\otimes h)_i\|_2^2)+\lambda_1\|\nabla f\|_0 \tag{4.11}$$

$$\min_{h}\sum_{i=1}^{N}(\|S(g_i)-S(f\otimes h)_i\|_2^2)+\lambda_2\|h\|_0+\phi(\nabla h)\|\nabla h\|_2^2 \tag{4.12}$$

式（4.10）是一个标准的低秩矩阵近似的目标函数式。式（4.11）、式（4.12）分别为最小化图像和模糊核的目标函数式。

1. $\sum_i A_i$ -Step

该问题采用自适应阈值收缩的奇异值分解法求解。当 $p=1,q=2$ 时，$\|A_i\|_{1,2}$ 可以表示为矩阵 $S(g_i)$ 的奇异值之和，即 $\|A_i\|_{1,2}=\sum_{j=1}^{K}\lambda_i^j$。恢复后的矩阵为 $S(f\otimes h)_i=U_i\hat{\Sigma}_iV_i^{\mathrm{T}}$。式（4.10）转化为

$$\min_{U_i,\Sigma_i,V_i}\sum_{i=1}^{N}\left(\|S(g_i)-S(f\otimes h)_i\|_2^2+\tau\sum_{j=1}^{K}\lambda_i^j\right) \tag{4.13}$$

2. f-Step

对于 L_0 范数的求解，采用半二次分裂的最小化方法，引入辅助变量 $m=(m_x, m_y)^{\mathrm{T}}=\nabla f$，将问题转化为二次凸优化。

$$\min_{f,m}\sum_{i=1}^{N}(\| \boldsymbol{S}(g_i)-\boldsymbol{S}(f\otimes h)_i \|_2^2)+\lambda_1\| m\|_0+\frac{\gamma_1}{2}\| \nabla f-m\|_2^2 \tag{4.14}$$

式（4.14）可分裂为两个子问题，分别固定其他变量进行交替求解。

（1）f-子问题。

$$\arg\min_{f}\sum_{i=1}^{N}(\| \boldsymbol{S}(g_i)-\boldsymbol{S}(f\otimes h)_i \|_2^2)+\frac{\gamma_1}{2}\| \nabla f-m\|_2^2 \tag{4.15}$$

利用快速傅里叶变换和逆变换，可得

$$f=F^{-1}\left(\frac{\overline{F(h)}F\left(\sum_{i=1}^{N}\boldsymbol{S}(g_i)\right)+\frac{\gamma_1}{2}\left(\overline{F(\nabla_x)}F(m_x)+\overline{F(\nabla_y)}F(m_y)\right)}{\overline{F(h)}F(h)+\frac{\gamma_1}{2}\overline{F(\nabla)}F(\nabla)}\right) \tag{4.16}$$

其中，$F(\cdot)$ 和 $F^{-1}(\cdot)$ 分别为傅里叶变换和傅里叶逆变换；$\overline{F(\cdot)}$ 为傅里叶变换后取共轭；∇_x 和 ∇_y 分别代表水平和垂直方向的差分算子。

（2）m-子问题。

$$\arg\min_{m}\frac{\gamma_1}{2}\| \nabla f-m\|_2^2+\lambda_1\| m\|_0 \tag{4.17}$$

解得

$$m=\begin{cases}\nabla f, & |\nabla f|^2>\dfrac{2\lambda_1}{\gamma_1}\\ 0, & 否则\end{cases} \tag{4.18}$$

3. h-Step

固定 f，更新模糊核 h 时，转化到梯度空间下以求解更精确的模糊核，有

$$\min_{h}\sum_{i=1}^{N}(\| \nabla\boldsymbol{S}(g_i)-\nabla\boldsymbol{S}(f\otimes h)_i \|_2^2)+\lambda_2\| h\|_0+\phi(\nabla h)\| \nabla h\|_2^2 \tag{4.19}$$

式（4.19）同样采用半二次分裂和 FFT 求解策略，推演过程不再赘述。整个复原过程同样采用由粗到精的多层图像分辨率复原框架，整体步骤见算法 4.1。

算法 4.1　基于低秩恢复和稀疏正则化的模糊核估计

输入：噪声模糊图像 g，PSF 尺寸 hsize。

初始化：图像金字塔层数 S；参数 β，λ，γ；初始模糊核 h_0 = Dirac pulse。

步骤：

For $s=1:S$

Step1. 对图像下采样得第 s 层图像 g_s，对核估计上采样得第 s 层模糊核 $h_s=h_{s-1}$。

Step2. 对第 s 层图像进行去噪。

（1）对第 s 层图像 g_s 进行相似块匹配，创建相似块聚类的数据矩阵 $\boldsymbol{S}(g_{s,i})$；

（2）利用奇异值分解求解式（4.13）中的图像低秩结构。

Step3. 交替估计图像 f_s 和 h_s。

While $(\gamma_1 < \gamma_{\max})$

（1）利用式（4.18）更新辅助变量 m_s；

（2）利用式（4.16）更新第 s 层中间图像 f_s；

$\gamma_1 = 2\gamma_1$

End While

固定 f_l，利用式（4.19）更新第 s 层模糊核 h_s。

End For

输出：模糊核 h_S。

4.2.4　非盲解卷积

采用 Krishnan 等提出的 L_p 正则化方法[71]快速解卷积。考虑到图像低秩结构已去除绝大部分噪声，对于无噪声干扰的模糊核估计，解卷积时选择去噪后的低秩结构作为退化图像输入，即

$$f = \arg\min_f \sum_{i=1}^{N}\left(\| \boldsymbol{S}(g_i) - \boldsymbol{S}(f \otimes h)_i \|_2^2 + \tau \sum_{j=1}^{K} \sigma_i^j \right) + \eta \| \nabla f \|^{\alpha} \tag{4.20}$$

其中，参数 η 和 α 与图像梯度稀疏相关，本章实验中设置 $\alpha = 0.8$，$\eta = 2\mathrm{e}^{-3}$。

4.2.5　实验与分析

硬件环境为 Pentium(R) Dual-Core 2.1GHz CPU，RAM 为 8GB，利用 MATLAB R2010a 编程实现。

为了验证算法的有效性，采用不同算法对噪声模糊图像进行复原。对比的图像复原方法包括 TV 盲解卷积、双边滤波去噪后全变分（BF + TV）、第 3 章提出的 L_0MR、NCSR 去噪后 L_0 盲解卷积（NCSR + L_0MR）、本章提出的结合低秩矩阵和 L_0 正则约束（low rank and L_0 sparsity regulation，LRSR）的盲解卷积算法。

1. 实验设置

本章算法涉及相似块匹配和低秩矩阵的参数设置。其中搜索窗口大小设为

40×40，重叠块大小为 8×8，每个块的最相似块 k 为 20，每个块的相似集合构成的稀疏结构组大小为 64×20。块重叠间距是指在对图像进行互相重叠块划分时，两个相邻近块之间的间隔像素。本章采用的块大小为 8×8，若块间距为 8，则意味着图像块不重叠。块间距最小为 1，则指相邻块只有一行或一列是不同的。块互相重叠的策略充分利用了块与块之间的相关性，从而减少了块效应。间距越小，每一个像素位置将会有更多估计值，从而使得平均的结果更稳定准确。本章实验中将块重叠间距设置为 1；参数 $\tau\in[1,10]$，噪声水平越高，τ 取值越大；其余参数按 3.2.5 节设置。

2. 实验及结果分析

实验 4.1　不同噪声水平下的退化图像复原

为了验证含噪情况下的复原性能，对不同噪声水平下的模糊图像进行复原测试。图像采集过程中，最常见的噪声是由光学系统误差引起的加性高斯白噪声。图 4.7 分别为 Helicopter 原始图像和模糊图像，大小为 240×320。对模糊图像加入噪声水平 2%、5%和 10%（对应标准差为 0.01、0.05 和 0.1，均值为 0）的高斯白噪声作为退化图像。核尺寸设置为 15×15，各种算法的复原结果如图 4.8 所示。其中，图 4.8（a）分别为 2%、5%和 10%噪声模糊图像，图 4.8（b）～（f）分别为不同算法的结果，每行从左至右分别对应不同噪声水平的复原结果。表 4.1 为在不同噪声水平下各算法结果的客观评价指标对比，采用 PSNR、FSIM、RM 作为评价标准。

(a) 原始图像

(b) 模糊图像

图 4.7　仿真实验用图 Helicopter

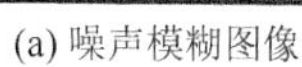
(a) 噪声模糊图像

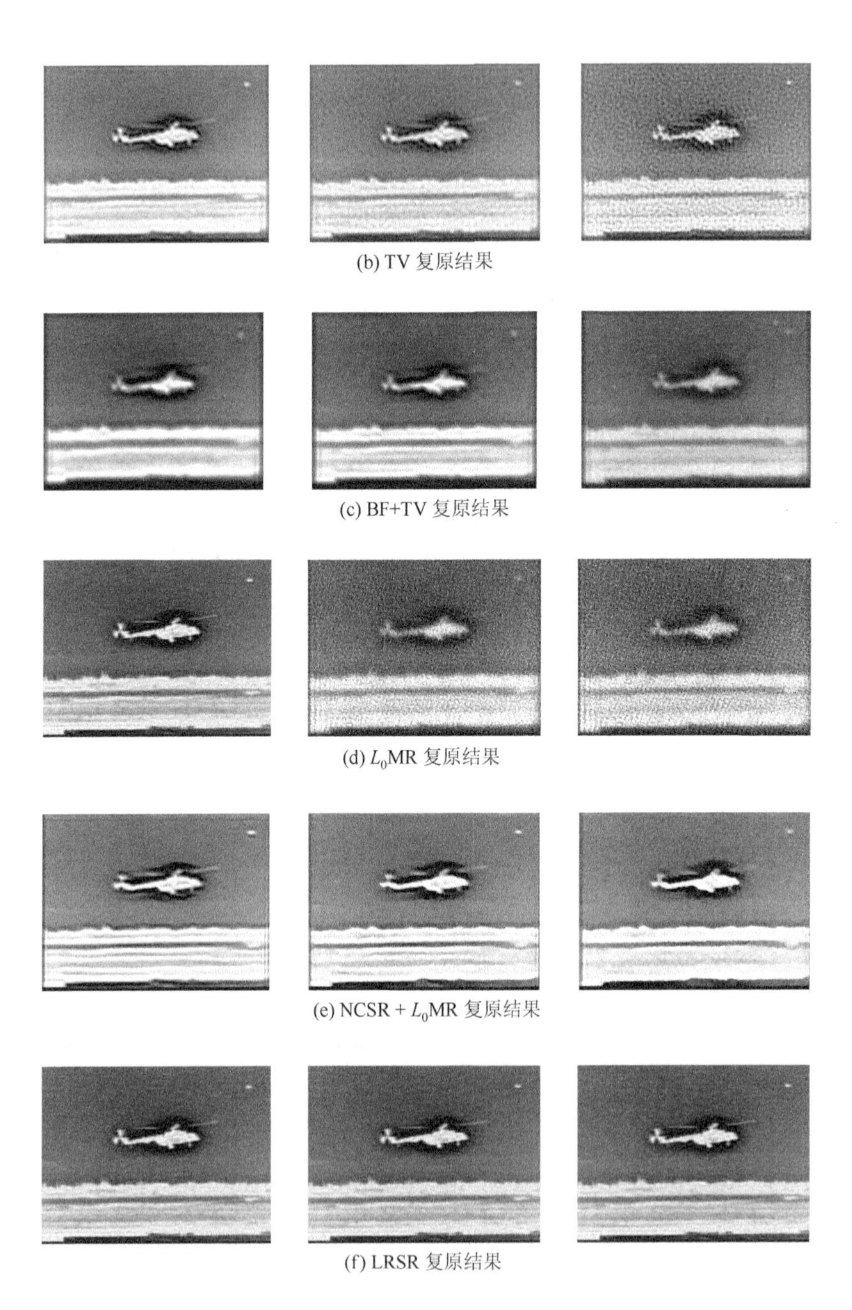
(b) TV 复原结果

(c) BF+TV 复原结果

(d) L_0MR 复原结果

(e) NCSR + L_0MR 复原结果

(f) LRSR 复原结果

图 4.8　不同噪声水平下各种盲解卷积算法的结果对比

表 4.1　不同噪声水平下复原图像的质量评价

噪声水平	复原算法	图像质量指标		
		PSNR/dB	FSIM	RM
2%	TV	27.38	0.6839	0.2815
	BF + TV	23.35	0.6072	0.1123
	L_0MR	36.67	0.8201	0.1092
	NCSR + L_0MR	36.70	0.8202	0.1092
	LRSR	36.73	0.8228	0.1092
5%	TV	23.32	0.6012	0.3255
	BF + TV	30.36	0.6806	0.1692
	L_0MR	23.17	0.5029	0.1628
	NCSR + L_0MR	35.55	0.8018	0.1527
	LRSR	35.59	0.8033	0.1527
10%	TV	19.17	0.3147	0.4251
	BF + TV	27.87	0.4630	0.2135
	L_0MR	13.69	0.1130	0.2085
	NCSR + L_0MR	35.27	0.8005	0.1983
	LRSR	35.35	0.8012	0.1983

从图 4.8 可以看出，当噪声水平较低时，各种算法的图像质量较退化图像都有所提高。随着噪声水平逐渐增强，TV 盲解卷积算法和 L_0MR 盲解卷积算法的复原结果和评价指标出现明显下降。其中，TV 正则复原的结果中出现了阶梯效应；L_0MR 正则复原对噪声敏感，当噪声不可忽略时，复原结果出现严重的噪声放大，以至于强噪声时甚至难以辨识目标；BF+TV 虽然能够移除大量噪声，但不可避免地破坏部分图像结构，导致结果中部分细节不清晰。NCSR + L_0MR 算法利用稀疏表示系数降低噪声，避免了滤波可能导致的细节丢失问题，最终呈现清晰的图像质量。LRSR 算法由于对图像进行了低秩结构恢复，去噪的同时能有效增强主要边缘结构，最终复原的结果接近原始图像。从表 4.1 可以看出，LRSR 算法在多数情况下都取得了最好的效果，复原图像在 PSNR、FSIM 和 RM 测度值较 TV、BF + TV 和 L_0MR 算法的结果具有明显优势，与 NCSR + L_0MR 相比，在 2%、5% 和 10%噪声水平下分别取得了 0.03dB、0.04dB 和 0.08dB 的增益。

实验 4.2　真实湍流退化图像的对比实验

对自然场景下采集的湍流图像进行复原实验。图 4.9（a）为 Remote Sensing（遥感图像），大小为 500×500。图 4.9（b）、图 4.9（c）分别为受热空气条件影响的可见光和红外退化视频中随机选择的一帧图像，大小为 300×300。图 4.9（d）为地基望远镜观测的月球环形山视频中随机选择的一帧图像，大小为 256×256。其中，对

图 4.9（a）和图 4.9（b）各加入 5%的高斯白噪声，图 4.9（c）和图 4.9（d）中有一定程度的噪声干扰，信噪比较低。图 4.10 给出了不同算法的复原结果。由于没有原始图像作为参考，图像质量评价选择 RM 和 CPBD，见表 4.2。

(a) Remote Sensing

(b) Watertower

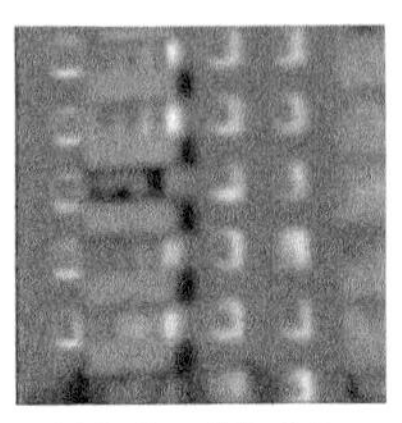

(c) Infrared Building

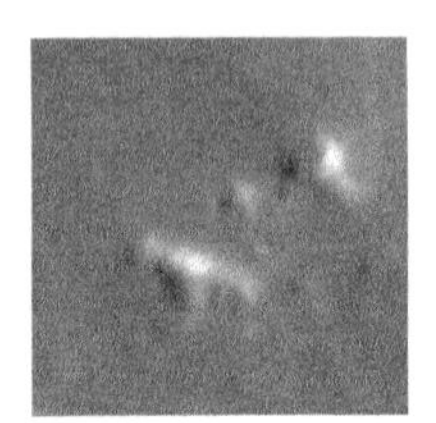

(d) Lunar Crater

图 4.9　真实湍流退化图像

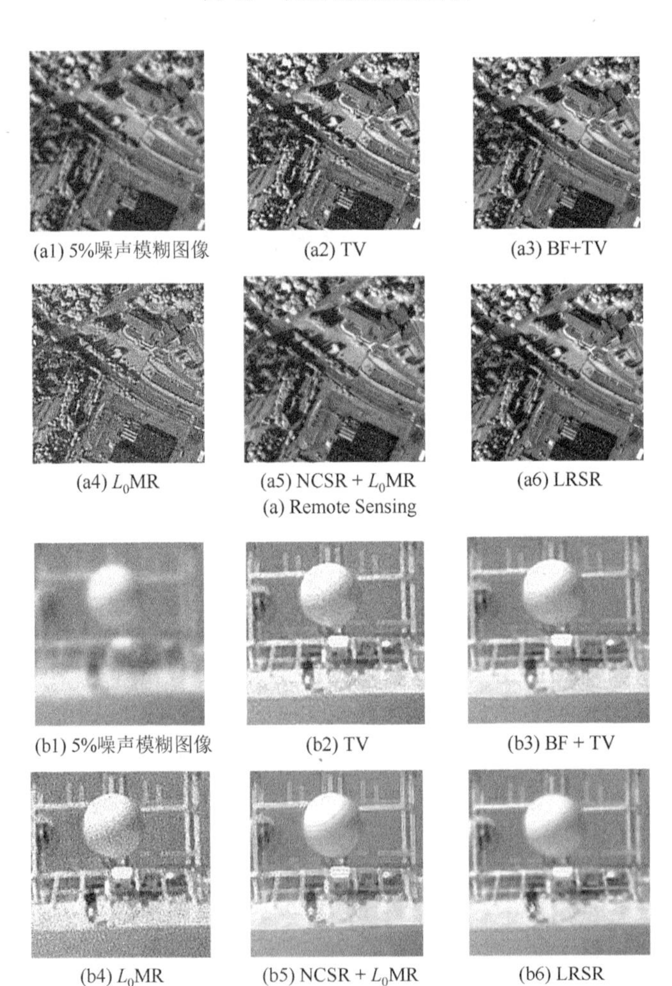

(a1) 5%噪声模糊图像　(a2) TV　(a3) BF+TV

(a4) L_0MR　(a5) NCSR + L_0MR　(a6) LRSR

(a) Remote Sensing

(b1) 5%噪声模糊图像　(b2) TV　(b3) BF + TV

(b4) L_0MR　(b5) NCSR + L_0MR　(b6) LRSR

(b) Watertower

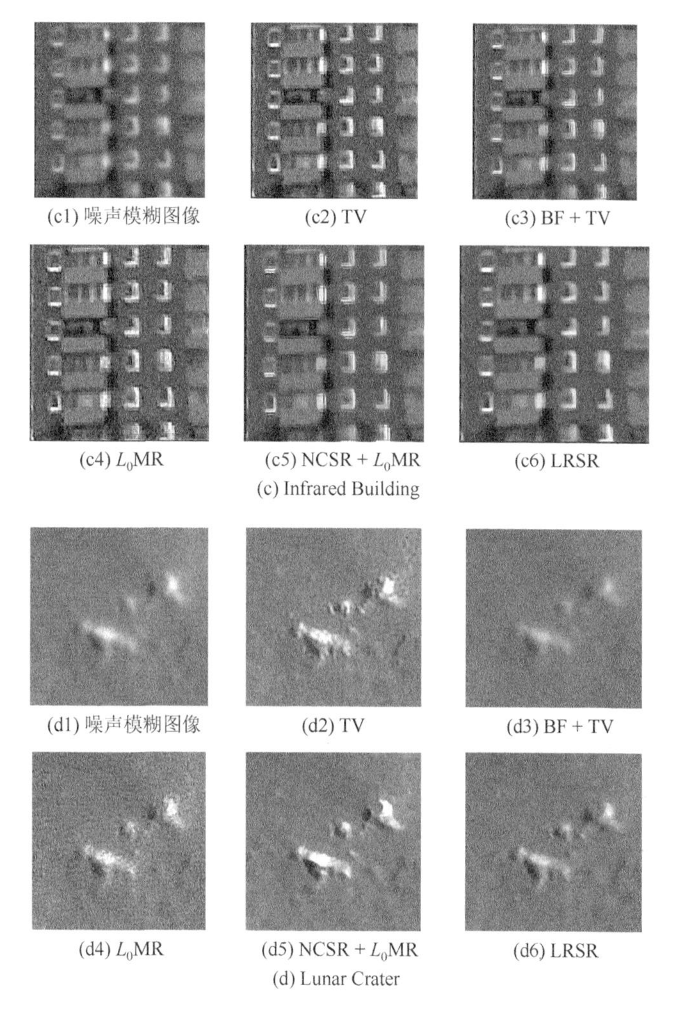

(c1) 噪声模糊图像　(c2) TV　(c3) BF + TV

(c4) L_0MR　(c5) NCSR + L_0MR　(c6) LRSR

(c) Infrared Building

(d1) 噪声模糊图像　(d2) TV　(d3) BF + TV

(d4) L_0MR　(d5) NCSR + L_0MR　(d6) LRSR

(d) Lunar Crater

图 4.10　不同算法的噪声模糊图像复原结果对比

表 4.2　不同算法对真实噪声模糊图像复原的质量评价对比

图像	复原算法	复原图像质量指标	
		RM	CPBD
Remote Sensing	TV	0.3255	0.4135
	BF + TV	0.1992	0.5094
	L_0MR	0.3638	0.3586
	NCSR + L_0MR	0.1142	0.7399
	LRSR	0.1005	0.7406
Watertower	TV	0.2021	0.2253
	BF + TV	0.1995	0.3214
	L_0MR	0.2793	0.2006

续表

图像	复原算法	复原图像质量指标	
		RM	CPBD
Watertower	NCSR + L_0MR	0.1034	0.7194
	LRSR	0.0989	0.7212
Infrared Building	TV	0.4921	0.2129
	BF + TV	0.2172	0.2862
	L_0MR	0.5104	0.2001
	NCSR + L_0MR	0.1685	0.6801
	LRSR	0.1582	0.6825
Lunar Crater	TV	0.4681	0.2001
	BF + TV	0.2798	0.1806
	L_0MR	0.5071	0.2098
	NCSR + L_0MR	0.1692	0.4513
	LRSR	0.1575	0.4408

从图 4.10 中观察可知，TV 算法和 L_0MR 算法复原的图像放大部分均可看出有大量伪细节。其中，TV 结果中出现块阶梯效应；L_0MR 结果中出现噪声放大现象。BF 滤波后 TV 复原的结果移除噪声的同时损失了图像细节；NCSR + L_0MR 和 LRSR 算法复原的图像质量明显优于其他算法。其中，LRSR 算法复原结果在细节上更加自然，具有更加清晰的图像边缘和细节，而且几乎没有振铃效应。这得益于利用相似块聚类的低秩特性一方面能够抑制小尺寸、大梯度的图像特征（包括细小边缘、噪声）；另一方面能够适当增强有意义的图像边缘，保证图像相似块间各类特征呈现较高的一致性。

表 4.3 给出了不同算法复原同一幅图像的计算时间。算法在每层分辨率求解时需进行像素块匹配和结构组矩阵的奇异值分解运算。对于图像大小为 N，每个图像块进行相似块匹配的平均时间为 t_s，对应的每个相似集合进行结构组稀疏的 SVD 分解的复杂度为$O(k)$，整个图像的分解复杂度为$O(N(k+t_s))$。可以看出，在保证复原质量的同时，除算法 L_0MR 的耗时最短外，本章算法的平均耗时较其他三种算法都更短一些。

表 4.3　各算法的计算时间对比　　（单位：min）

图像大小（像素×像素）	复原算法				
	TV	BF + TV	L_0MR	NCSR + L_0MR	LRSR
500×500	4.892	5.101	2.171	5.057	4.109
300×300	4.152	4.311	1.721	3.241	3.585
256×256	3.882	3.996	1.219	3.034	3.216

4.3 本章小结

针对稀疏正则盲解卷积算法对噪声敏感的问题，本章提出了一种基于低秩分解、非局部相似性和稀疏先验的图像盲解卷积算法。通过引入非局部相似性和结合低秩分解解决湍流退化图像的噪声干扰问题，同时突出了相似性高的图像块组在盲解卷积时的重要性；采用图像低秩结构构造稀疏先验正则模型的保真项，将噪声模糊图像的复原问题转化为图像去噪、中间图像和模糊核估计三个子问题，在移除噪声的同时提高了模糊核估计的准确性和保证去模糊模型对噪声的鲁棒性。实验验证了算法的有效性和适用性。

第 5 章　基于回归映射的图像盲复原方法

现有的图像去模糊算法主要是基于退化图像的先验知识先建立模型，而后利用数值计算和滤波进行解卷积处理。该类算法能够针对特定图像进行建模分析，保证模型与图像信息及模糊特征之间相互匹配，达到较好的图像复原结果；但也存在计算量较大、参数设置较敏感等问题，而且同一算法对不同类型的退化图像会产生较大差别的复原结果。

随着机器学习在数据分析与图像处理领域的广泛应用，利用机器学习与智能算法的自适应特性，可在少量相关先验知识的条件下，近似得到输入输出的过程关系，具有强大的学习能力与泛化能力。

本章首先对常见的模糊类型和最小二乘支持向量机进行介绍；其次提出果蝇优化的 LSSVR 复原模型，给出样本训练和测试的复原结果；最后对于湍流退化序列图像，给出模型更新策略和复原整体流程，通过实验验证本章方法的可行性。

5.1　退化模型的学习训练和最小二乘支持向量回归

算法的复原模型依赖输入数据本身，利用邻域像素值的相关性可将图像去模糊问题转化为像素回归问题。通过已有的退化图像和对应原始图像构成训练样本对，采用果蝇优化算法（fruit-fly optimization algorithm，FOA）确定最小二乘支持向量回归（least-square supported vector regression，LSSVR）训练参数，利用 LSSVR 对样本对进行训练，获得样本图像退化过程的回归映射模型。可对未知的退化图像输入模型得到去模糊结果，无须模糊核估计和解卷积处理。对于序列图像，在回归模型的基础上提出数据驱动的模型选择策略。

5.1.1　退化模型的学习训练

在图像退化的过程中，场景中的每个点不再对应于图像中的单独像素，而是弥散到图像中的邻接区域，这样退化图像中的每个像素都是景物中邻接区域多个点的混合叠加。退化图像受到 PSF 和支持域大小、噪声形式和水平的不同产生不同的降质表现，从图像退化的二维模型也可看出。

基于样本映射训练的图像复原是将退化图像与对应的清晰图像构成训练样本

对，将退化图像 $g(x,y)$作为模型的输入，原始图像 $f(x,y)$作为模型的输出目标，通过学习训练输入图像与目标图像的非线性映射模型，把 PSF 模式化为滑动平均的过程。映射模型的建立无须确定退化的具体形式、PSF 和噪声分布，对噪声图像估计有着很好的鲁棒性。回归映射模型可由多种学习方法获得，如神经网络、主成分分析、支持向量机等。

5.1.2　最小二乘支持向量回归

LSSVR 就是基于最小二乘支持向量机进行回归分析[91]的，其基本思想是对于一个 n 维输入、一维输出的样本向量 $(x_i,y_i),i=1,2,\cdots,n$，$x_i \in \mathbf{R}^d$，$y_i \in \mathbf{R}$，将高维的线性回归函数表示为

$$y(\boldsymbol{X})=\boldsymbol{W}^{\mathrm{T}}\boldsymbol{X}+b,\quad \boldsymbol{W}\in \boldsymbol{F},\quad b\in \mathbf{R} \tag{5.1}$$

其中，$\boldsymbol{X}=(x_1,x_2,\cdots,x_n)$；权重系数 $\boldsymbol{W}=(w_1,w_2,\cdots,w_n)$；$b$ 为阈值。

根据统计学习中结构风险最小（structural risk minimization，SRM）原则，最小化目标函数如式（5.2）所示

$$\begin{gathered}\min\frac{1}{2}\|\boldsymbol{W}\|^2+\frac{C}{2}\sum_{i=1}^{n}\xi_i^2\\ \text{s.t.}\ y_i=\boldsymbol{W}^{\mathrm{T}}\varphi(\boldsymbol{X})+b+\xi_i,\quad i=1,2,\cdots,n\end{gathered} \tag{5.2}$$

其中，C 为惩罚因子，用以调节目标与样本的拟合程度，平衡回归函数的复杂度和适应度；ξ_i 为松弛变量，用以控制回归函数的偏差程度。

在非线性情况下，根据 Karush-Kuhn-Tucker（KKT）条件引入核函数定义特征空间，将样本映射到高维空间中求解。回归函数的表达式为

$$f(\boldsymbol{X})=\sum_{i=1}^{n}a_i\boldsymbol{K}(\boldsymbol{X},\boldsymbol{X}_i)+b \tag{5.3}$$

其中，a_i 为拉格朗日乘子；$\boldsymbol{K}(\boldsymbol{X},\boldsymbol{X}_i)=\varphi(\boldsymbol{X})^{\mathrm{T}}\varphi(\boldsymbol{X}_i)$ 为核函数，具有对称半正定特性，决定特征空间的结构。

对于 LSSVR，不同核函数对数据的回归估计有不同的效果。本章选择高斯径向基核函数。

$$\boldsymbol{K}(\boldsymbol{X},\boldsymbol{X}_i)=\exp\{-\gamma\|\boldsymbol{X}-\boldsymbol{X}_i\|^2\} \tag{5.4}$$

其中，γ 为核宽。

5.2　基于果蝇优化的 LSSVR 图像复原方法

基于样本训练的图像复原方法无须估计退化的模糊核，而是通过对训练样本

对的学习，建立退化图像与原始清晰图像之间的退化模型；而后利用该模型实现测试样本的清晰图像估计。在该模型上进行扩展，提出果蝇优化的 LSSVR 样本训练方法。采用回归模型对退化图像去模糊时，无须确定退化的具体形式和 PSF 及噪声分布。

5.2.1 LSSVR 模型参数优化

LSSVR 所训练模型的精确度和推广度在很大程度上受核函数和惩罚因子影响。引入优化算法对 LSSVR 进行参数寻优，比固定值、遍历优化和交叉验证的参数设置法适应性更好。

FOA 是由 Wen-Tsao Pan 受果蝇觅食行为启发而提出的一种寻优算法[92]，具有参数设置简单、寻优精度较高、易于实现的显著优点。FOA 通过设置种群规模、种群初始位置和种群半径，采用“距离-位置”的搜索方式寻求目标最优解。由于算法中的判定函数只能为正，所以 FOA 适用于非负目标的求解问题[93]，这一点正适合本章的 LSSVR 模型参数寻优。

针对 LSSVR 中待定的惩罚因子和核参数（记为$[C,\gamma]$），设置蝇群数为 2，种群规模为 10，最大迭代次数为 50。本章采用复原图像和清晰图像的像素均方误差（mean square error，MSE）反映图像的恢复程度，作为 FOA 的适应度目标函数。优化迭代终止时，FOA 的全局最小值所对应的两蝇群最佳适应度函数值即 C 和 γ 的全局最优值。具体步骤见算法 5.1。

算法 5.1　基于 FOA-LSSVR 的优化算法

初始化：蝇群规模，最大迭代次数，果蝇个体位置和初始飞行距离。

步骤：

Step1. 蝇群维度设为 2，随机生成蝇群中第 i 个个体初始位置为 $[X_0(i,:),Y_0(i,:)]$。

Step2. 根据果蝇飞行的随机方向η与飞行半径 R，第 n 次迭代寻优后的果蝇个体位置为

$X_n = X_0 + R(\eta - 0.5)$，$Y_n = Y_0 + R(\eta - 0.5)$，其中 η 为[0, 1]范围内的随机值。

计算个体的距离$[D(i,1),D(i,2)]$和味道浓度判定值$[S(i,1),S(i,2)]$；

$$D(i,1)=\sqrt{\left(X(i,1)\right)^2+\left(Y(i,1)\right)^2}\ ;\quad D(i,2)=\sqrt{\left(X(i,2)\right)^2+\left(Y(i,2)\right)^2}\ ;$$

$$S(i,1)=1/D(i,1)\ ;\quad S(i,2)=1/D(i,2)$$

Step3. 将 LSSVR 估计的复原图像 $\hat{f}$ 和清晰图像 f（大小均为$m\times n$）的像素均方误差作为反映回归性能的适应度函数：

$$\mathrm{MSE}=\frac{\sum_{i=1}^{mn}(\hat{f}-f)^2}{mn}$$

Step4. 取适应度最小的果蝇个体所对应的极值为下次迭代的 LSSVR 参数值 $[C,\gamma]$。

Step5. 重复 Step2～Step4 直至达到最大迭代次数。

输出：全局最优解为 LSSVR 的参数 $[C,\gamma]$。

5.2.2　回归映射的复原流程

图像对的回归映射模型是将退化图像与对应的清晰图像构成训练样本对，将退化图像 $g(x,y)$ 作为模型的输入，原始图像 $f(x,y)$ 作为模型的输出目标，通过学习训练输入图像与目标图像的非线性映射模型，把 PSF 模式化为滑动平均的过程。回归模型的建立无须确定退化的具体形式和 PSF、噪声分布，对噪声图像估计有着很好的鲁棒性。

图 5.1 是基于 FOA-LSSVR 模型的图像复原流程。通过训练已知样本对获得退化模型的非线性映射关系，而后用于复原。

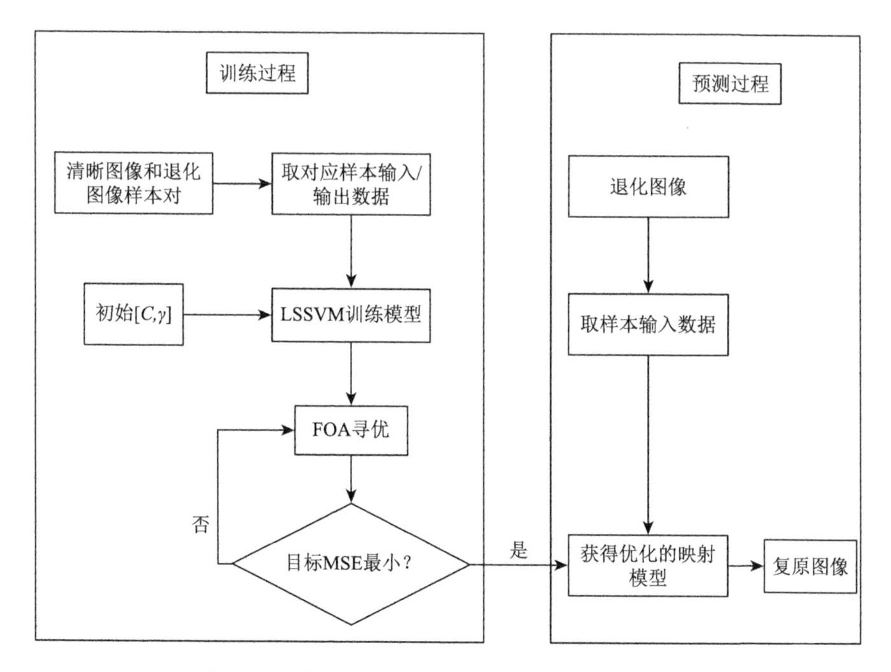

图 5.1　基于 FOA-LSSVR 模型的图像复原流程

对于训练时样本输入和输出向量的设置，本章采用简单的“邻域-像素”对应形式。将退化图像中邻域大小为$(2n+1)(2n+1)$内的像素列作为训练输入，所对应清晰图像邻域的中心像素作为输出。通过滑动窗口遍历，得到整幅图像的对应关系。回归映射复原时，模型建立时随邻域增大，样本所包含的图像邻域信息增多。过大的邻域窗口会增加训练时间，考虑训练时间和像素相关性，建议根据图像尺寸设置邻域大小。

为避免边界在邻域映射缺失的影响，可通过简单复制原图像外层边界，并给图像边界尺寸增加半个邻域宽度，在图像复原后，再截去多余尺寸。从而保证邻域对像素映射的完整性，保持复原图像尺寸。

5.2.3　实验与分析

为了验证本章算法的有效性，利用 LSSVM lab toolbox[94]在 MATLAB R2010a 上进行实验。

实验 5.1　模型训练和复原测试

采用高斯模糊（$\sigma=2$，支持域为7×7）和高斯白噪声（方差为10^{-3}）对原始 Cameraman 图像（大小为 256×256）进行模糊，建立训练样本对（图 5.2）。训练阶段，邻域大小设为5×5。为了测试不同参数优化对 LSSVR 训练的影响，在此对参数$[C,\gamma]$分别采用随机设定，粒子群优化算法（particle swarm optimization，PSO）和 FOA 进行寻优对比。不失一般性，将 PSO 和 FOA 的种群大小均设为 20，最大迭代次数设为 50。寻优过程如图 5.3 所示，MSE 随迭代次数逐渐降低，最后收敛得最优解。与 PSO 相比，FOA 在迭代初期 MSE 值迅速下降，经过短时间的搜索即可得到最优参数，近初值即取得较好效果。

(a) 原始图像

(b) 模糊图像

图 5.2　退化图像样本对

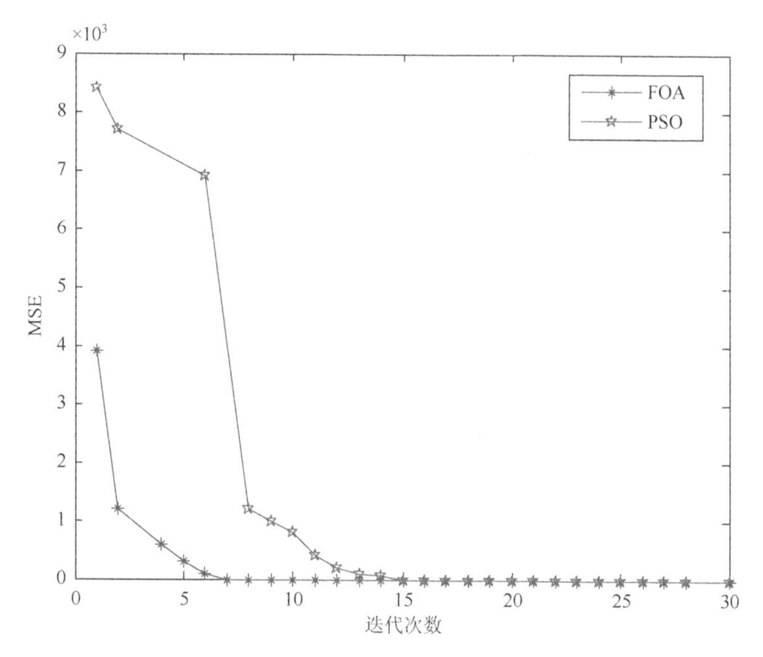

图 5.3　参数寻优迭代收敛过程

图 5.4 和表 5.1 给出不同训练的复原结果对比。可以看出，参数优化后的复原结果较随机参数的结果视觉清晰度更高，图像质量在 PSNR 和 FSIM 两种测度上都有所提高。表明参数优化能够提高训练模型的稳定性，使 LSSVR 对邻域像素的拟合程度更好。相比 PSO-LSSVR，FOA-LSSVR 收敛速度更快。

(a) LSSVR训练

(b) PSO-LSSVR训练

(c) FOA-LSSVR训练

图 5.4　回归映射模型的复原对比

表 5.1　回归映射模型的复原质量评价

训练方法	PSNR/dB	FSIM	t/s
LSSVR	27.25	0.7591	32.56
PSO-LSSVR	28.62	0.8107	14.26
FOA-LSSVR	28.63	0.8116	7.73

实验 5.2　不同退化条件的图像复原测试

直觉上认为用于学习训练的退化图像和待复原的退化图像须为同一模糊。为了测试算法的复原效果，将训练所得模型用于不同退化类型的模糊图像并进行对比实验。图像 Pepper（图 5.5(a)）加入同测试样本相同的高斯模糊（支持域为 7×7，$\sigma=2$），图像 Couple（图 5.5（d））加入直线运动模糊（$L=5$，$\theta=45^{\circ}$），图像 Lena（图 5.5（g））加入高斯模糊（支持域为 10×10，$\sigma=5$），图像 Barbara（图 5.5（j））加入散焦模糊（$R=3$）。此外，在 Lena 和 Barbara 模糊图像中加入高斯白噪声（方差为 10^{-3}）。实验选择 Lucy-Richardsons（LR）非盲解卷积进行对比，设置 LR 迭代 20 次。结果如图 5.5 所示，每行从左至右分别为退化图像、LR 方法复原结果和本章方法复原

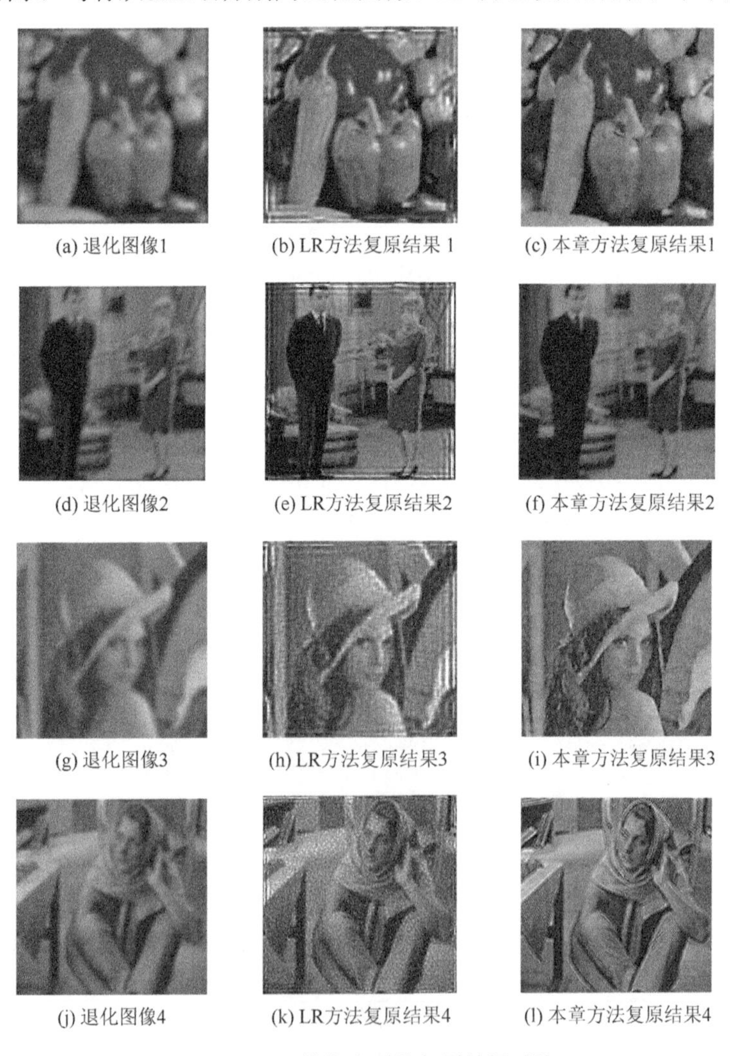

图 5.5　不同模糊类型的复原结果对比

结果。其中，LR 复原时参数取值均与模糊参数相同，即对于已知图像模糊的全部先验知识。为了客观测评复原效果，采用 PSNR、FSIM 和 RM 进行图像质量评价，如表 5.2 所示。

表 5.2　不同退化条件下映射复原结果的质量评价

退化图像	复原方法	图像质量指标		
		PSNR/dB	FSIM	RM
Pepper	LR	23.88	0.5102	0.3227
	FOA-LSSVR	25.63	0.7016	0.0084
Couple	LR	25.36	0.5277	0.3824
	FOA-LSSVR	25.79	0.7085	0.0082
Lena	LR	18.67	0.3191	0.3603
	FOA-LSSVR	21.42	0.6085	0.0107
Barbara	LR	18.22	0.3082	0.3583
	FOA-LSSVR	24.63	0.6530	0.0104

由图 5.5 可以看出，LR 方法在无噪声时表现出较好的复原效果，而当图像中噪声不可忽略时，随着迭代次数增多，噪声被放大，边界振铃效应也有所增加。尽管测试图像的模糊类型和噪声情况与样本的退化并不一致，但利用训练的映射模型估计的复原图像质量较原始退化图像仍较好地再现了边缘，图像质量有一定提高，说明本章方法对模糊函数的类型具有一定的鲁棒性。

实验 5.3　不同噪声级别的退化图像复原训练

为了测试噪声对模型训练的影响，对训练阶段图像 Cameraman 高斯模糊（支持域为 13×13，方差$\sigma=2$）做了不同噪声级别的复原对比实验。图 5.6 为不同噪声水平下退化图像和复原结果的客观评价曲线，其中图 5.6（a）为不同图像的 PSNR

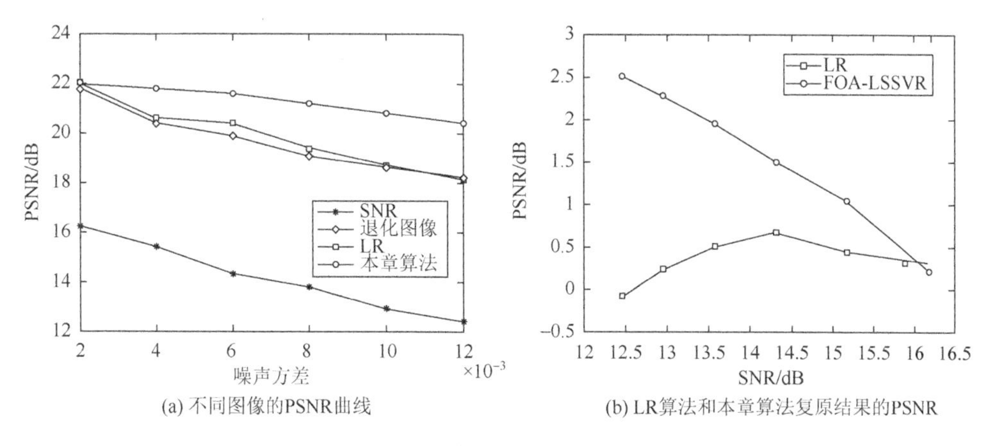

(a) 不同图像的PSNR曲线　(b) LR算法和本章算法复原结果的PSNR

图 5.6　不同噪声水平下复原后的 PSNR

曲线，图 5.6（b）为 LR 算法和本章算法复原结果的 PSNR。可以看出，随噪声水平增强，退化图像和 LR 复原结果的 PSNR 均迅速下降，而本章算法复原结果的 PSNR 下降较平缓，表现出对噪声水平的鲁棒性。这是由于利用邻域对像素进行映射估计，其本质上类似像素加权平均。

5.3　湍流序列图像的快速去模糊

利用已知的清晰图像和退化图像作样本训练映射模型，从单幅图像复原实验可以看出，回归模型有较好的泛化能力。当待复原图像的退化情况与训练样本相近时，回归复原的效果越好。这一点为数据驱动的模型复原测试提供了基础。

本节以湍流图像实验的可控条件为先验知识，利用退化图像和成像条件关联分析，对退化图像样本对进行离线建模，将湍流图像的复原转化为模型选择问题。

5.3.1　成像条件分析

对于高速飞行条件下的湍流退化图像，影响成像质量的条件包括马赫数、高度、攻角、成像时长等。高速飞行器气动光学效应的有效实验通常采用高速风洞和地面火箭撬来复现高速流场的特性，通过实验获得经验值。表 5.3 给出了高速飞行器红外成像系统参数。

表 5.3　红外成像系统参数表

参数	参数取值
工作波段	3～5μm
像元尺寸	24μm
入瞳直径	12.5mm
系统透过率	0.7
光学焦距	75mm
散焦系数	0.3

图像退化 PSF 的大小与模糊圈直径成正比，即

$$\boldsymbol{S} = R[k_1 d] * \boldsymbol{I} \tag{5.5}$$

其中，$R[\cdot]$ 为取整运算；$\boldsymbol{I}$ 为 1×2 的单位阵；k_1 为通过风洞实验得到的经验值。

PSF 的大小主要由飞行器的飞行参数确定，在已知飞行器参数（由飞行器上的传感器获得）的情况下，即可确定 PSF 支持域的大小。

5.3.2　基于峰度的模型更新

湍流退化图像的清晰程度和模糊核的峰值与平缓程度有关。模糊核可视作低通滤波器，作用于图像后滤除高频成分使得图像清晰度下降。目前涉及图像清晰程度的度量准则可分为两类：一类是建立在 PSF 精确确定的基础上，典型的代表是斯特尔比（Strehl ratio），定义为模糊 PSF 和衍射极限 PSF 的极值比。由于 PSF 的精确估计本身就是一个难点，所以该类度量不适合本章问题。另一类是建立在模糊图像特征的统计分析基础上，如灰度偏差、频域谱、峰度等。为了加快复原速度，并考虑到退化图像的原始图像往往未知，本章采用无参考的峰度作为度量准则。

峰度（kurtosis）即随机分布的峰态，用四阶矩和二阶矩的比值定义：

$$K(\boldsymbol{a})=\frac{E[\boldsymbol{a}^4]}{E^2[\boldsymbol{a}^2]}-3 \tag{5.6}$$

其中，$E[\cdot]$为输入向量 $\boldsymbol{a}$ 的期望；-3 运算是为了将峰度正态分布趋于 0，以对应图像梯度分布。图像峰度值随模糊程度增强而下降。

图像质量方差计算为

$$D_i=\sum_{k=1}^{i}(Q_k-Q)^2,\quad Q=\frac{1}{n}\sum_{k=1}^{n}Q_k \tag{5.7}$$

其中，Q_k为序列图像第 k 帧的峰度值。

序列图像间的模糊程度具有一定相关性，当且仅当前 i 帧的方差与前 $i-1$ 帧的方差差异显著时，认为第 i 帧图像采用的原模型已无法取得较好的复原效果，因此需根据成像条件选择新的复原模型；否则仍采用原模型复原。

本节在已知不同条件退化图像的基础上，对图像样本进行模型训练，得到图像复原的模型库。根据实测的环境因素，从样本库中选择相应模型，并根据序列图像各帧的峰度值方差实现模型的更新。序列图像模糊复原流程图如图 5.7 所示。

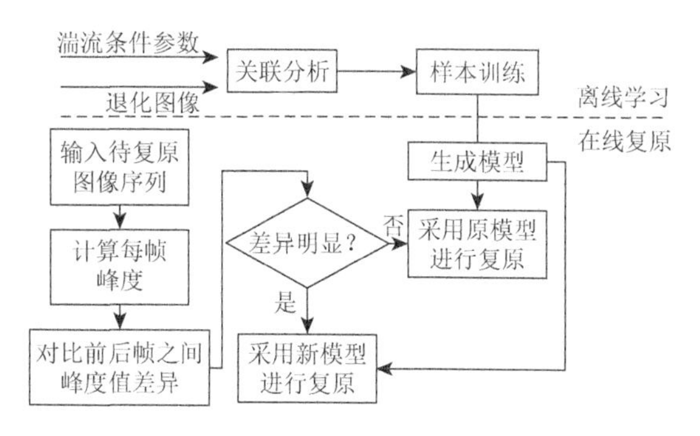

图 5.7　序列图像模糊复原流程图

5.3.3　实验与分析

图 5.8（a）为目标基准图像，利用 CFD 软件仿真 Ma = 2、高度为 10km、攻角为 0°条件下的不同成像积分时长对应的模糊退化图像，此处列举三帧，见图 5.8（b）～（d）。随着积分时长增加，图像的模糊程度逐渐增强。图 5.8（e）～（g）分别对应退化图像（图 5.8（b）～（d））的复原结果。

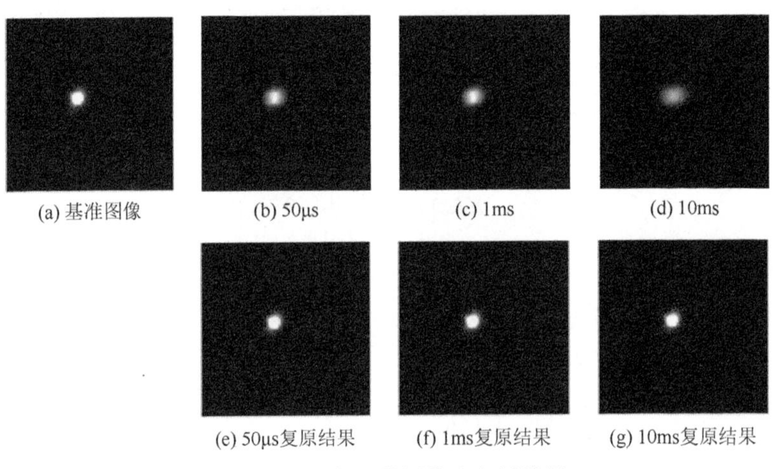

(a) 基准图像　(b) 50μs　(c) 1ms　(d) 10ms

(e) 50μs复原结果　(f) 1ms复原结果　(g) 10ms复原结果

图 5.8　点目标退化图像和复原结果

图 5.9 为点目标图像序列采用模型更新算法的复原结果，采用模型更新算法后，复原效果得到一定改善。

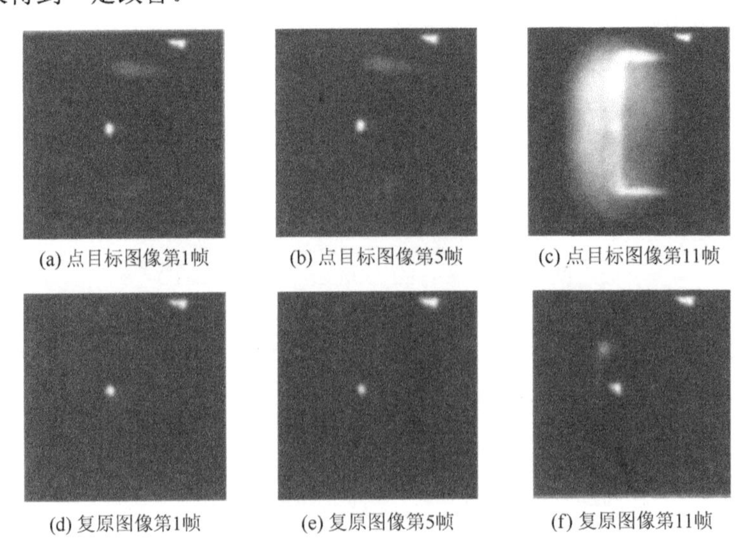

(a) 点目标图像第1帧　(b) 点目标图像第5帧　(c) 点目标图像第11帧

(d) 复原图像第1帧　(e) 复原图像第5帧　(f) 复原图像第11帧

图 5.9　点目标图像序列采用模型更新算法的复原结果

为了验证本章算法复原后对目标跟踪精度的影响，对一组空载运动平台拍摄的地面目标红外序列图像进行实验。图像分辨率为 320×240。在起始帧人为给定待跟踪的目标的位置和大小，基于 SURF（speeded up robust features）特征跟踪算法对复原前后图像进行目标跟踪。图 5.10（a）和图 5.10（b）分别为复原前后的部分帧的跟踪结果。图 5.11 给出了序列图像目标跟踪误差曲线图。

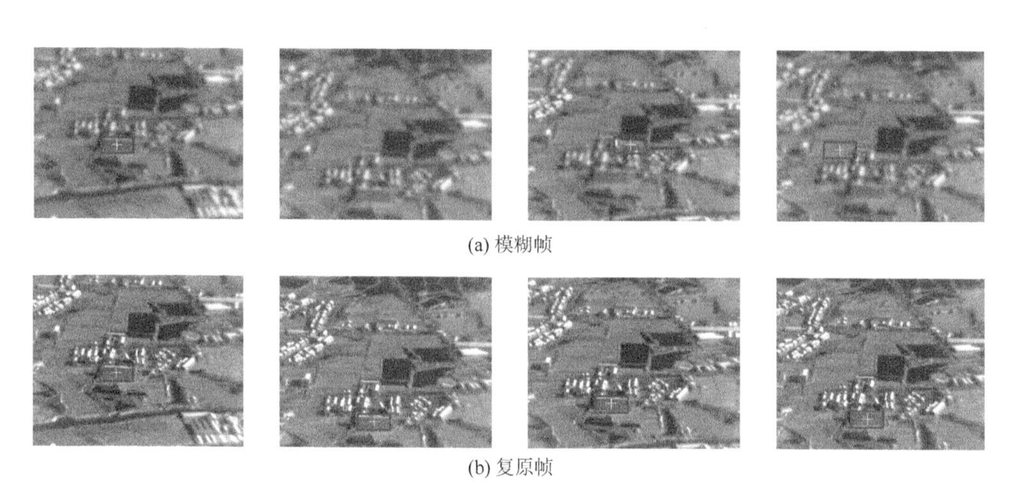

(a) 模糊帧

(b) 复原帧

图 5.10　红外图像序列目标跟踪结果

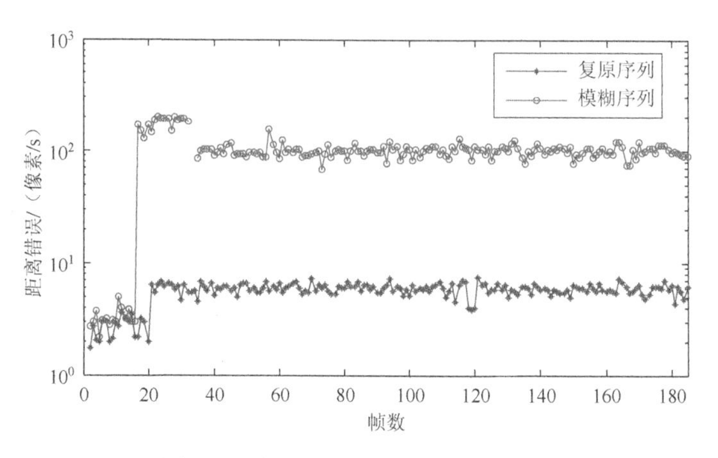

图 5.11　序列图像目标跟踪误差曲线图

从图 5.10 可见，复原后图像清晰度得到了提高，目标追踪的准确性也大大提升。由于部分帧图像抖动明显，模糊条件下丢失了目标，但复原后目标一直能准确跟踪。从图 5.11 的误差曲线可见，相对于模糊条件下的跟踪结果，图像复原后不仅误差小，而且更加稳定。

5.4 本章小结

非参数回归模型对回归函数的形式和数据分布不作过多要求，而是由数据驱动，对非线性问题有很好的拟合作用。本章采用基于 FOA-LSSVR 的非线性建模方法建立退化图像的降质模型，该方法在邻域像素相似性基础上，引入 LSSVR 解决无须任何先验知识的图像模糊复原问题，建立一个能够较为准确拟合模糊卷积非线性特性的降质模型。通过果蝇优化训练参数，提高模型的稳定性及收敛速度，方法简单，执行效率快。实验证明基于回归映射训练的复原模型不但能够实现不同退化模型的图像恢复，且对噪声图像估计有很好的鲁棒性。

第三篇　基于视觉认知的退化图像复原方法

人脑是具有感知、识别、学习、联想、记忆、推理等功能的最高级的生物智能系统。人脑感知信息的大部分来自视觉。因此，研究解析生物体的内在视觉机理，并用机器来实现，就成为图像理解和图像复原研究领域的新思路。

本篇结合作者的研究工作，介绍智能化的退化图像复原方法和视频序列图像复原方法，内容包括基于图像稀疏先验信息和机器学习的图像复原方法、基于视觉认知和字典学习的图像复原方法、基于视觉认知的视频序列图像复原方法共3章内容。

在第6章基于图像稀疏先验信息和机器学习的图像复原方法中，针对具有较好边缘的模糊图像，利用图像的边缘主导特性和高维奇异性，提出一种基于有效边缘先验估计的图像复原方法；针对一般性的模糊图像，利用图像的自相似性和尺度不变性，提出一种基于图像块相似性和稀疏先验信息的图像复原方法。

在第7章基于视觉认知和字典学习的图像复原方法中，针对全局图像的广义复原问题，提出一种基于视觉对比敏感度与恰可察觉失真感知的图像复原方法；根据视觉认知层次性和局部分块相似性的原理，提出基于字典对联合学习的退化图像复原方法。

在第8章基于视觉认知的视频序列图像复原方法中，以视频退化过程和退化机制的研究成果为先验知识，针对单幅模糊图像复原的局限性问题，提出一种增广拉格朗日的快速视频复原方法；针对湍流退化视频的复杂性，提出一种基于非凸势函数优化与动态自适应滤波的湍流退化视频复原方法。

本篇内容将视觉认知、图像稀疏先验信息、机器学习、字典学习等新兴智能化理论用于退化图像和视频图像序列的复原，推进了图像复原理论、技术和方法的进步。

第 6 章　基于图像稀疏先验信息和机器学习的图像复原方法

在图像复原方法的研究中，通过对利用摄影设备获取的自然景观和街道场景及地貌遥感等客观世界的图像研究表明，这些图像具有潜在的规律性，例如，生物形体、人脸和建筑的图像一般具有对称性；地形地貌图像一般具有自相似性；自然景观的光照强度一般具有连续性等。在空域和变换域对这类图像进行统计分析得知，该类图像具有自相似性、尺度不变性、非高斯性、边缘主导特性和高维奇异性[95]。

本章结合图像稀疏先验模型和机器学习方法[69, 96]，以视觉认知为指导将图像的统计先验信息引入图像复原之中。针对具有较好边缘的模糊图像，利用图像的边缘主导特性和高维奇异性，提出一种基于有效边缘估计的图像复原方法；针对一般性的模糊图像，利用图像的自相似性和尺度不变性，提出一种基于图像块相似性和稀疏先验信息的图像复原方法。最后分别对提出的方法进行实验验证和分析。

6.1　图像的统计特性

本节分析图像的统计特性以便进一步将一些运动去模糊的最新思想扩展到未知退化类型的图像复原中，为基于有效边缘估计的图像复原方法等研究奠定基础。

6.1.1　自相似性和尺度不变性

自相似性是指图像的某些局部区域在不同位置以不同尺度重复出现；尺度不变性是指图像的统计规律不随尺寸的变化而变化。Field 等学者最早研究得出图像的尺度不变性[97]；Ruderman 利用图像对比度的统计直方图进行分析，得出图像的尺度变化不会影响边缘的分布的结论；Zhu 等研究图像的多分辨率小波分解，得出其系数具有更一般的不变性[98]；Turiel 等研究发现超光谱图像的许多统计特性也不随尺度的变化而变化[99]；Simoncelli 等经过一系列的深入研究，发现图像的带通滤波器的振幅响应具有很强的相关性[100]；此外，一些学者通过研究图像频域滤波统计量的分布规律，发现所得系数在尺度、方向和位置间存在明显的相关性。

这些先验信息都可以与图像复原模型相结合以提高复原的质量和稳定性。

6.1.2 非高斯性

假设图像的统计特性满足高斯分布，并将其视为平稳的二阶随机过程的研究较为广泛；但最新研究成果表明：图像的统计分布具有典型的非高斯性，需要采用更复杂的模型才能进行精确拟合[97, 101]。Field 发现小波分解系数具有显著的重拖尾特性（中部尖峰突出并具有很大的峰度），与标准的高斯分布具有很大差异[97]。Mallet 使用广义 Laplacian 分布对图像的多尺度、正交小波分解系数进行建模，在图像分解和模式分析方面取得了一定的效果[102]。

6.1.3 边缘主导特性和高维奇异性

Lee 等对大量图像进行分块，发现绝大多数的图像块都可用边缘表征[101]。边缘在图像中占主导作用的特性即边缘主导性，该特性与人类认知自然场景的过程基本吻合，即人类首先通过边缘和视觉注意机制分割复杂场景，并利用大脑神经对各图像块进行理解，进而产生视觉认知。图像边缘蕴涵丰富的内在信息（方向、形状和阶跃性等），可用某些特征的不连续性表示，如颜色和结构的变化。Donoho 认为图像的非高斯性及尺度间相关性都可用边缘主导特性进行解释[103]。这些研究表明 HVS 对图像边缘更敏感，视觉认知并不是按照点的灰度信息而是依靠边缘区分物体。

图像边缘本质上并非简单的孤立间断点，而是非连续点连接成的曲线，这就是高维奇异性。传统的频域变换只能有效分析连续信号和具有独立间断点的信号，无法对具有高维奇异性的图像信号进行精确分解与重构[95]。正因如此，有效表征图像边缘的高维奇异性便成为图像复原的关键。

6.2 基于有效边缘先验估计的图像复原方法

在实际应用中，由于图像退化因素和退化过程的复杂性，很难从光学物理学方面推导出图像退化的调制传递函数（modulation transfer function，MTF），也就是说降晰的 PSF 是未知的，因此必须进行盲解卷积。一种求解盲解卷积的最直接方法就是在某个约束条件或最优准则下寻求 MAP 解，具体来说，就是对于图像退化模型 $\boldsymbol{y}=\boldsymbol{k}\otimes\boldsymbol{x}+\boldsymbol{n}$，寻找一组 $(\hat{\boldsymbol{x}},\hat{\boldsymbol{k}})$ 的值以最大化概率分布 $p(\boldsymbol{x},\boldsymbol{k}\mid\boldsymbol{y})\propto p(\boldsymbol{y}\mid\boldsymbol{x},\boldsymbol{k})p(\boldsymbol{x})p(\boldsymbol{k})$。概率分布的定义与图像物理方面的解释也有一些

共同点。具体来说，图像本身在世界上是不存在的，只能通过 HVS 或者传感器（如数码相机）获取，利用概率分布能够很好地进行表征。

6.2.1　图像复原的 MAP 估计方法

在概率分布的框架下，专家学者提出了许多有效的 MAP 图像复原方法，这些方法的一般过程为：首先构建基于边缘的概率分布模型，例如，显著强边缘的重加权[14]，利用滤波预测的清晰边缘[104]，图像梯度上的归一化稀疏度量[105]等；然后利用迭代优化算法交替地估计 PSF 和图像。Levin 等对运动模糊的 MAP 复原问题进行详细分析[106]，研究表明同时估计图像和 PSF 的 MAP 方法很可能会失败，因为该方法更加偏爱平凡解，但由于 PSF 尺寸比图像尺寸要小许多，单纯估计 PSF 的 MAP 方法能够有效地进行约束和优化，进而得到很好的复原结果。在此基础上，Levin 等将 PSF 的 MAP 方法引入 EM 框架中[107]，并采用变化的自由能量估计未知的清晰图像，实验结果表明了该方法的有效性。

6.2.2　PSF 估计的有效边缘映射图

鉴于图像边缘的主导特性和高维奇异性，如何有效描述边缘的统计分布特性并对规整化解进行合理约束和优化是复原方法成败的关键。在目前的图像复原框架中，普遍使用边缘的一些稀疏性先验信息估计和优化 PSF，能够获得很好的效果[14, 106]。Xu 等研究发现图像边缘与 PSF 估计之间并不存在直接关系[104]。确切地说，显著的边缘并不一定能够提升 PSF 估计的质量；相反，如果目标的尺寸比 PSF 小，边缘信息可能破坏 PSF 估计。下面举例说明，如图 6.1 所示。

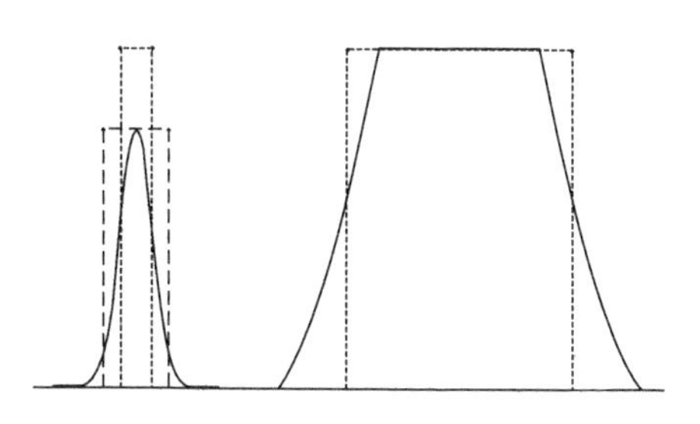

图 6.1　尖峰边缘在图像复原中的歧义性

在图 6.1 中，利用相同（尺寸比左边窄信号要大而比右边宽信号要小）的高斯模糊 PSF 对左右两个阶跃信号（短虚线所示）进行处理，观察到的模糊信号以实线展示。由图可以看出，大尺度的高斯模糊 PSF 削弱了左边狭窄信号的强度，会在信号复原过程中产生歧义性；具体来说，利用图像梯度的稀疏先验信息估计真实信号时，由于长虚线信号会呈现出更小的梯度值，复原方法将会偏爱长虚线信号而不是短虚线信号[14, 108]；而且长虚线信号也能够更好地保持全变分信息。因此，对于那些利用清晰边缘进行 PSF 估计的方法（包括冲击滤波的方法），长虚线信号是一种更加合适的解决方案。相比之下，右图中的大尺度信号能够产生稳定的 PSF 估计，因为它比 PSF 的尺度要大，模糊信号沿着退化边缘保持了潜在信号的全变分。综上可知，如果图像的结构尺寸在退化过程中被显著地改变，相应的边缘信息将可能会误导 PSF 估计，这表明了有效边缘对于 PSF 估计的重要性。

本节基于 Xu 等的方法[104]选择有效边缘的准则，其定义为

$$r(x)=\frac{\|\sum_{y\in \boldsymbol{N}_h(x)}\nabla \boldsymbol{B}(y)\|}{\sum_{y\in \boldsymbol{N}_h(x)}\|\nabla \boldsymbol{B}(y)\|+0.5} \tag{6.1}$$

其中，$\boldsymbol{B}$ 代表模糊的图像；$\boldsymbol{N}_h(x)$ 表示以像素 x 为中心，大小为 $h\times h$ 的窗口；0.5 用于防止在平坦区域产生过大的 r 值；$\|\sum_{y\in \boldsymbol{N}_h(x)}\nabla \boldsymbol{B}(y)\|$ 表示 $\boldsymbol{N}_h(x)$ 中梯度幅值的绝对总和，用于估计窗口中图像结构的强健程度。

对于狭窄目标（尖峰信号），有符号的 $\nabla \boldsymbol{B}(y)$ 将会在 $\|\sum_{y\in \boldsymbol{N}_h(x)}\nabla \boldsymbol{B}(y)\|$ 中被大部分抵消掉；较小的 r 值表明窗口中包含尖峰或者平坦区域，意味着许多梯度矢量之间相互抵消。可以利用掩模函数剔除属于较小 r 值窗口的像素：

$$M=H(r-\tau_r) \tag{6.2}$$

其中，τ_r 为阈值；$H(\cdot)$ 是 Heaviside 阶梯函数，其对于正值输出为 1，否则输出为 0。

最后用于 PSF 估计的有效边缘被确定为

$$\nabla \boldsymbol{I}^s=\nabla\tilde{\boldsymbol{I}}\cdot H(M\|\nabla\tilde{\boldsymbol{I}}\|_2-\tau_s) \tag{6.3}$$

其中，$\tilde{\boldsymbol{I}}$ 代表 shock 滤波图像；τ_s 是梯度幅值的阈值。式（6.3）由幅值 $\|\nabla\tilde{\boldsymbol{I}}\|_2$ 和先验掩模信息 M 共同决定，剔除了尖峰或平坦区域，能够降低后续 PSF 估计过程中的歧义性。

本节采用一种由粗到精的递推复原方法。首先利用较大的 τ_r 和 τ_s 值选择边缘，进行 PSF 估计和图像复原；然后减少 τ_r 和 τ_s 值（每次迭代除以 1.1），并利用上次复原的结果进行下一次的 PSF 估计和图像复原，依次循环直至达到一定的迭代次数。这样就能通过不断的循环改良 PSF 估计，复原出越来越多的边缘和细微结构。

虽然同时估计未知图像和 PSF 的 MAP 方法是病态的，但考虑到 PSF 尺寸相对较小，单独估计 PSF 的 MAP 方法能够获得更好的效果[106]，其表达式如下：

$$\hat{\boldsymbol{k}}=\arg\max p(\boldsymbol{k}\mid \boldsymbol{y})=\arg\max\int p(\boldsymbol{x},\boldsymbol{k}\mid \boldsymbol{y})\mathrm{d}\boldsymbol{x} \tag{6.4}$$

由于 $p(\boldsymbol{k}\mid \boldsymbol{y})$对于所有可能的 $\boldsymbol{x}$ 解释很难通过计算排除，所以求解上述表达式非常困难。Fergus 等提出了一种高斯混合先验方法，该方法能够很好地解决这个难题[108]。本节利用有效边缘估计对该框架进行优化，得到如下表达式：

$$\begin{aligned}&p(\boldsymbol{k},\nabla L_p\mid\nabla \boldsymbol{I}^s)\propto p(\nabla \boldsymbol{I}^s\mid \boldsymbol{k},\nabla L_p)p(\nabla L_p)p(\boldsymbol{k})\\&=\prod_i N(\nabla \boldsymbol{I}^s(i)\mid(\boldsymbol{k}\otimes\nabla L_p(i)),\sigma^2)\prod_i\sum_{c=1}^{C}\pi_c N(\nabla L_p(i)\mid 0,v_c)\prod_j\sum_{d=1}^{D}\pi_d E(\boldsymbol{k}_j\mid\lambda_d)\end{aligned} \tag{6.5}$$

其中，i,j 分别表示图像像素和 PSF 元素的索引；N 和 E 分别表示高斯分布和指数分布；未知清晰图像梯度上的先验信息 $p(\nabla L_p)$ 满足 0 均值的混合 C 高斯分布（第 c 个高斯分布具有方差 v_c 和权重 π_c）；PSF 的稀疏先验 $p(\boldsymbol{k})$满足混合的 D 指数分布（第 d 个分量具有尺度因素 λ_d 和权重 π_d）。可通过变分贝叶斯方法[109]和集成学习方法[110]求解式（6.5）条件下的最优 PSF。

利用有效边缘的梯度 $\nabla\boldsymbol{I}^s$ 作为空间的先验信息，本节采用如下目标函数进行粗糙条件下未知图像的复原。

$$E(\boldsymbol{I}) = \|\boldsymbol{I}\otimes\boldsymbol{k}-\boldsymbol{B}\|^2+\lambda\|\nabla\boldsymbol{I}-\nabla\boldsymbol{I}^s\|^2 \tag{6.6}$$

其中，空间的先验信息 $\|\nabla\boldsymbol{I}-\nabla\boldsymbol{I}^s\|^2$ 没有盲目地处理强边缘附近的小梯度，因此即使利用高斯规整化也能产生较理想的结果。在频率域，通过代数运算可得封闭形式的解决方案如下：

$$\boldsymbol{I} = F^{-1}\left(\frac{\overline{F(k)}F(B)+\lambda\overline{(F(\partial_x))}F(I_x^s)+\overline{F(\partial_y)}F(I_y^s)}{\overline{F(k)}F(k)+\lambda\overline{(F(\partial_x))}F(\partial_x)+\overline{F(\partial_y)}F(\partial_y)}\right) \tag{6.7}$$

本节的整个过程详见算法 6.1。

算法 6.1　PSF 的初始化估计

输入：模糊图像 $\boldsymbol{B}$ 和全为 0 的 PSF（大小为 $h\times h$）。

步骤：

　　利用层级索引 $\{1,2,\cdots,n\}$ 构建一个图像金字塔。

　　for $l=1$ to n do

　　　　计算所有像素的梯度置信度 r（式（6.1））。

　　　　for $i=1$ to m（m 为迭代次数）do

　　　　　　基于置信度 r 为 PSF 估计选择边缘 $\nabla\boldsymbol{I}^s$（式（6.3））；

　　　　　　利用 MAP 方法估计 PSF（式（6.5））；

　　　　　　利用空间先验信息估计未知的清晰图像 $\boldsymbol{I}^l$（式（6.7）），并更新 $\tau_s \leftarrow \tau_s/1.1, \tau_r \leftarrow \tau_r/1.1$。

　　　　end for

　　　　提升图像 $\boldsymbol{I}^{l+1} \leftarrow \boldsymbol{I}^l \uparrow$。

　　end for

输出：初始估计的 PSF $\boldsymbol{k}^0$ 和有效边缘的梯度映射图 $\nabla\boldsymbol{I}^s$。

6.2.3　基于 ISD 的 PSF 改良

为了获得更稀疏的 PSF，通常采用硬阈值或者假设阈值的方法进行优化，但是这些操作忽略了 PSF 的内在结构，很可能会降低 PSF 的质量。为了解决这方面的问题，本节使用一种迭代支撑检测（iterative support detection，ISD）的方法[111]，该方法能够更正有瑕疵的估计，在去除噪声的同时保证复原质量，并且加快收敛速度。其主要思想是迭代地放宽 PSF 中重要元素的规整化惩罚，使得这些元素在下一轮的 PSF 改良中不会受规整化的严重影响。

ISD 是一种迭代的方法，每次循环将使用前一次估计的 PSF 构建一个不完全的支撑域；也就是说，所有大值元素属于集合 S^{i+1}，其他元素属于集合 $\overline{S^{i+1}}$，因此 S^{i+1} 能够被构建为

$$S^{i+1} \leftarrow \{j : k_j^i > \varepsilon^s\} \tag{6.8}$$

其中，k_j^i 表示在 k^i 中的第 j 个元素；ε^s 是一个正数，在迭代过程中不断演化，用以形成不完全的支撑域，本节应用文献[111]中“第一个有意义阶跃”的原则配置 ε^s。简单来说，首先以升序方式对 k^i 中的所有元素进行排列，并计算每两个邻近元素之间的差 $d_0, d_1, \cdots$。然后从 d_0 开始依次检查这些偏差，搜寻满足条件 $d_j > \| k^i \|_\infty /(2hi)$ 的第一个元素 d_j，其中 h 是 PSF 宽度，$\| k^i \|_\infty$ 表示 k^i 中的最大值。最后将位置 j 处的 PSF 值配置为 ε^s，更多细节见文献[111]。集合 S 内的元素将会在优化过程中受较少的惩罚，形成自适应的 PSF 改良过程。具体通过最小化如下表达式改良 PSF：

$$E(\boldsymbol{k}) = \frac{1}{2} \| \nabla \boldsymbol{I}^s \otimes \boldsymbol{k} - \nabla \boldsymbol{B} \|^2 + \gamma \sum_{j \in \overline{S^{i+1}}} | \boldsymbol{k}_j | \tag{6.9}$$

该函数通过自适应规整化完成阈值处理，使能量集中在有意义的值上，因此能够自动地保持 PSF 的稀疏性，保证了复原过程的可靠性，整个过程详见算法 6.2。

算法 6.2 基于 ISD 的 PSF 改良

输入：初始化 PSF $\boldsymbol{k}^0$，$\nabla \boldsymbol{B}$ 和 $\nabla \boldsymbol{I}^s$（算法 6.1 输出）。

步骤：

在 $\boldsymbol{k}^0$ 上初始化不完全支撑域 $\overline{S^0}$（式（6.8））。

Repeat

通过最小化式（6.9）求解 $\boldsymbol{k}^i$；

通过式（6.8）更新 $\overline{S}$；

$i \leftarrow i+1$。

Until $\dfrac{\| k^{i+1} - k^i \|}{\| k^i \|} \leqslant \varepsilon_k$（经验上 $\varepsilon_k = 10^{-3}$）

输出：估计的 PSF $\boldsymbol{k}^s$。

为了利用不完全支撑域最小化式（6.9），本章采用迭代重加权最小平方（iterative reweighted least square，IRLS）方法。首先将卷积描述为矩阵乘积、未知图像 $\boldsymbol{I}$、PSF $\boldsymbol{k}$，模糊输入 $\boldsymbol{B}$ 相应地表示为矩阵 $\boldsymbol{A}$、向量 $\boldsymbol{V}_k$ 和向量 $\boldsymbol{V}_B$；然后通过迭代求解关于 $\boldsymbol{V}_k$ 的线性等式，完成式（6.10）的最小化。第 t 次迭代的线性等式为

$$[\boldsymbol{A}^{\mathrm{T}}\boldsymbol{A}+\gamma\operatorname{diag}(\boldsymbol{V}_{\bar{S}}\Psi^{-1})]V_k^t=\boldsymbol{A}^{\mathrm{T}}\boldsymbol{V}_B \tag{6.10}$$

其中，$\boldsymbol{A}^{\mathrm{T}}$ 表示 $\boldsymbol{A}$ 的转置；$\boldsymbol{V}_{\bar{S}}$ 是 $\bar{S}$ 的向量形式；$\Psi=\max(\|V_k^{t-1}\|_1,10^{-5})$，表示与前一次迭代估计的 PSF 相关的权重；$\operatorname{diag}(\cdot)$ 将输入矩阵转化为三角矩阵。在每次迭代中，通过共轭梯度法求解式（6.10）（选择 MATLAB 中的矩阵除法操作）。与图像相比，PSF 尺寸很小，因此计算速度非常快。

6.2.4　快速的 TV-L_1 解卷积

在许多情况下，假设数据拟合代价遵循高斯分布并不是一种理想的方法，它可能使结果对于异常值非常敏感。为了获得更高的鲁棒性，本章在解卷积中采用一种 TV-L_1 模型，其表达式为

$$E(\boldsymbol{I})=\|\boldsymbol{I}\otimes\boldsymbol{k}-\boldsymbol{B}\|+\lambda\|\nabla\boldsymbol{I}\| \tag{6.11}$$

该式包含数据项和规整化项的非线性惩罚，可利用一种关于 L_1 最小化的半二次分裂法[81]进行优化，并采用 ADM 方法求解。

对于图像像素，引入等于度量 $\boldsymbol{I}\otimes\boldsymbol{k}-\boldsymbol{B}$ 的变量 $\boldsymbol{v}$。利用 $\boldsymbol{w}=(w_x,w_y)$ 表示水平方向和垂直方向的梯度，通过这些辅助变量产生新的目标函数为

$$E(\boldsymbol{I},\boldsymbol{w},\boldsymbol{v})=\frac{1}{2\beta}\|\boldsymbol{I}\otimes\boldsymbol{k}-\boldsymbol{B}-\boldsymbol{v}\|^2+\frac{1}{2\theta}\|\nabla\boldsymbol{I}-\boldsymbol{w}\|_2^2+\|\boldsymbol{v}\|+\lambda\|\boldsymbol{w}\| \tag{6.12}$$

其中，前两项用于确保度量和相应辅助变量之间的相似性。当 $\beta\to0$ 和 $\theta\to0$ 时，式（6.12）的解决方案接近式（6.11）的解决方案。

式（6.12）能够通过 ADM 方法求解，对于变量 $\boldsymbol{I}$、$\boldsymbol{w}$ 和 $\boldsymbol{v}$（$\boldsymbol{w}$ 和 $\boldsymbol{v}$ 初始化为 $\boldsymbol{0}$），可单独地估计每个变量而保持其余量固定不变。

在给定（初始化或估计的）$\boldsymbol{w}$ 和 $\boldsymbol{v}$ 的每次迭代中，首先通过最小化如下表达式计算 $\boldsymbol{I}$：

$$E(\boldsymbol{I};\boldsymbol{w},\boldsymbol{v})=\|\boldsymbol{I}\otimes\boldsymbol{k}-\boldsymbol{B}-\boldsymbol{v}\|^2+\frac{\beta}{\theta}\|\nabla\boldsymbol{I}-\boldsymbol{w}\|_2^2 \tag{6.13}$$

式（6.13）与移除约束之后的式（6.12）相同。对于式（6.13）中二次函数的最小化，傅里叶变换后通过 Parseval 定理能够产生一个封闭的解决方案，可得最优 $\boldsymbol{I}$ 的表达式如下：

$$F(\boldsymbol{I})=\frac{\overline{F(\boldsymbol{k})}F(\boldsymbol{B}+\boldsymbol{v})+\beta/\theta(\overline{F(\partial_x)}F(w_x)+\overline{F(\partial_y)}F(w_y))}{\overline{F(\boldsymbol{k})}F(\boldsymbol{k})+\beta/\theta(\overline{F(\partial_x)}F(\partial_x)+\overline{F(\partial_y)}F(\partial_y))} \tag{6.14}$$

由于 $\boldsymbol{w}$ 和 $\boldsymbol{v}$ 在目标函数中是彼此独立的（它们属于不同的项），所以可以分别进行优化。在给定 $\boldsymbol{I}$ 的条件下，可产生两个独立的目标函数如下：

$$\begin{cases} E(\boldsymbol{w};\boldsymbol{I}) = \dfrac{1}{2}\|\boldsymbol{w} - \nabla \boldsymbol{I}\|_2^2 + \theta\lambda\|\boldsymbol{w}\|_2 \\ E(\boldsymbol{v};\boldsymbol{I}) = \dfrac{1}{2}\|\boldsymbol{v} - (\boldsymbol{I}\otimes \boldsymbol{k} - \boldsymbol{B})\|^2 + \beta\|\boldsymbol{v}\| \end{cases} \tag{6.15}$$

由于不同像素在空间上是不相关的，式（6.15）中的目标函数可归结为单变量的优化问题，通过收缩公式能够得到所有 w_x 的最优解决方案：

$$w_x = \frac{\partial_x \boldsymbol{I}}{\|\nabla \boldsymbol{I}\|_2}\max(\|\nabla \boldsymbol{I}\|_2 - \theta\lambda, 0) \tag{6.16}$$

式（6.16）使用等方性的 TV 规整化，即 $\|\nabla I\|_2 = \sqrt{(\partial_x \boldsymbol{I})^2 + (\partial_y \boldsymbol{I})^2}$ 。同样地，w_y 也能够采用上述方法进行计算。

能够采用更简单的方法计算 $\boldsymbol{v}$，因为它是一维的收缩量：

$$\boldsymbol{v} = \mathrm{sign}(\boldsymbol{I}\otimes \boldsymbol{k} - \boldsymbol{B})\max(\|\boldsymbol{I}\otimes \boldsymbol{k} - \boldsymbol{B}\| - \beta, 0) \tag{6.17}$$

其中，β 和 θ 是两个较小的正数，用以执行辅助变量和相关项之间的相似性。为了加快优化速度，本节采用半热态框架[112]。首先设置较大的惩罚（β 和 θ 的值），并在迭代过程中逐渐减少，详见算法 6.3。本节根据经验设置 $\beta_0 = 1, \theta_0 = \lambda^{-1}$ 和 $\beta_{\min} = \theta_{\min} = 0.01$ 。

算法 6.3　鲁棒的 TV-L_1 解卷积

输入：模糊图像 $\boldsymbol{B}$ 和估计的 PSF $\boldsymbol{k}^s$。

步骤：

　　使用 MATLAB 中的 edgetaper 函数对图像边界进行处理。

　　$\boldsymbol{I} \leftarrow \boldsymbol{B}, \beta \leftarrow \beta_0$

　　Repeat

　　　　利用式（6.17）求解 v;

　　　　$\theta \leftarrow \theta_0$。

　　　　Repeat

　　　　　　利用式（6.16）求解 $\boldsymbol{w}$;

　　　　　　在频率域利用式（6.14）求解 $\boldsymbol{I}$;

　　　　　　$\theta \leftarrow \theta / 2$

　　　　Until $\theta < \theta_{\min}$

　　　　$\beta \leftarrow \beta / 2$

　　Until $\beta < \beta_{\min}$

输出：复原的图像 $\boldsymbol{I}$。

6.2.5　实验与分析

本节在 Pentium(R) Dual-Core 2.5GHz CPU、4GB 内存的硬件环境和 Windows 7、MATLAB R2010a 的软件环境条件下进行实验。实验包含两个部分：一是使用仿真的模糊图像验证本章方法的有效性；二是利用本章方法对真实模糊图像进行复原，并与当前技术条件下的一些复原方法进行比较。

1. 仿真模糊图像的 PSF 估计

本实验首先利用 MATLAB 中的 checkerboard 函数生成图 6.2（a）的图像，其中左上角方块尺寸为5×5，左下角方块尺寸为10×10，右边方块尺寸为20×20；然后使用大小为7×7、角度为 45°的运动模糊 PSF（图 6.2（b））对图像进行模糊，并添加方差为 10^{-4} 的高斯噪声得到图 6.2（c）；最后应用 IBD 算法和本章方法估计模糊图像的 PSF，分别如图 6.2（d）、图 6.2（e）所示。

从图 6.2 可以看出，当 PSF 的尺度大于图像的边缘纹理时，退化图像的边缘纹理会混叠在一起，如图 6.2（c）所示。如果仍然利用这些损坏的边缘信息进行 PSF 估计，势必会造成 PSF 的退化，这也表明本节选择有效边缘的必要性。

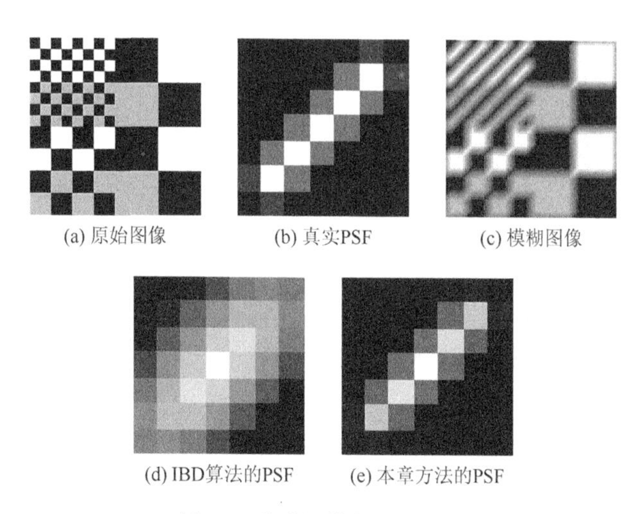
(a) 原始图像　(b) 真实PSF　(c) 模糊图像
(d) IBD算法的PSF　(e) 本章方法的PSF

图 6.2　仿真图像的 PSF 估计

2. 与其他复原方法的性能比较

文献[107]表明导数空间上的对角自由能量方法（没有考虑有效梯度）对于图像盲解卷积的性能超越其他的一些方法[108, 112]，其 MATLAB 实现根据相关文献可以得到，所以本实验仅仅与自由能量方法进行比较。测试图像来自文献[106]，包含 4 幅图像和 8 种不同的模糊 PSF 共 32 幅退化图像，图像尺寸为 255×255，使用像素灰度差平方和（sum of squared difference，SSD）指标评估复原方法的性能，该指标定义如下：

$$\mathrm{SSD}=\sum_{i=1}^{M}\sum_{j=1}^{N}[\tilde{f}(i,j)-\hat{f}(i,j)]^2 \tag{6.18}$$

其中，$\tilde{f}(i,j)$ 和 $\hat{f}(i,j)$ 分别表示真实 PSF 和估计 PSF 解卷积所得的图像（归一化后的图像）。

在图像复原过程中，即使能够正确估计 PSF 的类型和分布，不合适的 PSF 尺寸也会造成较大的复原误差，因此采用该指标对这种效应进行归一化，能够更客观地评价复原方法的性能。文献[107]的实验结果表明该指标大于 2（经验上的数值），复原图像在视觉上已经不能令人信服，所以本实验采用该指标是否大于 2 作为复原方法成败的条件。对于 32 幅退化图像，自由能量方法的成功率为 87.5%，而本章方法为 90.6%，复原成功率有一定的改进。图 6.3 为两种复原方法的视觉效果图，两组图像依次为输入模糊图像（图 6.3（a）、图 6.3（e））、真实 PSF 解卷积图像（图 6.3（b）、图 6.3（f））、自由能量方法复原图像（$\mathrm{SSD}_1=1.86$，$\mathrm{SSD}_2=1.91$）（图 6.3（c）、图 6.3（g）），以及本章方法复原图像（$\mathrm{SSD}_1=1.79$，$\mathrm{SSD}_2=1.87$）（图 6.3（d）、图 6.3（h））。从图像视觉效果和 SSD 指标可以看出，本章方法较自由能量方法有一定的改进。

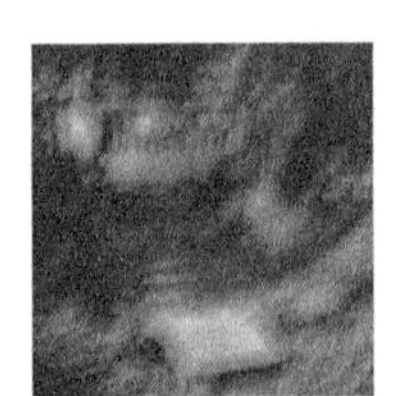

(a) 输入模糊图像1

(b) 真实PSF解卷积图像

(c) 自由能量方法复原图像

(d) 本章方法复原图像

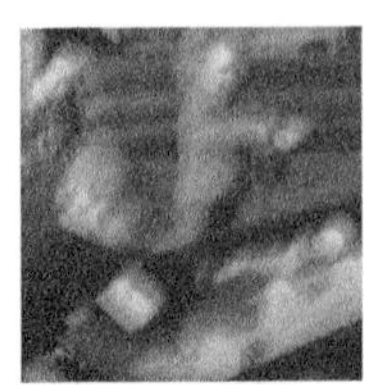

(e) 输入模糊图像2

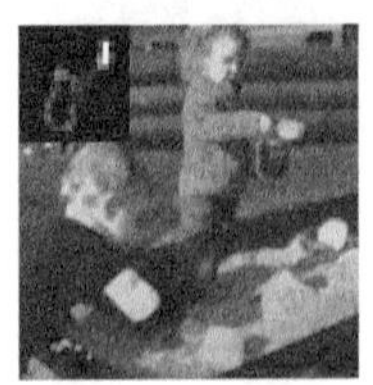

(f) 真实 PSF 解卷积图像

(g) 自由能量方法复原图像

(h) 本章方法复原图像

图 6.3　与自由能量方法的视觉效果对比

6.3　基于图像块相似性和稀疏先验信息的图像复原方法

图像统计的先验信息已经成为图像复原的一种流行工具。专家学者研究图像统计的先验模型，并将其成功地应用于不同的复原任务，如图像去噪、图像去模糊、图像修复、图像去块效应和图像超分辨率等。但是，从图像中学习先验信息是一件十分艰巨的任务，图像的高维性使得利用先验知识进行学习、推理和优化十分困难。因此，在许多实际应用中[96]，先验知识是通过小的图像块进行学习的。对于诸如学习、推理和相似性估计等计算任务，图像块比直接处理整幅图像要容易许多。本节针对图像获取中的未知退化过程，对包含模糊和噪声的图像进行研究，旨在寻求一种基于图像块相似性和图像先验信息的复原方法，以最大限度地消除模糊和噪声，尽可能地复原出原始景物（对于各种各样的退化过程，特别是退化十分严重的情况，完全复原出真实景物是不现实的）。

6.3.1　图像的稀疏先验模型

对于退化图像的复原，通常是引入某种先验模型，并寻求能够解释观察图像 $\boldsymbol{y}$ 的最优 $\boldsymbol{x}$。具体来说，就是希望找出给定 $\boldsymbol{y}$ 条件下 $\boldsymbol{x}$ 的 MAP 解释。

$$\boldsymbol{x} = \arg\max_{\boldsymbol{x}} P(\boldsymbol{x} \mid \boldsymbol{y}) \propto P(\boldsymbol{y} \mid \boldsymbol{x}) P(\boldsymbol{x}) \tag{6.19}$$

假设复原过程中的噪声是独立同分布的高斯噪声（方差为 η），则相似性能够表示为

$$P(\boldsymbol{y} \mid \boldsymbol{x}) \propto \mathrm{e}^{-\frac{1}{2\eta^2}\|\boldsymbol{x} - C_f \boldsymbol{y}\|^2} \tag{6.20}$$

可利用一系列的滤波集合 g_k 表示 $\boldsymbol{x}$ 的先验条件，并且该滤波集合偏向于非平凡的响应图像[113]：

$$P(\boldsymbol{x}) = \mathrm{e}^{-\alpha \sum_{i,k} \rho(g_{i,k} * \boldsymbol{x})} \tag{6.21}$$

其中，$g_{i,k}$ 表示以像素 i 为中心的第 k 个滤波，可选择水平和垂直方向的导数滤波，即 $g_x = [1\ -1]$，$g_y = [1\ -1]^{\mathrm{T}}$，也可采用二阶导数或者基于学习的更加成熟的滤波[22, 114]。函数 ρ 应具有稀疏和重拖尾的特性，本节使用混合高斯先验[108, 114]，其他一些参数化稀疏先验如 student-t 分布[22]和 hyper-Laplacian 分布[71]等也能够取得很好的效果。

对式（6.19）～式（6.21）进行 log 运算，$\boldsymbol{x}$ 的 MAP 解释可简化为式（6.22）的最小化。

$$\| \boldsymbol{y} - C_f \boldsymbol{x} \|^2 + \boldsymbol{w} \sum_{i,k} \rho(g_{i,k} * \boldsymbol{x}) \tag{6.22}$$

其中，$w = \alpha\eta^2$。通过最小化式（6.22），即可得出重构误差$\| C_f x - y \|^2$最小条件下的原始图像 x。

6.3.2 从块相似性到图像复原

基于图像块相似性先验的复原方法首先要验证一个关键的问题，即提供高相似性先验知识的图像块能否在图像复原问题中产生好的结果。值得注意的是，对于整幅图像，许多流行的多重参考系（multiple reference frame，MRF）先验模型、log 相似性和 MAP 估计都很难精确计算[114]，因此验证这个问题是极其困难的；而对于图像块的先验模型则要容易很多，能够方便地计算封闭形式的 log 相似性、贝叶斯最小二乘法（Bayesian least squares，BLS）和 MAP 估计。

文献[96]对上述问题给予肯定的答案，其验证方法如下：首先从训练集[115]中随机采样 50000 个 8×8 图像块进行训练；然后比较 4 种模型的 log 相似性，这些相似性模型包括具有学习边缘的独立像素、具有学习协方差的像素多变量高斯、具有学习（非高斯）边缘的独立主成分分析（principal component analysis，PCA）和具有学习边缘的独立成分分析（independent component analysis，ICA）；最后在未知的图像块集合上（从文献[115]的测试集采样得到）使用 MAP 估计比较每种模型在图像去噪方面的性能。实验结果表明，对于图像块集合，模型给出的相似性越高，它在图像去噪方面的性能就越好，更多细节见文献[96]。

如何将块相似性先验模型应用于整幅图像复原呢？可以做如下设想：假设从重构图像中随机选取一个块，复原结果希望这个图像块在先验条件下是合适的；换句话说，希望找到一幅重构图像，在保证仍然接近于退化图像的条件下，最大化重构图像的某种相似性，这样复原图像中的每个块在先验条件下都是合适的。文献[96]采用期望块 log 相似性（expected patch log likelihood，EPLL）取得了很好的结果，本章在混合高斯先验模型的条件下也采用该相似性准则。

6.3.3 EPLL 与几种基于学习的复原框架比较

尽管目前的基于学习的复原方法有很大区别，但这些方法的框架是密切相关的。首先是由 Roth 和 Black 提出的 FoE 框架[22]，该框架通过训练图像集的最大相似性近似地学习 MRF 滤波，但由于分区函数难以处理，利用这种模型进行学习是非常困难的。与图像的混合相似性和定向模型方法相似，学习 MRF 的通用方法是利用局部边缘或者条件概率的总和估计整幅图像的 log 概率。本质上，FoE 框架是 EPLL 的一种特别情况，虽然学习方式具有很大差别，但 FoE 的推断过程相当于利用独立的先验知识（如 ICA）优化 EPLL 表达式（将在 6.3.4 节详细介绍）。

相比之下，EPLL 没有尝试估计全局的 log 概率，文献[96]表明局部图像块的先验信息对于整幅图像复原是充足的。学习图像块的先验知识比学习整幅图像的 MRF 要容易很多，由于这方面的优势，EPLL 能够更加容易地学习和优化先验知识，并将这些知识有效地应用于图像复原。

另外一种框架是 K-SVD[116]，在 K-SVD 中，学习图像块的字典相当于最大化系数的稀疏性。字典能够通过图像块集合或者噪声图像本身进行学习。利用学习的字典，对图像中所有重叠块进行去噪，然后求平均获得一幅重构图像，重复迭代这个过程许多次即可得到最终的复原结果。在 K-SVD 中，字典学习与块先验知识学习是不同的，因为字典学习可能被执行为优化处理的一部分（除非字典之前已经从图像中学习得到）。K-SVD 也能够看作 EPLL 的一种特殊情况，在稀疏先验知识模型中，EPLL 和 K-SVD 的代价函数相同，但是 EPLL 框架对更多的先验知识进行学习和优化，并且能够通过提前学习得到先验模型，更加有利于后续的图像复原。

6.3.4　EPLL 的框架和优化

1. EPLL 框架

本章方法的基本思想是在某个先验模型的基础上，利用 EPLL 框架尽力去除图像的噪声和模糊。给定一幅图像 $\boldsymbol{x}$（向量化的形式），定义先验条件 p 下的 EPLL 为

$$\mathrm{EPLL}_p(\boldsymbol{x})=\sum_i \log p(\boldsymbol{P}_i\boldsymbol{x}) \tag{6.23}$$

其中，$\boldsymbol{P}_i$ 是从图像的所有重叠块中提取的第 i 个块矩阵，而 $\log p(\boldsymbol{P}_i\boldsymbol{x})$ 表示在先验条件 p 下的第 i 个块的 log 相似性。假设每个块的位置都被随机均匀地选择，那么 EPLL 就是图像中某个块的期望 log 相似性（取决于乘数因子 $1/N$）。

假设给定一幅含噪的模糊图像 $\boldsymbol{y}$，在通用形式的图像退化模型$\|\boldsymbol{Ax}-\boldsymbol{y}\|^2$（包括图像去噪、图像去模糊和图像修复等）和块先验条件 p 下，可通过类 L_2 规整化的形式重构图像，具体为最小化如下代价函数：

$$f_p(\boldsymbol{x}\mid\boldsymbol{y})=\frac{\lambda}{2}\|\boldsymbol{Ax}-\boldsymbol{y}\|^2-\mathrm{EPLL}_p(\boldsymbol{x}) \tag{6.24}$$

其中，等号右边第一项为相似项，采用 L_2 规整化的形式；第二项为先验项，采用 EPLL 框架。需要注意的是，$\mathrm{EPLL}_p(\boldsymbol{x})$不是整幅图像的 log 概率，而是所有重叠块的 log 概率的累积和，这相当于对 log 概率进行“双计数”。更确切地说，它是图像中随机选择块的期望 log 相似性。

2. 框架的优化

式（6.24）中代价函数的直接优化非常困难，并且依赖于使用的先验条件。

本章采用半二次分裂的交替优化方法[117]进行处理，该方法能够高效地优化代价函数。在半二次分裂方法中，引入图像块的集合$\{z^i\}_1^N$，每个元素对应于每个重叠块$\boldsymbol{P}_i\boldsymbol{x}$，产生如下的代价函数：

$$c_{p,\beta}(\boldsymbol{x},\{z^i\}\mid \boldsymbol{y})=\frac{\lambda}{2}\|\boldsymbol{A}\boldsymbol{x}-\boldsymbol{y}\|^2+\sum_i\frac{\beta}{2}(\|\boldsymbol{P}_i\boldsymbol{x}-z^i\|^2)-\log p(z^i) \tag{6.25}$$

当$\beta\to\infty$时，约束块$\boldsymbol{P}_i\boldsymbol{x}$刚好等于辅助变量$\{z^i\}$，并且式（6.25）和式（6.24）的方程解收敛。对于确定的β值，能够采用一种迭代优化的方式处理式（6.25），即首先在保持$\{z^i\}$恒定的条件下求解$\boldsymbol{x}$，然后在保持最新给定的$\boldsymbol{x}$恒定的条件下求解$\{z^i\}$。对于给定的β值，优化等式（6.25）的具体过程如下。

（1）给定$\{z^i\}$条件下求解$\boldsymbol{x}$。利用式（6.25）对于向量$\boldsymbol{x}$求导数并设置为0，得出封闭形式的解如下：

$$\hat{\boldsymbol{x}}=\left(\lambda\boldsymbol{A}^{\mathrm{T}}\boldsymbol{A}+\beta\sum_j\boldsymbol{P}_j^{\mathrm{T}}\boldsymbol{P}_j\right)^{-1}\left(\lambda\boldsymbol{A}^{\mathrm{T}}\boldsymbol{y}+\beta\sum_j\boldsymbol{P}_j^{\mathrm{T}}z^j\right) \tag{6.26}$$

（2）给定$\boldsymbol{x}$条件下求解$\{z^i\}$。所得解决方案的精确性取决于正在使用的先验条件p，但是对于任何先验条件，它意味着求解一个MAP难题，即在给定退化度量$\boldsymbol{P}_i\boldsymbol{x}$和参数$\beta$的先验条件下，估计最可能的图像块。

首先，在给定当前β值的条件下，对上述过程进行若干次迭代（一般是4～5次），在每次迭代中，给定$\boldsymbol{x}$求解z^j，给定新的z^j求解$\boldsymbol{x}$；然后，增加β值继续下一次迭代。两个步骤优化了式（6.25）的代价函数$c_{p,\beta}$，而且较大的β值也优化了式（6.24）的原始代价函数f_p。研究发现，对于上面的每个步骤，并不是必须要寻求最优解，任何估计方法只要能够优化每个子问题的代价函数，就能够优化原始的代价函数。

β的初始化是尚未解决的开放性难题。本章采用两种方法进行处理。第一种方法是在一系列的训练图像上优化这个值（手动的或者不成熟的约束）。第二种方法与图像复原密切相关，在每次迭代中，利用复原图像（式6.26）的噪声估计β，采用文献[118]的方法估计噪声σ，并设置$\beta=\dfrac{1}{\sigma^2}$。

总体来说，本章框架有3个重要属性。首先，能够利用任何基于块的先验知识；其次，平均运行时间仅仅是简单块复原的4～5倍（取决于迭代次数）；最后，不需要学习关于整幅图像的模型，在一定程度上仅需对图像块概率进行建模，简化了学习过程。

6.3.5 EPLL 框架下的稀疏先验复原

本节学习关于图像块像素的有限 GMM。许多流行的图像先验模型都可归结为 GMM，例如，文献[114]、文献[115]和文献[119]，在学习过程中一般会约束均值和协方差矩阵。相比之下，本章方法没有以任何方式约束 GMM 模型，而是对所有像素学习均值、完全协方差矩阵和混合权重，并利用 EM 算法执行学习过程。混合高斯先验的公式如下：

$$\log p(\boldsymbol{x}) = \log\left(\sum_{k=1}^{K} \pi_k N(\boldsymbol{x} \mid \boldsymbol{\mu}_k, \boldsymbol{\Sigma}_k)\right) \tag{6.27}$$

其中，π_k 是每个混合成分的混合权重；$\boldsymbol{\mu}_k$ 和 $\boldsymbol{\Sigma}_k$ 分别是相应的均值和协方差矩阵。

给定含噪图像 $\boldsymbol{y}$，BLS 估计能够以封闭的形式（由于后验条件刚好是另外一个高斯混合）进行计算[119]，但 MAP 估计则不能以封闭的形式进行计算。为解决这个问题，本章使用下面的近似 MAP 估计方法。

（1）给定含噪图像 $\boldsymbol{y}$，计算条件混合权重 $\pi'_k = P(k \mid \boldsymbol{y})$。

（2）选择具有最高条件混合权重的成分 $k_{\max} = \max_k \pi'_k$。

（3）MAP 估计 $\hat{\boldsymbol{x}}$ 构成第 $k_{\max}$ 个成分的维纳滤波解决方案：

$$\hat{\boldsymbol{x}} = (\boldsymbol{\Sigma}_{k_{\max}} + \sigma^2 \boldsymbol{I})^{-1}(\boldsymbol{\Sigma}_{k_{\max}} y + \sigma^2 \boldsymbol{I} \boldsymbol{\mu}_{k_{\max}}) \tag{6.28}$$

在本质上，该过程是为求解合适的高斯混合模型所采取的 EM 算法的一种特殊形式的迭代方法。

6.3.6　实验与分析

本章在 Pentium(R) Dual-Core 2.5GHz CPU、4GB 内存的硬件环境和 Windows 7、MATLAB R2010a 的软件环境条件下进行实验。对于图像复原实验，通常采用仿真方法合成特定的退化图像验证算法的性能，尽管这些退化图像与实际获取的退化图像有一些微小的差别，但是它们能够从数值上量化复原方法的性能。

本实验选择 MATLAB 中 Barbara、Greens、Pepper、Cameraman、Coins 和 Liftingbody 共 6 幅图像作为参考图像，如图 6.4 所示。首先利用表 6.1 中的 PSF 和噪声对图像进行退化处理；然后分别采用经典的 Richardson-Lucy[120]、图像稀疏先验 ($\rho(z) = |z|^{0.8}$) [113]、Hyper-Laplacian 先验[71]和本章方法对生成的图像进行复原；最后利用 PSNR 和 SSIM 指标对所得复原图像进行比较，PSNR 和结构相似度（structural similarity，SSIM）的平均值如表 6.2 所示。PSNR 用于度量图像的保真度，但它是从统计学角度度量复原图像与原始图像对应像素间存在的误差的，没有利用图像的任何位置信息和像素之间的相关性，通常并不能很好地反映人眼对图像质量的感知特性，因此对于复原方法的性能评价是不够充分的[121]；而 SSIM 能有效避免传统客观质量评价方法的缺陷，从亮度、对比度和结构三个方面度量复原图像与原始图像间的差异，在已知参考图像的情况下，能够很好地评价图像

的质量。图 6.5 展示了几种复原方法的效果图，图中依次为原始图像、kernel1 + 1% 高斯白噪声退化图像[71]、Richardson-Lucy 复原图像、文献[113]稀疏先验复原图像、Hyper-Laplacian 先验复原图像[71]和本章方法复原图像。从表 6.2 和图 6.5 可以看出，本章方法在主客观图像质量评价方面都要优于当前技术条件下的复原方法。

(a) 参考图像 Barbara

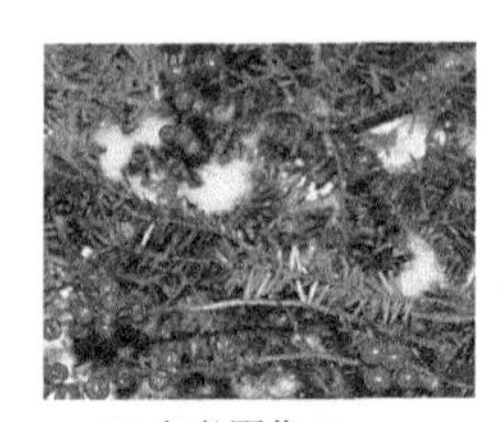
(b) 参考图像 Greens

(c) 参考图像 Pepper

(d) 参考图像 Cameraman

(e) 参考图像 Coins

(f) 参考图像 Liftingbody

图 6.4 参考图像样例

表 6.1 退化图像的模糊核和加性噪声参数

退化图像参数序号	模糊核参数	噪声级别/%
1	fspecial（'average'，7）	1
2	fspecial（'disk'，5）	2
3	fspecial（'motion'，10，45）	1
4	fspecial（'gaussian'，[9 9]，2）	2
5	文献[71]kernel1	1
6	文献[71]kernel2	2

表 6.2 几种复原方法的性能比较

评价指标	PSNR						SSIM					
退化图像参数序号	1	2	3	4	5	6	1	2	3	4	5	6
退化图像	15.4411	14.1868	15.2859	16.5348	14.3251	13.2140	0.6114	0.4916	0.6508	0.5900	0.5909	0.4927
Richardson-Lucy[120]	19.8360	16.9164	19.2670	18.7596	17.9393	16.0513	0.6549	0.4892	0.6751	0.5868	0.6170	0.3749
文献[113]稀疏先验	21.6887	17.6088	20.9042	19.4400	14.2682	11.9936	0.7893	0.5973	0.8090	0.7183	0.6394	0.4405
文献[71]稀疏先验	21.0135	17.8536	20.6366	19.6454	19.1248	17.1402	0.7742	0.6981	0.8211	0.7547	0.8166	0.5659
本章方法	22.6695	18.1056	22.6589	20.3905	20.9645	18.9295	0.8107	0.7049	0.8531	0.7689	0.8540	0.7626

(a) 原始图像

(b) kernel1 + 1%高斯白噪声退化图像[71]

(c) Richardson-Lucy复原图像

(d) 稀疏先验复原图像[113]

(e) Hyper-Laplacian 先验复原图像[71]

(f) 本章方法复原图像

图 6.5　几种复原方法的效果图

6.4　本章小结

针对图像复原的病态性问题，以视觉认知为指导将图像的统计先验信息引入图像复原。针对具有较好边缘结构的模糊图像，利用图像的边缘主导特性和高维奇异性，提出了一种基于有效边缘估计的图像复原方法；针对一般性的模糊图像，利用图像的自相似性和尺度不变性，提出了一种基于图像块相似性和稀疏先验信息的图像复原方法。实验结果验证了这两种方法的有效性。

第7章　基于视觉认知和字典学习的图像复原方法

在图像/视频复原的过程中，由于人是所有信息的最终接收者，影像中所包含的信息最终必须由人来进行分析、识别和理解，人类视觉的认知特性和计算机视觉的研究成果对于图像复原具有很好的启发意义。计算机视觉就是研究人类视觉的计算模型，利用计算机对描述景物的图像数据进行处理和分析，最终完成客观世界中三维场景的感知、识别和理解，以实现类似人眼的功能，是计算机科学和智能科学的重要组成部分，目前主要的研究方法有仿生学方法、工程方法和仅考虑系统输入输出的任何可行方法。随着仿生学人工智能和计算机摄影学（computational photography）的兴起，基于视觉认知的图像复原方法受到学者的广泛关注[82]。

鉴于视觉认知过程和特性在图像复原中的重要性，本章以人类视觉认知原理与计算机视觉方法的相关研究为基础，将HVS的对比敏感度特性和视觉认知的层次性引入图像复原之中。针对全局图复原的问题提出了基于视觉对比敏感度和图像稀疏表示的图像复原方法；根据视觉认知层次性和局部分块相似性的原理，提出了基于字典对联合学习的退化图像复原方法。实验结果表明了所提方法的有效性。

7.1　视觉认知与图像表征

随着人工智能技术的进步，HVS视觉认知的概念已经应用于图像处理，并开始应用于图像质量的预测。

7.1.1　HVS的层次结构与计算机视觉的处理机制

HVS具有非常复杂的层次结构，主要体现在腹部通路和背部通路处理视觉信息的过程中，其层次划分和各层次的任务如下[122]。

（1）初级视觉：主要任务是从图像数据中获取最基本的特征，如颜色、亮度、纹理等。

（2）中级视觉：主要任务是在低级视觉处理的基础上进一步抽取更高等级的特征信息，如图像边缘、区域分割、闭合形状以及个体特征等。

（3）高级视觉：根据前面处理所得到的结果，通过经验性的知识和联想推理，对图像中的景物进行识别并对内容进行语义性的解释和描述。

通过从低级到高级的视觉信息处理，HVS 完成从图像信号到语义符号的转换工作，数字世界的点阵上升为概念世界的描述，即图像理解。视觉信息处理是获得视觉信息语义的过程，需要经过一系列连续阶段的串并信息处理，常见的计算机视觉信息处理机制如下[122]。

（1）直接和间接处理：前者的视觉信息不需要经验知识，而依据初级视觉特征直接处理；后者强调在经验知识指导下的间接处理，需要经过知识表示、联想推理和自主学习等智能过程。完整的视觉信息处理过程需要直接处理和间接处理协同工作。

（2）自下而上和自上而下处理：前者又称数据驱动的处理机制，通过融合局部显著性和全局显著性得到视觉显著性，并引入各种因子计算注意焦点的选择和转移情况，然后进行显著区的检测，对应于上述的直接处理机制；后者又称任务驱动的处理机制，在任务的指导下将注意力集中于特定目标，计算注意焦点的选择和转移情况，然后根据该情况进行显著区的检测，属于高级认知过程。

（3）全局和局部处理：认知心理学研究表明，感知对象的全局特征先于局部特征（整体优先效应），全局处理是局部处理的一个必要阶段。

（4）模式识别：将所感知的模式进行命名和表示，纳入记忆的范畴并与长时记忆中的模板进行比较，最后决定最佳匹配的结果。

综上所述，what 信息用于驱动自底向上的注意，形成感知和进行目标识别，where 信息用于驱动自顶向下的注意，模拟人类视觉感知系统的机制处理空间信息，为目标检测和识别提供生物学基础。

7.1.2　HVS 的选择注意机制与相关模型

生物学研究表明，视网膜的感知和映射呈现非均匀性，这种非均匀性是视觉注意机制的生物基础。因此，通过有意识的眼动、头动、身体移动等行为选择信息，配合注意力机制形成对感兴趣区域的凝视，使得人眼在保持对感兴趣目标高分辨率的同时又能对视野中其他区域保持警戒。将选择注意机制引入图像认知任务，对不同区域配置不同的计算资源，可有效降低算法复杂度，提高系统的工作效率。人眼的这种变分辨率机制及注意力机制为计算机视觉系统的发展提供了一条新思路[122]。

视觉选择注意机制的本质是从复杂场景中寻找感兴趣的目标，并对目标进行定性和定量分析，涉及图像处理、图像分析和图像理解等层面。视觉心理学研究表明，HVS 选择性注意机制主要包括以下两种控制策略[82]。

（1）数据驱动的控制策略（驱动的随意性）：与视觉任务无关，完全由底层视觉刺激驱动，无法有意识地控制信息处理的过程，属于自动处理机制，速度快且在多通道中以空间并行方式处理，采用 Bottom-up 控制策略，属于视觉初级认知过程。

（2）任务驱动的控制策略（驱动的主观性）：在目标检测和识别等任务中，需要根据具体任务建立视觉期望，并在该期望的指导下选择感兴趣目标进行局部处理，是一种控制处理的过程，采用 Top-down 控制策略，属于视觉高级认知过程。

7.1.3 图像与图像变换的视觉建模

数字图像通常利用标量矩阵（灰度图像）或者矢量矩阵（彩色图像）表示，因为它们通常直接由电荷耦合器件阵列（如数码照相机）捕获，或者在（笔记本电脑或掌上电脑）液晶阵列中显示。本章将这种直接的矩阵表示 $\boldsymbol{u}=(u_{ij})$，或者模拟的理想化表示 $\boldsymbol{u}=u(x,y),(x,y)\in\Omega=(a,b)\times(c,d)$ 称为物理图像。虽然像素的矩阵表示简单直接，但是从信息论的角度来看，这绝对不是有效的表述方式。

对于给定的物理图像，可用某种变换将其转化为其他形式。从数学的角度来看，HVS（从光感受器、神经节细胞、外侧膝状体到初级视觉皮层 V1 等）就是通过细胞和神经系统实现的一种变换或生物表示算子，大量证据表明这种变换是非线性的[123, 124]。

对于图像的某种表示形式，如何判定其能否有效地对图像和视觉信息进行分析呢？图像建模或表示过程中应遵循的最普遍准则是要准确包含图像自身携带的三维世界的信息（材料、形状、位置等），并能够突出相关的重要视觉特征。

如果任意图像 $\boldsymbol{u}$ 都能通过变换 $\boldsymbol{w}=T[\boldsymbol{u}]$ 被完美地重构出来，那么这种变换 T 就称为无损变换。也就是说，存在从 W 到 U 的（重构）逆变换 R，使得

$$\boldsymbol{u}=R[T[\boldsymbol{u}]],\quad 对于任意\ \boldsymbol{u}\in U \tag{7.1}$$

在图像（信号）处理中，通常称 T 和 R 为分析变换和合成变换。分析变换就是分析给定图像并提取关键特征和信息，合成变换则是用于从分析变换的输出中重构原始图像。

T 是单射，是无损变换的必要条件。对于自然语言，所容纳的词汇是相对稳定和有限的，如果有一本完整的字典，单射就足以保证无损。与此不同，自然图像是变化和无限的，不可能创建出包含世界上所有图像的字典。因此，基于字典和无损变换的图像表示方法在目前技术条件下是不可行的。取而代之，目前方法通常将重点聚焦在图像的内在视觉特征上，忽略一些不重要的视觉信息。尽管这种变换是有损的，但由于没有忽略重要的视觉信息，与之相关的重构过程则是合理的（如 JPEG 压缩）。

7.1.4　基于人眼视觉特性的图像表征方法

受人类视觉皮层神经元响应的启发，Olshausen 提出了一种有效的自然图像稀疏表示方法[125]，该方法将信号能量分解为较少原子的组合，而这些原子揭示了信号的主要特征与内在结构，能够有效地表征图像。目前，稀疏表示已广泛应用于图像处理与计算机视觉中，如图像复原、图像压缩和模式分类等。

神经学家研究灵长类动物初级视皮层的过程中，发现可利用二维 Gabor 函数模拟简单细胞的感受野[126]，用以描述视觉神经元的响应特性。其他视觉神经元如复杂细胞、超复杂细胞、栅格细胞等的计算模型也都是基于二维 Gabor 函数，只是对其进行了一些后续处理[123]。根据 Heisenberg 测不准原理，Gabor 函数具有最小面积的时频窗口，能够有效编码视觉信号，Jones 利用实验数据证实了 Gabor 函数的有效性[127]。但由于无法构建 Gabor 函数的完全正交基，这就意味着不存在利用相同滤波器分析和合成的精确重构，在正则化过程中会丢失许多细节信息，并在平坦区域产生人造伪像（如振铃、纹波等）。目前，Gabor 函数系数的稀疏性在不需要精确重构的场合已经成功应用于图像复原[128]。

图像的表征方法不仅要考虑数学和图像处理的准则，而且要考虑生物视觉原理、图像统计特性和感知质量。在视觉生理学原理和机制的基础上，Fischer 等指出基于人眼视觉特性的多分辨率变换应遵循以下准则[129]：

（1）通过 Gabor 滤波得到空间、频率和方向上的最优定位。

（2）增广数量的滤波方向。

（3）与简单细胞感受野的相似性。

（4）自可逆变换的精确重构。

（5）对对称特征和非对称特征都敏感的复数滤波。

与经典 Gabor 多分辨率相比，其最具创新性的工作在于引入带方向的复数高通滤波，并添加精确重构和自可逆的属性，提出了基于自可逆二维 log-Gabor 小波的图像稀疏表示方法[129]。

7.2　基于视觉认知特性的全局图像复原方法

在图像/视频复原的过程中，由于人是所有多媒体信息的最终接收端，影像所包含的信息最终必须由人来进行分析、识别和理解，所以人类的视觉认知特性对于图像复原具有很好的启发意义。

7.2.1 人眼视觉对比敏感度的机理

空间频率是指每度视角内刺激图像或图形的亮暗做正弦调制的栅条周数，单位是周/(°)，它由数学家傅里叶提出的振动波形理论发展而来，19 世纪 60 年代引入视觉系统的研究中，为视觉特性、图形知觉以及视觉系统信号传输、信息加工等研究提供了一条新的途径。利用空间频率描述视觉系统的特性时，栅条空间频率的大小和栅条本身的对比度都是重要的因素。栅条图形的对比度是（最高亮度−最低亮度）/（最高亮度 + 最低亮度）。调整某一空间频率下栅条的对比度，当观察者刚好有 50%的正确分辨率时，这个对比度就是该空间频率的对比阈限。对比阈限的倒数即观察者对这个空间频率的对比感受性。实验测定，人眼对比阈限是随空间频率的改变而改变的，是空间频率的函数，称为 CSF，它类似于光学系统的 MTF。一般视力正常的观察者对每度视角 7 周或 8 周的栅条最敏感，高于或低于这个频率时感受性都降低。如果空间频率超过每度视角 60 周时，无论对比度怎样增大，都不能看清栅条[130]。不能看清栅条时的频率称为截止频率，它可作为视觉锐度的指标，也可作为图像复原的先验条件。

不同实验所得的CSF形式虽有不同，但基本上都认为CSF是空间频率的函数，具有带通滤波器的性质，在中频段敏感度较强，而高、低频段敏感度较低。常用的 CSF 由 Mannos 和 Sakrison 给出[38]，具体形式如下：

$$H(f) = 2.6(0.192 + 0.114f)\mathrm{e}^{-(0.114f)^{1.1}} \tag{7.2}$$

其中，空间频率 $f = \sqrt{f_x^2 + f_y^2}$ (周/(°))，f_x、f_y 为水平、垂直方向的空间频率。CSF 特性曲线如图 7.1 所示，由该图可以看出，CSF 曲线在中频区域[3.6 30]对比度最敏感，在低频和高频处敏感度明显下降。

7.2.2 基于视觉对比敏感度与恰可察觉失真感知的图像复原方法

1. 图像的恰可察觉失真与频域的感知失真度量

设计具有感知失真控制的图像复原方法的第一步是选择一种度量失真的算法。在图像复原的过程中，确定失真恰好可感知的条件具有重要作用，即恰可察觉失真（just noticeable distortion，JND）条件。那么，小于 JND 阈值的感知无失真的条件就构成了图像复原的最终目标。通过定义，一种基于 JND 的图像感知模型应该能够在空间域像素或者频域变换系数水平上量化图像的失真程度。

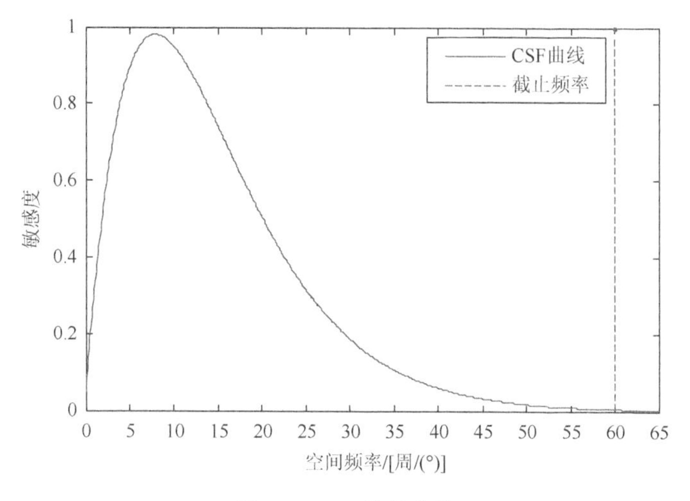

图 7.1　CSF 特性曲线

本节所用的感知失真度量方法是基于概率和模型的[131]，该模型考虑了一系列的独立检测器，每条子带各有一个。在子带系数 (b,n_1,n_2) 位置处检测到失真的概率 $P_{(b,n_1,n_2)}$ 也就是检测器将要发出失真信号的概率。$P_{(b,n_1,n_2)}$ 由心理学函数决定，一般建模为指数函数形式：

$$P_{(b,n_1,n_2)} = 1 - \exp\left(-\left|\frac{e(b,n_1,n_2)}{t_{\mathrm{JND}}(b,n_1,n_2)}\right|^{\beta_b}\right) \tag{7.3}$$

其中，$e(b,n_1,n_2)$ 是 (b,n_1,n_2) 位置处的量化误差；$t_{\mathrm{JND}}(b,n_1,n_2)$ 代表 (b,n_1,n_2) 位置处检测的 JND 阈值；β_b 是调节参数，调整该值可使心理学实验所得函数更好地吻合图像的特定失真类型。在概率和模型中，研究失真概率总和随空间的变化关系，得到 $\beta_b \approx 4$ [131]。这样，在式（7.3）中，检测概率 $P_{(b,n_1,n_2)} = 0.63$ 时，量化误差 $e(b,n_1,n_2)$ 与 JND 阈值是相等的，该检测概率可作为感知无失真复原的目标。

文献[131]的概率和模型假设对于特定的感兴趣区域 $R = \{(b,n_1,n_2):(b,n_1,n_2)\}$ 具有相同的局部化检测概率 $P_{(b,n_1,n_2)}$，采用该假设能够计算一个很小的局部化失真检测概率。该概率和方案基于以下两个重要假设。

假设 7.1　在感兴趣区域 R 中只要有一个检测器发出存在失真的信号，即可检测到失真；也就是说，只要有一个量化误差 $e(b,n_1,n_2)$ 高于 JND 阈值，就认为失真是可察觉的。

假设 7.2　一个特定的检测器发出存在失真的概率与其他检测器发出失真的概率是独立的，即检测概率 $P_{(b,n_1,n_2)}$ 是独立的。

在 HVS 中，最高的视觉锐度受到凹区大小的限制，约覆盖 2°大小的视觉角度[40]。令 $F_{(b,n_1,n_2)}$ 代表以 (n_1,n_2) 为中心，覆盖 2°视角的子带 b 中的区域，这样在该凹区中检测到失真的概率 $P_{F_{(b,n_1,n_2)}}$ 可表示为

$$P_{F_{(b,n_1,n_2)}} = 1 - \prod_{(b',m_1,m_2)\in F_{(b,n_1,n_2)}} (1 - P_{(b',m_1,m_2)}) \tag{7.4}$$

把式（7.3）代入式（7.4）可得

$$P_{F_{(b,n_1,n_2)}} = 1 - \exp(-(D_{F_{(b,n_1,n_2)}})) \tag{7.5}$$

其中，

$$D_{F_{(b,n_1,n_2)}} = \left(\sum_{(b',m_1,m_2)\in F_{(b,n_1,n_2)}} \left| \frac{e(b',m_1,m_2)}{t_{\text{JND}}(b',m_1,m_2)} \right|^{\beta_b} \right)^{1/\beta_b} \tag{7.6}$$

这样，在凹区 $F_{(b,n_1,n_2)}$ 中最小化检测到失真的概率等同于最小化 $D_{F_{(b,n_1,n_2)}}$，$D_{F_{(b,n_1,n_2)}}$ 可利用指数为 β_b 的闵可夫斯基距离计算。子带 b 的失真度量 D_b 可定义为该子带中任意凹区 $F_{(b,n_1,n_2)}$ 检测到失真的最大概率，对共同的凹区失真 $D_{F_{(b,n_1,n_2)}}$，可利用 $\beta=\infty$ 的闵可夫斯基距离计算（相当于一个最大化操作），公式如下：

$$D_b = \max_{n_1,n_2}\{D_{F_{(b,n_1,n_2)}}\} \tag{7.7}$$

整幅图像的全局失真度量定义为所有凹区检测到失真的最大概率，其通过子带内和子带间共用的凹区失真 $D_{F_{(b,n_1,n_2)}}$ 表示，利用 $\beta=\infty$ 的闵可夫斯基距离计算，公式如下：

$$D = \max_b D_b = \max_{(b,n_1,n_2)}\{D_{F_{(b,n_1,n_2)}}\} \tag{7.8}$$

2. 图像的多尺度域的 JND 阈值

本节采用 DCT 分解和重构图像，把图像分解为具有频率和方向选择性的子带，这些子带的自身敏感性和掩码属性是不同的。第 n 条子带由第 n 个 DCT 系数的集合组成。令 $c_{i,j,k}$ 代表第 k 个 8×8 块在位置(i,j)处的 DCT 系数，这里 k 是以逐行扫描顺序所得图像块的序号，并且 $0 \leqslant i,j \leqslant 7$。假设图像由 K_1 个沿垂直方向的 8×8 块和 K_2 个沿水平方向的 8×8 块构成。那么将 DCT 图像块的系数 $c_{i,j,k}$ 映射到 DCT 子带 $c_{(b,n_1,n_2)}$ 中，可得结果如下：子带序号 $b=8i+j$，子带内系数的位置分别为 $n_1=\lfloor k/K_2 \rfloor$，$n_2=k-n_1K_2$。所有的 DCT 系数相当于相同的二维 DCT 基函数在保留 DCT 块空间排序的同时集合到一个子带中。

DCT 系数量化失真的感知模型为每条子带提供了一个 JND 阈值 $t_{\text{JND}}(b,n_1,n_2)$，可通过对比敏感性和对比度掩盖效应计算该阈值，公式如下：

$$t_{\text{JND}}(b,n_1,n_2) = t_{\text{DCT}}(b,n_1,n_2) \cdot \alpha_{\text{CM}}(b,n_1,n_2) \tag{7.9}$$

其中，$t_{\mathrm{DCT}}(b,n_1,n_2)$ 是基于背景亮度的对比敏感度阈值；$\alpha_{\mathrm{CM}}(b,n_1,n_2)$ 是对比度掩盖效应。

基于背景亮度调整的对比敏感度阈值 $t_{\mathrm{DCT}}(b,n_1,n_2)$ 是子带 b 对于均匀亮度的背景产生最小对比度的视觉信号的度量，该阈值的倒数表示在 DCT 基函数的频率和方向上人眼对背景亮度的敏感性。

对比敏感度模型考虑了屏幕的分辨率、取景距离、最小显示亮度 $L_{\min}$ 和最大显示亮度 $L_{\max}$。为了方便图像的分解和重构，假设显示器可以进行 gamma 修正，这意味着信号强度可以线性地转化为亮度。

对比敏感度阈值 $t_{\mathrm{DCT}}(b,n_1,n_2)$ 可通过式（7.10）计算[132]：

$$t_{\mathrm{DCT}}(b(i,j),n_1,n_2)=\frac{MT_{i,j}(n_1,n_2)}{2\alpha_i\alpha_j(L_{\max}-L_{\min})} \tag{7.10}$$

其中，$T_{i,j}(n_1,n_2)$ 是 DCT 块(n_1, n_2)中由 DCT 系数 $c_{i,j}$ 的量化产生的亮度误差的对比敏感度；M 是灰度级数；$L_{\min}$ 和 $L_{\max}$ 是最小和最大显示亮度；α_i 和 α_j 是 DCT 系数归一化因子，通过式（7.11）给定：

$$\alpha_p=\frac{1}{\sqrt{N_{\mathrm{DCT}}}}\begin{cases}1, & p=0\\ \sqrt{2}, & p\neq 0\end{cases} \tag{7.11}$$

其中，N_{DCT} 代表 DCT 块的大小，其值等于 8。

$T_{i,j}(n_1,n_2)$ 的取值取决于 Ahumada 和 Peterson 的参数模型[132]，该模型在 log 空间频率中通过抛物线近似估计 DCT 系数的对比敏感度。$T_{i,j}(n_1,n_2)$ 通过式（7.12）计算：

$$T_{i,j}(n_1,n_2)=10^{g_{i,j}(n_1,n_2)} \tag{7.12}$$

其中，

$$g_{i,j}(n_1,n_2)=\lg\frac{T_{\min}(n_1,n_2)}{r+(1-r)\cos^2\Theta_{i,j}}+K(n_1,n_2)(\lg f_{i,j}-\lg f_{\min}(n_1,n_2))^2 \tag{7.13}$$

与 DCT 系数 $c_{i,j}$ 相联系的空间频率 $f_{i,j}$ 通过式（7.14）计算：

$$f_{i,j}=\frac{1}{2N_{\mathrm{DCT}}}\sqrt{\frac{i^2}{\omega_x^2}+\frac{j^2}{\omega_y^2}} \tag{7.14}$$

$f_{i,j}$ 的方向角度 $\Theta_{i,j}$ 可通过式（7.15）计算：

$$\Theta_{i,j}=\arcsin\frac{2f_{i,0}f_{0,j}}{f_{i,j}^2} \tag{7.15}$$

抛物线的参数依赖于背景亮度，通过以下公式计算：

$$T_{\min}(n_1,n_2)=\begin{cases}\left(\dfrac{L(n_1,n_2)}{L_T}\right)^{\alpha^T}\dfrac{L_T}{S_0}, & L(n_1,n_2)\leqslant L_T\\ \dfrac{L(n_1,n_2)}{S_0}, & L(n_1,n_2)>L_T\end{cases} \tag{7.16}$$

$$f_{\min}(n_1,n_2)=\begin{cases}f_0\left(\dfrac{L(n_1,n_2)}{L_f}\right)^{\alpha^f}, & L(n_1,n_2)\leqslant L_f\\ f_0, & L(n_1,n_2)>L_f\end{cases} \tag{7.17}$$

$$K(n_1,n_2)=\begin{cases}K_0\left(\dfrac{L(n_1,n_2)}{L_K}\right)^{\alpha^K}, & L(n_1,n_2)\leqslant L_K\\ K_0, & L(n_1,n_2)>L_K\end{cases} \tag{7.18}$$

式（7.13）～式（7.18）中的恒量有

$$r=0.7,\quad N_{\mathrm{DCT}}=8,\quad L_T=13.45\mathrm{cd/m^2},\quad S_0=94.7,\quad \alpha_T=0.649$$

$$f_0=6.78\text{周}/(°),\quad \alpha_f=0.182,\quad L_f=300\mathrm{cd/m^2}$$

$$K_0=3.125,\quad \alpha_K=0.0706,\quad L_K=300\mathrm{cd/m^2}$$

屏幕距离和分辨率通过 ω_x 和 ω_y 输入，分别表示视觉角度下水平和垂直方向的像素大小。局部背景亮度 $L(n_1,n_2)$ 通过式（7.19）计算：

$$L(n_1,n_2)=L_{\min}+\frac{L_{\max}-L_{\min}}{M}\cdot\frac{\sum\limits_{(0,m_1,m_2)\in F_{(0,n_1,n_2)}}c(0,m_1,m_2)}{N_{\mathrm{DCT}}N(F_{(0,n_1,n_2)})}+m_g \tag{7.19}$$

其中，M 是图像中灰度级的数目；m_g 是输入图像的全局均值；$N(F_{(0,n_1,n_2)})$ 表示 (n_1,n_2) 位置处的凹区在子带 0 中包含的子带系数的个数。

用 D 表示以英寸为单位的取景距离（观察者与屏幕之间的距离），R 表示显示分辨率（单位为点/英寸），θ 表示凹区的视觉角度（大约为 2°），则 $N(F_{(b,n_1,n_2)})$ 能够通过式（7.20）计算：

$$N(F_{(b,n_1,n_2)})=\left(\left\lfloor\frac{2DR\tan(\theta/2)}{N_{\mathrm{DCT}}}\right\rfloor\right)^2 \tag{7.20}$$

其中，$\lfloor\ \rfloor$ 表示取邻近的最大整数。例如，当取景距离为 $D=24\mathrm{in}$ [①]，显示分辨率为 $R=80\mathrm{dots/in}$；$N_{\mathrm{DCT}}=8$，$\theta=2°$ 时，$N(F_{(b,n_1,n_2)})=16$。

对比度掩盖效应 $\alpha_{\mathrm{CM}}(b,n_1,n_2)$ 是指一幅图像的成分（目标）由于另一幅图像成分（掩模）的出现在视觉上所产生的改变，其度量了由掩模对比度引起的目

① 1in = 2.54cm。

标信号的检测阈值的变化。掩模敏感度剖面图可认为是目标阈值与掩模对比度（target threshold versus masker contrast，TvC）的函数[130]，描述了掩模对于目标的检测阈值的变化。对比度掩盖效应的模型来源于正弦曲线栅格掩模的非线性变换模型[130]，可通过式（7.21）给定：

$$\alpha_{\mathrm{CM}}(b,n_1,n_2)=\begin{cases}\max\left\{1,\left|\dfrac{c_{F_{(b,n_1,n_2)}}}{t_{\mathrm{DCT}}(b,n_1,n_2)}\right|^{0.6}\right\}, & b\neq 0\\ 1, & b=0\end{cases} \tag{7.21}$$

其中，$c_{F_{(b,n_1,n_2)}}$ 是凹区 $F_{(b,n_1,n_2)}$ 中 DCT 系数的平均幅值。

3. 具有感知失真控制的多尺度域图像复原

实现自适应图像复原的难点在于需要调整频域的编码系数，以更好地适应人类视觉的感知特性，但许多编码系数不能改变，以确保能够重构出原始图像。这样，图像复原的目标为在不改变原始图像的情况下利用 JND 阈值 $t_{\mathrm{JND}}(b,n_1,n_2)$ 对每个系数 $c(b,n_1,n_2)$ 的权重进行自适应的调整，使复原图像满足期望的感知失真 D_T。本节提出的具有感知失真控制的自适应图像复原方法的具体流程如下。

首先，采用 DCT（也可采用其他频域变换方法，如 log-Gabor）分解图像，并对频域中每个尺度下的每条子带进行单独处理；利用本节第 2 部分的方法计算 JND 阈值 $t_{\mathrm{JND}}(b,n_1,n_2)$，并采用闵可夫斯基距离计算子带失真 D_b。该量化过程从低通子带开始，可用于估计局部亮度，并计算其他子带的 JND 阈值。

然后，对于每条子带引入通道权重 w_b 以减小目标的感知失真，并利用两段对分法对其进行调整[133]，直至目标的感知失真恰好达到期望的失真 D_T。在每次迭代中，当前子带的感知失真度量 D_b 可利用式（7.7）计算。如果 $D_b \leqslant D_T$，利用两段对分法增加 w_b 的值，否则减少其值。当 w_b 不再改变时，迭代过程终止。由于 w_b 是一个 8 位的整数，最多 9 次迭代后，两段对分处理过程即终止。确定通道权重 w_b 的最优值之后算法转入下一个子带。

最后，利用 DCT 逆变换进行图像重构。重复上述步骤，直至所有尺度下的所有子带都通过通道权重的调整；利用式（7.2）对每条子带中的系数进行视觉敏感度加权，加权后的系数 $\overline{c}_{n,n_c}^{s}=H(f_s)\cdot c_{n,n_c}^{s}$，其中 s 是尺度个数，n 表示该尺度的子带数，n_c 表示该子带的系数个数；应用 DCT 逆变换对视觉感知加权后的系数进行重构以完成图像复原。

7.2.3　实验与分析

本章在 Intel（R）Xeon（R）2.27GHz CPU，4GB 内存的硬件环境和 Windows7 32 位系统，MATLAB R2010a 的软件环境条件下进行实验。实验采用 LIVE IQA 库[134]，库中包含 JPEG 压缩失真、JPEG2000（JP2K）压缩失真、白噪声（white noise，WN）模糊、高斯模糊（Gauss blur，GB）和 Rayleigh 快衰落（fast fading，FF）信道失真共 5 种失真类型，29 幅参考图像和 982 幅具有不同失真程度的退化图像。为客观评价算法的性能，采用 BRISQUE 和 BIQI 两种无参考型图像质量评价（image quality assessment，IQA）指标定量地评价复原效果[135]，这两种指标不仅能够很好地评价图像质量，而且与人类视觉感知具有很高的一致性。

由于目前的大多数复原方法往往针对某种类型的退化过程建立模型，所得方法仅仅对特定类型的失真具有很好的效果，而本章方法是不依赖于失真类型的，因此本章也选择与失真类型不相关的经典 IBD 算法对比复原效果，对 LIVE 图像库中 5 种失真类型的图像的复原结果如图 7.2 所示。

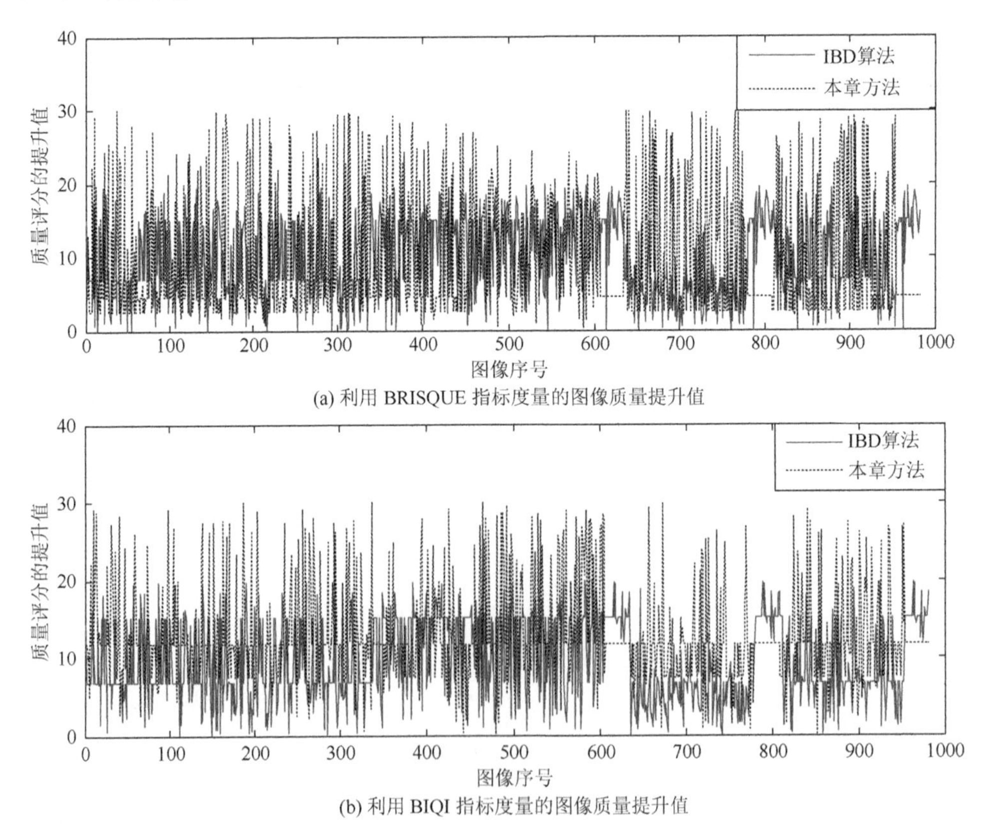

(a) 利用 BRISQUE 指标度量的图像质量提升值

(b) 利用 BIQI 指标度量的图像质量提升值

图 7.2　与经典迭代盲复原算法的性能对比

在图 7.2 中，横坐标代表图像序号，依次对应 LIVE 图像库中 227 幅 JPEG2000、233 幅 JPEG、174 幅 WN、174 幅 GB、174 幅 FF 共 982 幅失真图像；纵坐标代表质量评分（其变化范围为[0, 100]）的提升值。从图中可以看出，本章方法对 5 种失真类型的图像都有较好的复原效果，图像的感知质量有了一定的提升，而且复原效果明显优于经典的 IBD 算法。

7.3　基于字典学习和局部分块相似性的图像复原方法

生理学研究表明，HVS 能够自动适应于自然环境中输入刺激的统计特性，并通过视觉皮层中不同神经元的感受野的层次处理实现对景物的稀疏编码。本节通过模拟 HVS 的感知机制完成对图像的稀疏表示，将神经元建模为字典中的原子，整个字典则对应于本原视觉皮层中的神经元整体，原子具有类似神经元的响应特性，即空间局部性、方向性和带通性，并且只匹配特定的局部几何结构。

7.3.1　图像块的稀疏分解与字典学习

近年来的图像复原方法大都基于图像块的稀疏分解[116, 136]。对于字典矩阵 $\boldsymbol{D}=[d_1,\cdots,d_k]\in\mathbf{R}^{m\times k}$，信号 $\boldsymbol{x}\in\mathbf{R}^m$ 能够分解为 $\boldsymbol{D}$ 的某些列的组合，所得结果称为原子或者字典元素。在典型的图像处理应用中，m 相对较小，k 可能比 m 要大，例如，对于大小为 8×8 的图像块 $m=64$，$k=256$。如果 $\mathbf{R}^k$ 中存在一个稀疏向量 $\boldsymbol{a}$，以至于 $\boldsymbol{x}$ 能够通过乘积 $\boldsymbol{Da}$ 进行估计，则认为字典 $\boldsymbol{D}$ 较好地适应向量 $\boldsymbol{x}$。

在实际的应用中，字典的优劣取决于它们对信号稀疏描述的适应程度。构建字典通常有两种方法：①在特定的模型下通过预先规定构建字典，目前比较成功的应用有短时傅里叶变换、小波变换、Curvelet、Ridgelet、Contourlet 等，由于字典的理论属性能够被很好地分析，通常能够设计快速的算法计算图像的稀疏表示。②在一组信号样例集上通过学习构建字典。Elad 等[116]的研究表明基于学习构建的字典能够比预先规定的字典产生更好的图像复原效果，对于大小为 m 的 n 个图像块的数据库，经典的字典学习难题通过下面的最优化问题来解决：

$$\{\hat{\boldsymbol{D}},\hat{\boldsymbol{a}}_i\}=\min_{\boldsymbol{D}\in D,\boldsymbol{a}_i\in\mathbf{R}^k}\frac{1}{n}\sum_{i=1}^{n}\|\boldsymbol{x}_i-\boldsymbol{D}\boldsymbol{a}_i\|_2^2+\lambda\|\boldsymbol{a}_i\|_1 \tag{7.22}$$

其中，$\boldsymbol{x}_i$ 是训练集的第 i 图像块；$\boldsymbol{a}_i$ 是与它相关的稀疏编码。为了防止 $\boldsymbol{D}$ 的列任意大（将产生任意小的 $\boldsymbol{a}$ 值），将字典 $\boldsymbol{D}$ 约束在矩阵集合 D（$\mathbf{R}^{M\times N}$ 上的子集）内，该矩阵列的 L_2 范数小于等于 1。目前已经有几种方法能够解决这个难题，主要包括采用序列方式更新 $\boldsymbol{D}$、向量 $\boldsymbol{a}_i$ 的方法[116]和基于随机估计的方法[137]。

在确定字典 $\boldsymbol{D}$ 上，图像块 $\boldsymbol{x}$ 的稀疏分解能够通过求解统计学中的 Lasso 优化或者信号处理中的基跟踪来完成，其表达式如下：

$$\min_{\boldsymbol{a}\in\mathbf{R}^k} \| \boldsymbol{x} - \boldsymbol{D}\boldsymbol{a}_i \|_2^2 + \lambda \| \boldsymbol{a} \|_1 \tag{7.23}$$

其中，$\boldsymbol{a}$ 是 $\boldsymbol{x}$ 关于字典 $\boldsymbol{D}$ 的稀疏编码，该编码属于集合 $\mathbf{R}^k$；λ 是控制解决方案稀疏性的参数。目前的研究表明，L_1 规整化能够产生 $\boldsymbol{a}$ 的稀疏解决方案，但是还未得出 λ 与有效稀疏性之间的直接解析关系[65]。

7.3.2 对典型字典学习图像复原方法的分析和改进

近年来，专家学者已经提出几种基于字典学习的图像复原方法[20, 136]。Yang 等对基于字典学习的图像复原做出了开创性的工作[136]，他们使用一对字典（$\boldsymbol{D}_b$，$\boldsymbol{D}_s$）进行学习，$\boldsymbol{D}_b$ 和 $\boldsymbol{D}_s$ 分别代表预处理的模糊块字典和未知的清晰块字典。预处理过程主要包含一系列相互关联的方向高通滤波器（梯度和拉普拉斯滤波）。在训练阶段，对字典 $\boldsymbol{D}_b$ 和 $\boldsymbol{D}_s$ 进行学习，以利用相同的稀疏编码分别表示预处理的模糊块和未知的清晰块。在测试阶段，对于新的预处理模糊块 $\boldsymbol{x}$，通过字典 $\boldsymbol{D}_b$ 分解得到其稀疏编码 $\boldsymbol{a}$，则 $\boldsymbol{D}_s\boldsymbol{a}$ 将是未知清晰块的估计。该方法易于实现，但是在训练和测试过程中存在不对称性的问题。在训练阶段，模糊块和清晰块同时用于获取稀疏编码，而在测试阶段，编码仅仅通过模糊块估计，这在后续的复原中可能会引入较大的误差。

Yu 等[20]提出一种基于分段线性估计（piecewise linear estimation，PLE）的泛化框架，可用于求解图像的反问题。首先，通过 MAP-EM 算法估计图像的 GMM；然后，在反问题稀疏估计的框架下证明 GMM/MAP-EM 的 PLE 与结构化稀疏估计之间的数学等价性；最后，利用 PCA 联合基组成的结构化过完备字典表示 PLE，所得 PLE 能够更稳定地完成稀疏估计。实验结果表明，该方法计算复杂度较低，而且对于图像修复、数码变焦和去模糊等问题具有很好的效果。

本节在这两种方法的基础上，对基于字典学习的图像复原方法的整个过程和关键步骤进行详细分析与改进，提出了一种新的基于字典对联合学习的退化图像复原方法。该方法通过训练和学习构建字典，并利用退化的模糊图像块重构原始的清晰图像块。本节方法训练成对的模糊/清晰图像块，通过字典学习确定模型参数，并利用局部稀疏模型完成图像复原。本节采用随机梯度下降法[138]求解相应的学习难题，其能够用于训练大型的图像块数据库（数量级一般为 10^7）。基于各向同性和各向异性模糊核的实验结果表明，本章方法与当前技术条件下的复原方法相比，复原效果更为理想。

7.3.3　基于字典对联合学习的退化图像复原方法

广义上讲，解析地研究系统的行为，学会如何提高系统性能的分析过程称为学习[139]。本节介绍怎样通过学习构建适合于退化图像复原的字典，与基于模型的方法[119, 136]类似，即在给定包含 n 对模糊/清晰图像块的训练集（从成对的模糊/清晰图像中获得）的条件下，估计字典模型参数。经典的字典学习难题是无监督的，而本章图像复原框架是有监督的，即尝试从模糊块中预测清晰块。

为了预测清晰块的某个像素值，需要观察其邻域的模糊像素。由于退化图像的微几何结构特征可能会被模糊算子破坏，所以清晰块和模糊块的尺寸应该是不同的，分别用 m_b 和 m_s 表示，并且 $m_b > m_s$。在测试阶段，对于一幅测试图像 $\boldsymbol{B}$，可通过 $\boldsymbol{B} = \boldsymbol{k} * \boldsymbol{S} + \boldsymbol{n}$ 估计潜在的清晰图像 $\boldsymbol{S}$，假设该退化过程的模糊特性与训练阶段的模糊特性相同，则可通过下面的方法估计 $\boldsymbol{S}$。

1. 图像复原的线性模型

对于空间变化的退化图像，在局部区域上可将退化图像块建模为清晰图像块和某个滤波的卷积。当模糊核的支撑域小于图像块的尺寸 m_s 和 m_b 时，就能够假设模糊块和清晰块之间是线性关系[67]。这样，可以利用简单的岭回归模型解决图像复原难题。给定成对的模糊/清晰图像块的训练集合 $(\boldsymbol{b}_i, \boldsymbol{s}_i), i = 1, 2, \cdots, n$，训练过程转化为寻求矩阵 $\boldsymbol{W}$ 以完成下面的优化难题：

$$\min_{\boldsymbol{W} \in \mathbf{R}^{m_s \times m_b}} \frac{1}{n} \sum_{i=1}^{n} \| \boldsymbol{s}_i - \boldsymbol{W} \boldsymbol{b}_i \| + \mu \| \boldsymbol{W} \|_F^2 \tag{7.24}$$

其中，$\| \boldsymbol{W} \|_F$ 代表矩阵 $\boldsymbol{W}$ 的 Frobenius 范数；n 是成对的训练图像块的数量；μ 是规整化参数，用以防止训练集上的过拟合，确保学习难题获取最优解。当 n 较大时（一般为 10^7），一般不会产生过拟合的问题，并且设置 μ 为很小的值（本章实验中 $\mu = 10^{-8}$），这样在实际应用中就能产生很好的结果。为了简化表示，下面舍弃了 $\mu \| \boldsymbol{W} \|_F^2$ 项。

测试过程：在确定参数 $\boldsymbol{W}$ 的条件下，给出一幅含噪的退化图像 $\boldsymbol{B}$，目标是复原一幅清晰的图像 $\boldsymbol{S}$。尽管在实际中有大量的训练集数据可以使用，但是由于噪声破坏了信号的高频信息，这样图像复原的线性模型可能会产生较大误差，一般可以采用两种方法处理这个问题：一是利用最新的去噪算法对退化图像 $\boldsymbol{B}$ 进行预处理；二是对复原的图像 $\boldsymbol{S}$ 进行后续处理。本节采用前一种方法，具体过程如下。

首先，对 $\boldsymbol{B}$ 进行预处理，$\tilde{\boldsymbol{B}}$ 为利用文献[71]的去噪算法所得的图像。利用 $\tilde{\boldsymbol{b}}_i$ 和 $\boldsymbol{s}_i$ 分别表示图像 $\tilde{\boldsymbol{B}}$ 和 $\boldsymbol{S}$ 内以像素 i 为中心的图像块，由于 $\tilde{\boldsymbol{b}}_i$ 是去噪图像 $\tilde{\boldsymbol{B}}$ 中的块，

所以此处块 $\boldsymbol{s}_i$ 与训练集中的块不同。但利用学习的线性模型，$\boldsymbol{s}_i = \boldsymbol{W}\tilde{\boldsymbol{b}}$ 是成立的。通过该模型，重构清晰图像 $\boldsymbol{S}$ 的难题能够表示为

$$\min_{\boldsymbol{S}} \frac{1}{n_s}\sum_{i=1}^{n_s} \| \boldsymbol{s}_i - \boldsymbol{W}\tilde{\boldsymbol{b}}_i \|_2^2 \tag{7.25}$$

其中，n_s 是图像 $\boldsymbol{S}$ 中块的数量。由于块之间的重叠，这种局部线性模型使得图像中每个像素与包含该像素的图像块有同样多的预测值。式（7.25）表示对所有像素位置处的预测值求平均；在基于图像块的模型中，这种整体估计的方法[116]是解决此类问题的经典方法。

虽然该模型容易理解和优化，但却存在一些缺陷。首先，在去噪过程中引入的一些微小误差可能会在复原过程中放大；其次，当图像的一些高频信息被模糊核完全抑制时（高频信息趋于 0），将不能利用局部线性模型复原图像（在傅里叶变换域相当于零系数与有限数字的乘积）。因此，本节引入非线性的模型。

2. 字典对联合学习的框架

Yang 等的研究表明学习多样字典建立低分辨与高分辨率图像块之间的关系[136]，对于图像复原是一种有效的方法。在该思想的基础上，本节提出一种基于字典对联合学习的退化图像复原方法，通过字典 $\boldsymbol{D}_s \in \mathbf{R}^{m_s \times k}$ 和字典 $\boldsymbol{D}_b \in \mathbf{R}^{m_b \times k}$ 进行学习，有效地解决了线性模型所遇到的不对称难题，具体过程如下。

1）训练过程

给定一组成对的含噪模糊/清晰图像块的训练集 $(\boldsymbol{b}_i, \boldsymbol{s}_i), i = 1, 2, \cdots, n$，通过下面的最优化模型构建字典对：

$$\{\boldsymbol{D}_b, \boldsymbol{D}_s, \boldsymbol{W}\} = \min_{\boldsymbol{D}_b \in D, \boldsymbol{D}_s, \boldsymbol{W}} \frac{1}{n}\sum_{i=1}^{n} \| \boldsymbol{s}_i - \boldsymbol{W}\tilde{\boldsymbol{b}}_i - \boldsymbol{D}_s \boldsymbol{a}^*(\boldsymbol{b}_i, \boldsymbol{D}_b) \|_2^2 \tag{7.26}$$

其中，$\boldsymbol{a}^*(\boldsymbol{b}_i, \boldsymbol{D}_b)$ 是式（7.27）稀疏编码难题的解决方案：

$$\boldsymbol{a}^*(\boldsymbol{b}_i, \boldsymbol{D}_b) \triangleq \arg\min_{\boldsymbol{a} \in \mathbf{R}^k} \| \boldsymbol{b}_i - \boldsymbol{D}_b \boldsymbol{a} \|_2^2 + \lambda \| \boldsymbol{a} \|_1 \tag{7.27}$$

在合理的假设条件下，该结果在字典 $\boldsymbol{D}_b$ 上是唯一的（更多的推导细节见文献[137]），研究表明，对于图像的复原任务，式（7.27）所得的字典始终是唯一的[139]。对于不同的任务或数据，Lasso 解决方案可能出现非唯一性问题，详见文献[138]。矩阵 $\boldsymbol{D}_b$ 和 $\boldsymbol{D}_s$ 是两个联合学习的字典，$\tilde{\boldsymbol{b}}_i$ 是 $\boldsymbol{b}_i$ 去噪后的结果，这样对于任意像素 i，$\boldsymbol{W}\tilde{\boldsymbol{b}}_i + \boldsymbol{D}_s \boldsymbol{a}^*(\boldsymbol{b}_i, \boldsymbol{D}_b)$ 是清晰块 $\boldsymbol{s}_i$ 的理想估计。合并两种模型的经典方法是对两个不同的预测器求和，将字典项添加到线性关系中以联合地优化两种模型，而不仅仅是对两个独立的预测器求平均，这种方法能够更准确地复原高频信息。

2）测试过程

通过求解下面的优化难题估计 $\hat{\boldsymbol{S}}$：

$$\min_{\boldsymbol{S}} \frac{1}{n_s} \sum_{i=1}^{n_s} \| \boldsymbol{s}_i - \boldsymbol{W}\tilde{\boldsymbol{b}}_i - \boldsymbol{D}_s \boldsymbol{a}^*(\boldsymbol{b}_i, \boldsymbol{D}_b) \|_2^2 \tag{7.28}$$

其中，$\boldsymbol{s}_i$、$\boldsymbol{b}_i$、$\tilde{\boldsymbol{b}}_i$ 分别是以像素 i 为中心的清晰图像 $\boldsymbol{S}$、含噪的模糊图像 $\boldsymbol{B}$ 和去噪的模糊图像 $\tilde{\boldsymbol{B}}$ 中的块。

式（7.26）定义的优化难题比式（7.22）中经典的字典学习难题和 Yang 等[136]构建的问题要更加困难，但是该式在退化图像复原中具有更好的性能。本节方法对字典 $\boldsymbol{D}_b$ 和 $\boldsymbol{D}_s$ 以及线性预测 $\boldsymbol{W}$ 进行学习，以使在给定块 $\boldsymbol{b}_i$ 的条件下能够准确地预测 $\boldsymbol{s}_i$。这种方法解决了线性模型[137, 140]遇到的不对称问题，但是它将产生更有挑战性的优化难题。本章在文献[138]字典学习框架的基础上，构建了下面的一种字典对联合学习的优化方法。

3. 字典对联合学习的优化

由于在字典对（$\boldsymbol{D}_b, \boldsymbol{D}_s$）和线性预测器 $\boldsymbol{W}$ 的学习过程中需要大量的训练样本（$\boldsymbol{b}_i, \boldsymbol{s}_i$），式（7.26）属于大尺度的学习难题。优化过程中的主要难点源于 $\boldsymbol{a}^*(\boldsymbol{b}_i, \boldsymbol{D}_b)$ 项，它是式（7.27）的稀疏编码问题。向量 $\boldsymbol{a}^*(\boldsymbol{b}_i, \boldsymbol{D}_b)$ 依赖于字典 $\boldsymbol{D}_b$，但由于 $\boldsymbol{D}_b$ 不可微，直接的梯度下降法是不可行的。

文献[138]的研究表明，这类难题具有一些渐近的特性，当训练样本很大时，采用随机梯度下降法是可行的。假定从某个概率分布中提取具有独立同分布的无限训练集（$\boldsymbol{b}_i, \boldsymbol{s}_i$），在不严格的假设条件下，可定义渐近的损失函数为

$$\begin{aligned} f(\boldsymbol{D}_b, \boldsymbol{D}_s, \boldsymbol{W}) &\triangleq \lim_{n\to\infty} \frac{1}{n} \sum_{i=1}^{n} \| \boldsymbol{s}_i - \boldsymbol{W}\boldsymbol{b}_i - \boldsymbol{D}_s \boldsymbol{a}^*(\boldsymbol{b}_i, \boldsymbol{D}_b) \|_2^2 \\ &= E_{(\boldsymbol{b},\boldsymbol{s})}[\| \boldsymbol{s} - \boldsymbol{W}\boldsymbol{b} - \boldsymbol{D}_s \boldsymbol{a}^*(\boldsymbol{b}, \boldsymbol{D}_b) \|_2^2] \end{aligned} \tag{7.29}$$

其中，（$\boldsymbol{b}, \boldsymbol{s}$）是随机变量，遵循低/高分辨率图像块的联合概率分布。

损失函数为无限训练集上的期望形式，通常采用随机梯度下降法优化该函数（推导过程见文献[137]和文献[138]），该方法是一个迭代过程，每次迭代从训练集中随机地提取一个元素。虽然训练集在实际应用中是有限的，但是实验结果表明 10^7 数量级的训练集就能够获得很好的结果。本节解决该类难题的方法与文献[138]在本质上是相似的，可以通过命题 7.1 说明。

命题 7.1　[f 的可微性]假设训练集（$\boldsymbol{b}, \boldsymbol{s}$）在连续的概率密度上有效，并且在字典 $\boldsymbol{D}_b$ 上与文献[138]具有相同的假设。那么，f 是可微的，并且

$$\begin{cases}\nabla_{\boldsymbol{W}} f = -E_{(\boldsymbol{b},\boldsymbol{s})}[2(\boldsymbol{s}-\boldsymbol{D}_s\boldsymbol{a}^* - \boldsymbol{W}\boldsymbol{b})\boldsymbol{b}^{\mathrm{T}}] \\ \nabla_{\boldsymbol{D}_s} f = -E_{(\boldsymbol{b},\boldsymbol{s})}[2(\boldsymbol{s}-\boldsymbol{D}_s\boldsymbol{a}^* - \boldsymbol{W}\boldsymbol{b})\boldsymbol{b}^{*\mathrm{T}}] \\ \nabla_{\boldsymbol{D}_b} f = -E_{(\boldsymbol{b},\boldsymbol{s})}[2(\boldsymbol{b}\beta^{*\mathrm{T}} - \boldsymbol{D}_b\boldsymbol{a}^*\beta^{*\mathrm{T}} - \boldsymbol{D}_b\beta^*\boldsymbol{a}^{*\mathrm{T}})]\end{cases} \tag{7.30}$$

其中，$\boldsymbol{a}^*$代表$\boldsymbol{a}^*(\boldsymbol{b},\boldsymbol{D}_b)$，并且

$$\beta^*_{\Lambda^c} = 0 \text{ and } \beta^*_{\Lambda} = -(\boldsymbol{D}_{b\Lambda}^{\mathrm{T}}\boldsymbol{D}_{b\Lambda})^{-1}\boldsymbol{D}_{s\Lambda}^{\mathrm{T}}(\boldsymbol{s}-\boldsymbol{D}_s\boldsymbol{a}^* - \boldsymbol{W}\boldsymbol{b}) \tag{7.31}$$

其中，Λ代表$\boldsymbol{a}^*$的非零系数的索引，对于任何向量$\boldsymbol{u}$，向量$\boldsymbol{u}_\Lambda$表示对应于索引Λ的向量$\boldsymbol{u}$的值；对于任意矩阵$\boldsymbol{U}$，矩阵$\boldsymbol{U}_\Lambda$表示对应于索引Λ的$\boldsymbol{U}$的列。

算法 7.1　随机梯度下降算法

输入：训练集$(\boldsymbol{b}_i,\boldsymbol{s}_i), i=1,2,\cdots,n$；参数$\lambda,\mu\in\mathbf{R}$；初始的模糊字典$\boldsymbol{D}_b\in D$；初始的清晰字典$\boldsymbol{D}_s$；迭代次数$T$；随机梯度下降法的学习速率参数$t_0$、$\rho$。

步骤：

For $t=1$ to T do

（1）从训练集中提取（$\boldsymbol{b}_t,\boldsymbol{s}_t$）。

（2）稀疏编码：计算$\boldsymbol{a}^* \triangleq \boldsymbol{a}^*(\boldsymbol{b}_t,\boldsymbol{D}_b)$。

（3）计算有效的集合：$\Lambda \leftarrow \{j : a^*[j]\neq 0\}$。

（4）通过式（7.31）计算β^*。

（5）选择学习的速率：$\rho_t \leftarrow \dfrac{\rho}{t+t_0}$。

（6）更新参数：

$\boldsymbol{W}\leftarrow\boldsymbol{W}+\rho_t(\boldsymbol{s}_t-\boldsymbol{D}_s\boldsymbol{a}^*-\boldsymbol{W}\boldsymbol{b}_t)\boldsymbol{b}_t^{\mathrm{T}}$；

$\boldsymbol{D}_s\leftarrow\boldsymbol{D}_s+\rho_t(\boldsymbol{s}_t-\boldsymbol{D}_s\boldsymbol{a}^*-\boldsymbol{W}\boldsymbol{b}_t)\boldsymbol{a}^{*\mathrm{T}}$；

$\boldsymbol{D}_b\leftarrow\Pi_D[\boldsymbol{D}_b+\rho_t(\boldsymbol{b}\beta^{*\mathrm{T}}-\boldsymbol{D}_b\boldsymbol{a}^*\beta^{*\mathrm{T}}-\boldsymbol{D}_b\beta^*\boldsymbol{a}^{*\mathrm{T}})]$。

End For

输出：学习的模型参数（$\boldsymbol{D}_b,\boldsymbol{D}_s,\boldsymbol{W}$）。

算法 7.1 给出了学习$\boldsymbol{D}_b$、$\boldsymbol{D}_s$和$\boldsymbol{W}$的方法。它是一种随机的梯度下降算法，在每次迭代中随机地提取训练集中的一个元素，计算式（7.30）中的期望项，然后将参数$\boldsymbol{D}_s$、$\boldsymbol{W}$、$\boldsymbol{D}_b$移动一个步长的距离进行下一次的迭代。$\boldsymbol{D}_b$约束在式（7.22）定义的集合D内，在每次迭代中都需要D上的正交投影，利用Π_D表示。

为了改进算法的效率，本节采用一种经典的启发式方法。在相同的时间内，提取η对训练集（如$\eta=500$），而不是提取单独的一对训练集；在给定的η个方向上计算式（7.30），并在平均的方向上移动模型参数$\boldsymbol{D}_b$、$\boldsymbol{D}_s$和$\boldsymbol{W}$。这种启发式

的方法提升了随机梯度下降算法的稳定性，并且能够获得更快的收敛速度。算法的优化难题是非凸的，本节通过如下方法进行处理：①利用文献[137]的SPAMS（sparse modeling software）工具处理块集合 $\boldsymbol{b}_i$，并使用式（7.22）的无监督框架学习字典 $\boldsymbol{D}_b$；②确定 $\boldsymbol{D}_b$ 后，式（7.26）就转化为凸的优化难题，确保了算法的稳定性。

7.3.4　实验与分析

为了验证本章方法的有效性，在 Pentium(R) Dual-Core 2.5GHz CPU、4GB 内存的硬件环境和 Windows 7、Visual Studio 2010 + MATLAB R2010a 的软件环境条件下进行实验。训练集数据库包含 10^7 个图像块，该库中的所有图像与测试过程中的图像都是不相关的，使用随机梯度下降法对模型参数进行学习。代码采用 C++和 MATLAB 混合编程来实现，字典学习的过程大约花费 6h，而测试单幅图像的时间一般都小于 1min，本实验采用的测试图像如图 7.3 所示。

(a) student sculpture

(b) church and capital

图 7.3　本实验采用的测试图像

对于非盲图像复原，通常利用仿真的退化图像定量地验证方法的有效性。尽管实验生成的退化图像与相机实际获取的退化图像有一些差别，但是仿真的退化图像能够在数值上更直观地评价复原方法的性能。对于训练数据库中的图像，利用不同的模糊核生成不同退化类型和不同退化级别的模糊/清晰图像对，字典尺寸 $k=512$。实验发现，复原图像的质量随着字典尺寸的增大而提升，512 是图像质量和计算消耗之间的较好折中。由于训练集的数量非常大，参数 μ 一般设置为非常小的值（本实验 $\mu=10^{-8}$）。块 m_s 和 m_b 分别设置为 7 和 11。λ 是规整化过程中的唯一参数，也直接影响复原的效果，可采用文献[68]和文献[139]的方格搜索法选择最优的 λ 值。

本实验采用 ISNR 评价复原方法的性能[4]，ISNR 的定义如下：

$$\mathrm{ISNR} = 10\lg \frac{\sum\limits_{(i,j)\in D_x} (\boldsymbol{y}(i,j) - \boldsymbol{x}(i,j))^2}{\sum\limits_{(i,j)\in D_x} (\hat{\boldsymbol{x}}(i,j) - \boldsymbol{x}(i,j))^2} \tag{7.32}$$

其中，$\boldsymbol{y}$、$\boldsymbol{x}$ 和 $\hat{\boldsymbol{x}}$ 分别是观察的模糊图像、理想的清晰图像和估计的复原图像；D_x 是 $\boldsymbol{x}$ 的限制域，或者限制域最关心的某个部分。

1. 各向同性退化图像的复原

本部分利用各向同性的退化图像测试本章方法的性能，图像退化的模糊类型与加性噪声的参数在表 7.1 中给出。本节的字典对联合学习方法（pairs of dictionaries jointly learning，PDJL）与经典的 Richardson-Lucy、Sparse gradient[113]、SA-DCT[68]和 BM3D[141]进行比较，表 7.2 给出了图 7.3 中两幅测试图像的 ISNR。从表 7.2 可以看出，本章方法对于表 7.1 的第 2～5 种退化图像的复原效果总体上优于当前技术条件下的其他方法，主要原因在于这 4 种退化的模糊核支撑域相对较小，而第一种退化的模糊核尺寸比图像块尺寸要大，复原性能不够理想。

表 7.1　图像退化的模糊类型与加性噪声的参数

序号	模糊参数	噪声的方差
1	9×9 的均匀模糊	0.308
2	$k(x_1,x_2)=1/(1+x_1^2+x_2^2)$	1
3	$k(x_1,x_2)=1/(1+x_1^2+x_2^2)$	9
4	$\boldsymbol{k}=[1\ 3\ 5\ 3\ 1]^{\mathrm{T}}[1\ 3\ 5\ 3\ 1]/255$	36
5	方差为 1 的高斯模糊	16

表 7.2　几种复原方法的 ISNR 比较

测试图像	student sculpture					church and capital				
退化参数的序号	1	2	3	4	5	1	2	3	4	5
退化图像的 ISNR	25.53	28.00	24.35	25.73	26.80	28.41	30.18	26.53	27.79	28.75
Richardson-Lucy	3.55	4.33	2.41	0.42	0.79	4.51	5.05	3.16	1.13	1.72
Sparse gradient	5.86	6.37	3.59	1.92	1.79	5.93	7.01	4.63	2.31	2.56
SA-DCT	6.94	7.74	4.15	2.60	2.93	8.82	8.90	5.32	3.49	3.35
BM3D	6.56	7.83	4.95	2.78	3.08	8.95	9.12	5.95	3.96	3.69
PDJL	4.99	8.07	5.12	2.74	2.91	6.01	9.27	6.29	3.81	3.98

2. 各向异性退化图像的复原

本部分利用各向异性模糊核库[106]测试本章的 PDJL 的性能。基于各向同性的实验结果表明 PDJL 对于模糊核尺度较大的情况，复原效果欠佳。因此本实验首先利用因子 2 对原始的模糊核进行下采样，使用的 8 个核如图 7.4 所示。退化图像加入方差为 1 的高斯白噪声，PDJL 与 Sparse gradient 方法[113]复原结果的 ISNR 在表 7.3 中给出。从表 7.3 可以看出，PDJL 对于各向异性退化图像的复原要优于 Sparse gradient 方法。

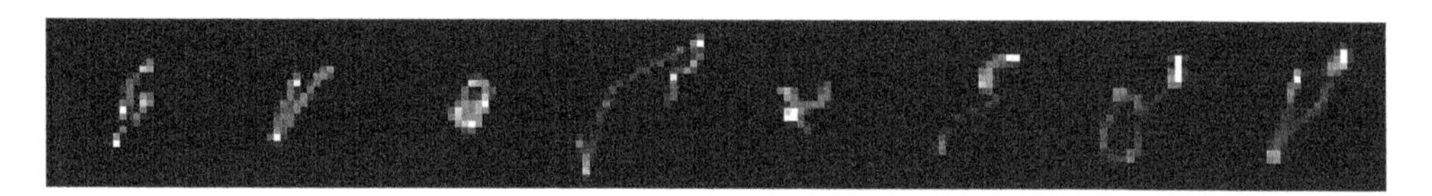

图 7.4　各向异性的模糊核

表 7.3　各向异性复原的 ISNR 比较

模糊核的序号	1	2	3	4	5	6	7	8
Sparse gradient	10.13	7.91	8.33	9.89	9.98	10.04	9.67	9.82
PDJL	10.75	7.48	9.16	10.35	10.36	11.18	8.71	11.20

7.4　本 章 小 结

本章研究了 HVS 的认知特性和图像的表征方法，并将视觉认知特性与计算机视觉方法引入图像复原中。针对全局图像复原的问题，提出了基于视觉对比敏感度与恰可察觉失真感知的图像复原方法；根据视觉认知的层次特性和局部分块相似性的原理，提出了基于 PDJL 的退化图像复原方法。实验结果验证了这两种方法的有效性。

第 8 章　基于视觉认知的视频序列图像复原方法

由于图像退化模式的复杂性（空间变化的运动模糊、深度变化的离焦模糊、湍流/气动光学效应退化等）和图像自身的复杂性（纹理区域、平坦区域、强弱边缘等），单幅图像所能够提供的退化信息非常有限，通常情况下对单幅模糊图像进行复原并不能得到理想的结果。另外，随着传感器和多媒体技术的进步，目前计算机视觉方面的应用大多基于视频序列而不是单幅的图像，如精确制导、远程感知和视频监控等。所以，许多专家开始转向研究视频序列图像的复原，事实证明在退化图像复原中使用视频序列图像确实能够比单幅图像获得更好的结果，因此视频序列图像的复原技术也成为近年来的研究热点[35]。

从广义上讲，图像/视频的复原技术包括单帧到单帧、多帧到单帧以及序列到序列三个方面，其中前两个方面的复原得到了广泛的研究，而序列到序列，即对视频序列中所有帧进行复原的研究则相对较少[142]。从理论上讲，任何单帧图像复原方法都能应用于视频序列中的连续各帧，以此实现视频的复原，即序列图像的静态批处理方法[69]。但在实际应用中，这种方法往往受到运算复杂度的限制，而且未能有效利用视频的帧间信息，导致复原结果的帧间连贯性较差。

本章以视频退化过程和退化机制的研究成果为先验知识，将图像/视频认知计算和复原方面的最新研究成果引入视频复原中。以时空体的思想为基础，提出一种增广拉格朗日的快速视频复原方法；针对湍流退化视频的复杂性，提出一种基于非凸势函数优化与动态自适应滤波的湍流退化视频复原方法。最后分别对复原方法进行了实验与分析。

8.1　图像几何校正、图像配准和运动补偿

在视频的获取过程中，相同或不同的成像设备在不同条件下（天气、光照、位置和角度等）获取的图像序列一般会有一定的差异，主要差异表现在分辨率、灰度属性、位置（平移、旋转和仿射变换等）、尺度、非线性形变等方面。因此在视频复原之前，需要对图像序列进行几何校正和图像配准。

8.1.1　图像的几何校正

目前的几何校正方法分为多项式校正法和共线方程校正法两类[122]。

（1）多项式校正方法是一种原理直观、计算简单，在实践中应用广泛的方法。该方法忽略了成像的空间变换过程，直接对图像形变进行数学模拟，将目标图像的形变看作平移、缩放、旋转、仿射等基本形变的综合作用，因此几何校正的坐标关系可以用一个适当的多项式表示，可利用已知控制点的坐标和最小二乘法求解多项式的系数。一般来说，控制点越多，多项式越复杂，几何校正的精度越高，但是需要消耗大量人力进行控制点的选取，精度受主客观因素的限制较大。

（2）共线方程校正法又称为数字微分法。该方法对成像设备的位置和姿态进行建模与解算，即对成像的几何形变进行严格描述，成像时的像点与场景中对应的物点在通过传感器中心的一条直线上。所以从理论上说，该方法比多项式校正方法更加严密，特别是在引入地面高程信息后，精度比多项式方法有较大提升。

8.1.2　图像配准

简单来说，图像配准就是将相同场景的不同图像对齐或进行广义匹配，其主要目的是消除图像之间存在的分辨率、灰度属性、位移等方面的差异，使参与配准的图像尽可能相似或者相同[122]。由此可知，图像配准也是一种视频复原的方法。

广义来讲，图像配准是建立图像三维信息或匹配特定目标的过程，其目的是使两幅图像的内容在拓扑和几何上对齐。数学上定义为：给定两幅待配准的图像 $f_1(x, y)$和 $f_2(x, y)$，令 $f_1(x, y)$为基准图像，$f_2(x, y)$为待配准图像，则图像配准为两幅图像在坐标位置和灰度级上的双重映射变换，可表示为

$$f_2(x,y) = g(f_1(l(x,y))) \tag{8.1}$$

其中，l 为二维的空间坐标变换；g 为一维的灰度变换。

判断两幅图像达到配准的衡量标准称为匹配准则，即在什么准则下，认为图像达到配准。配准准则可表示为寻找 f 和 g 的最小距离度量，如式（8.2）所示。

$$\min \| f_2(x,y) - g(f_1(l(x,y))) \|^2 \tag{8.2}$$

由于图像自身的复杂性，上述准则并不适用于一般的配准问题。在实际的应用中，一般采用图像的互相关和相关系数最大、匹配控制点的平方误差最小、边缘轮廓编码的匹配误差最小、结构特征的相似度量最大等。虽然各个匹配准则的侧重点不同，但都力求符合人类的某种视觉习惯或要求，同时这些基于统计学的匹配准则也暴露出许多方面的不足。与其他的一些计算机视觉任务相似，图像配准也是依赖于特定图像的，一般针对不同的问题和方法选择不同的配准准则。图像配准在许多应用领域有很大发展，如计算机视觉和模式识别、医学图像分析、遥感图像分析等。借鉴这些研究成果，将图像配准技术引入视频复原以提高算法性能，是一个很好的研究方向。

8.1.3 运动补偿

视频的相邻图像帧之间的差异一般很小，即相邻帧之间具有时域相关性，运动补偿的目的就是要尽可能地消除这种时域相关性。运动补偿首先要解决的问题是如何快速、有效地获得足够精度的运动矢量，即运动估计。在视频传输的过程中，传输运动矢量和残差值比传输整帧图像所需的比特数要少很多，当对第 N 帧进行处理时，利用编码器中的运动估计找到第 $N–1$ 帧中的最佳匹配块即可。运动补偿技术由以下四方面组成[122]。

（1）把图像分割为静止部分和运动部分。

（2）估计物体的位移值。

（3）用位移估值进行运动补偿。

（4）预测信息编码。

图像分割是运动补偿的基础，实际应用中要把图像分割成不同的运动物体比较困难，通常将图像分为适当大小的矩形子块。根据参考帧的选取方法和使用方法，可将运动补偿分为单向运动补偿、双向运动补偿和插值运动补偿。匹配程度的判定和搜索算法是运动补偿预测的两个核心问题。目前，常用的匹配准则有最小绝对值误差、最小均方误差和归一化互相关函数等数学指标，这些匹配准则都没有考虑人眼的视觉认知特性。

8.2 基于增广拉格朗日的快速视频复原方法

视频复原的静态批处理方法往往会受到运算复杂度的限制，而且未能有效利用相邻帧的复原信息，不仅浪费大量的运算资源，而且所得视频的帧间连贯性较差。为了改善视频复原的效率和帧间连贯性，专家学者做了大量的研究工作。Ng 等[34]将运动产生的几何扭曲合并到传统的图像解卷积模型中；Belekos 等[35]应用运动向量场作为先验条件进行视频复原；Chan 等[33]构建出当前解决方案和运动补偿形式的先前解决方案之间残差的规整化函数。另外一些方法大多基于时空体的思想，该思想由 Jahne[143]首次引入视频复原之中，并由 Shechtman 等[37]进行扩展和深化。时空体构建视频的栈结构以形成一个三维的数据结构，充分利用视频图像序列的时空相关性构建时间方向和空间方向的规整化函数，以此执行时间平滑性和空间平滑性，在消除模糊和噪声的同时能够很好地保持原始的细节信息。但是，时空体的信息要比单幅图像的信息多，这在规整化过程中会产生很多难以处理的问题。因此，Shechtman 等仅仅考虑了最小二乘 Tikhonov 规整化（存在封闭形式的解决方案）的情况[37]，而更加成熟的规整化函数（如全变分[34]和 L_1-估计[144]）

在这种框架下似乎是不可行的，主要由于这些非可微函数没有封闭的解决方案，目前的方法还很难有效地解决[141]。

本节在时空体思想的基础上，研究了视频复原的 TV 规整化方法（TV 范数可以是各向同性的，也可以是各向异性的），通过引入一种增广拉格朗日方法解决时空最小化难题。具体来说，就是将视频看作一个时空体，根据图像复原和视频复原的一些相似性，将图像复原的 TV/L_2 和 TV/L_1 最小化问题扩展到视频复原中，并利用增广拉格朗日方法求解最小化问题，实现了视频的快速复原。基于图像和视频的实验结果表明了本节方法的有效性。

8.2.1　时空 TV 的拉格朗日视频复原方法的框架和思想

本节采用时空体[37]的思想，在无须考虑运动补偿的情况下，通过时空联合全变分 $\|\boldsymbol{Df}\|_2=\sum\sqrt{|[\boldsymbol{D}_x\boldsymbol{f}]_i|^2+|[\boldsymbol{D}_y\boldsymbol{f}]_i|^2+|[\boldsymbol{D}_t\boldsymbol{f}]_i|^2}$ 控制时间误差。时间误差 $\boldsymbol{f}_k-\boldsymbol{f}_{k-1}$ 可分为时间边缘和时间噪声。时间边缘是由目标运动产生的剧烈变化，而时间噪声是在最小化过程中产生的人造伪像。与空间全变分相似，时间全变分在减少时间噪声的同时尽可能地保留时间边缘。另外，时空体保留了操作算子的块循环结构，因此能够达到非常快的计算速度。

由于图像复原和视频复原的一些相似性，可将图像复原的 TV/L_2 和 TV/L_1 最小化问题扩展到视频复原中。对于视频复原难题，TV/L_2 和 TV/L_1 最小化问题分别如下所示：

$$\min_f \ \frac{\mu}{2}\|\boldsymbol{Hf}-\boldsymbol{g}\|_2+\|\boldsymbol{f}\|_{\mathrm{TV}} \tag{8.3}$$

$$\min_f \ \mu\|\boldsymbol{Hf}-\boldsymbol{g}\|_1+\|\boldsymbol{f}\|_{\mathrm{TV}} \tag{8.4}$$

其中，$\|\cdot\|_2$ 和 $\|\cdot\|_1$ 分别是传统的 L_2 范数和 L_1 范数；TV 范数 $\|\boldsymbol{f}\|_{\mathrm{TV}}$ 可以是各向异性全变分范数：

$$\|\boldsymbol{f}\|_{\mathrm{TV1}}=\sum_i(\beta_x|[\boldsymbol{D}_x\boldsymbol{f}]_i|+\beta_y|[\boldsymbol{D}_y\boldsymbol{f}]_i|+\beta_t|[\boldsymbol{D}_t\boldsymbol{f}]_i|) \tag{8.5}$$

也可以是各向同性全变分范数：

$$\|\boldsymbol{f}\|_{\mathrm{TV2}}=\sum_i\sqrt{\beta_x^2[\boldsymbol{D}_x\boldsymbol{f}]_i^2+\beta_y^2[\boldsymbol{D}_y\boldsymbol{f}]_i^2+\beta_t^2[\boldsymbol{D}_t\boldsymbol{f}]_i^2} \tag{8.6}$$

其中，$[\boldsymbol{f}]_i$ 表示向量 $\boldsymbol{f}$ 的第 i 个元素；算子 $\boldsymbol{D}_x$、$\boldsymbol{D}_y$ 和 $\boldsymbol{D}_t$ 分别是沿着水平、垂直和时间方向的前向有限差分操作符，它们都具有循环边界条件，定义如下：

$$\begin{cases}\boldsymbol{D}_x\boldsymbol{f}=\mathrm{vec}(f(x+1,y,t)-f(x,y,t))\\ \boldsymbol{D}_y\boldsymbol{f}=\mathrm{vec}(f(x,y+1,t)-f(x,y,t))\\ \boldsymbol{D}_t\boldsymbol{f}=\mathrm{vec}(f(x,y,t+1)-f(x,y,t))\end{cases} \tag{8.7}$$

$(\beta_x, \beta_y, \beta_t)$ 是常量，用以控制每个方向的差分算子使其具有更大的灵活性，利用它们分别与 $\boldsymbol{D}_x$、$\boldsymbol{D}_y$ 和 $\boldsymbol{D}_t$ 相乘得到 $\boldsymbol{D}=[\beta_x\boldsymbol{D}_x^{\mathrm{T}},\beta_y\boldsymbol{D}_y^{\mathrm{T}},\beta_t\boldsymbol{D}_t^{\mathrm{T}}]^{\mathrm{T}}$ 。

本节以 TV/L_2 最小化难题为例来说明本节方法，TV/L_2 最小化难题的表达式为

$$\min_{f} \frac{\mu}{2}\|\boldsymbol{Hf}-\boldsymbol{g}\|_2+\|\boldsymbol{f}\|_1 \tag{8.8}$$

其中，μ 是规整化参数。本章首先引入中间变量 $\boldsymbol{u}$，将式（8.8）转化为一个等价的难题：

$$\begin{aligned}&\min_{f,u} \frac{\mu}{2}\|\boldsymbol{Hf}-\boldsymbol{g}\|_2+\|\boldsymbol{u}\|_1\\&\text{subject to } \boldsymbol{u}=\boldsymbol{Df}\end{aligned} \tag{8.9}$$

式（8.9）的增广拉格朗日形式为

$$L(\boldsymbol{f},\boldsymbol{u},\boldsymbol{y})=\frac{\mu}{2}\|\boldsymbol{Hf}-\boldsymbol{g}\|_2+\|\boldsymbol{u}\|_1-y^{\mathrm{T}}(\boldsymbol{u}-\boldsymbol{Df})+\frac{\rho_r}{2}\|\boldsymbol{u}-\boldsymbol{Df}\|_2 \tag{8.10}$$

求解增广拉格朗日的方法是寻找 $L(\boldsymbol{f},\boldsymbol{u},\boldsymbol{y})$的鞍点，这也是原始的式（8.8）的解决方案，可通过 ADM 迭代地求解下面的子问题来获得。

$$\boldsymbol{f}_{k+1}=\arg\min_{f}\frac{\mu}{2}\|\boldsymbol{Hf}-\boldsymbol{g}\|_2-y_k^{\mathrm{T}}(\boldsymbol{u}_k-\boldsymbol{Df})+\frac{\rho_r}{2}\|\boldsymbol{u}_k-\boldsymbol{Df}\|_2 \tag{8.11}$$

$$\boldsymbol{u}_{k+1}=\arg\min_{u}\|\boldsymbol{u}\|_2-y_k^{\mathrm{T}}(\boldsymbol{u}-\boldsymbol{Df}_{k+1})+\frac{\rho_r}{2}\|\boldsymbol{u}-\boldsymbol{Df}_{k+1}\|_2 \tag{8.12}$$

$$y_{k+1}=y_k-\rho_r(\boldsymbol{u}_{k+1}-\boldsymbol{Df}_{k+1}) \tag{8.13}$$

下面对上述子问题进行详细讨论和研究。

1. f-子问题

式（8.11）的解决方案可通过舍弃索引 k，考虑以下标准方程式得到。

$$(\mu\boldsymbol{H}^{\mathrm{T}}\boldsymbol{H}+\rho_r\boldsymbol{D}^{\mathrm{T}}\boldsymbol{D})\boldsymbol{f}=\mu\boldsymbol{H}^{\mathrm{T}}\boldsymbol{g}+\rho_r\boldsymbol{D}^{\mathrm{T}}\boldsymbol{u}-\boldsymbol{D}^{\mathrm{T}}\boldsymbol{y} \tag{8.14}$$

式（8.14）中的卷积矩阵 $\boldsymbol{H}$ 是三次的块循环矩阵，它能够使用 3D-DFT 矩阵进行对角化。因此，有以下封闭的解决方案：

$$\boldsymbol{f}=F^{-1}\left[\frac{F[\mu\boldsymbol{H}^{\mathrm{T}}\boldsymbol{g}+\rho_r\boldsymbol{D}^{\mathrm{T}}u-\boldsymbol{D}^{\mathrm{T}}\boldsymbol{y}]}{\mu|F[\boldsymbol{H}]|^2+\rho_r(|F[\boldsymbol{D}_x]|^2+|F[\boldsymbol{D}_y]|^2+|F[\boldsymbol{D}_t]|^2)}\right] \tag{8.15}$$

其中，F 表示三维傅里叶变换；在主循环外能够预计算矩阵 $F[\boldsymbol{D}_x]$、$F[\boldsymbol{D}_y]$、$F[\boldsymbol{D}_t]$、$F[\boldsymbol{H}]$，因此求解等式（8.14）的复杂度为 $O(n\log n)$，这也是三维傅里叶变换的复杂度；n 是时空容积 $f(x,y,t)$中元素的数量。

2. u-子问题

式（8.12）是公认的 u-子问题，它能够使用收缩公式[145]进行求解。令

$\boldsymbol{v}_x = \beta_x \boldsymbol{D}_x \boldsymbol{f} + \frac{1}{\rho_r} \boldsymbol{y}_x$（对于 $\boldsymbol{v}_y$ 和 $\boldsymbol{v}_t$ 有相似的定义），则 $\boldsymbol{u}_x$ 可通过式（8.16）给定。

$$\boldsymbol{u}_x = \max\left\{|\boldsymbol{v}_x| - \frac{1}{\rho_r}, 0\right\} \cdot \mathrm{sign}(\boldsymbol{v}_x) \tag{8.16}$$

对于各向同性 TV 的情况，解决方案可通过式（8.17）给定[146]。

$$\boldsymbol{u}_x = \max\left\{\boldsymbol{v} - \frac{1}{\rho_r}, 0\right\} \cdot \frac{\boldsymbol{v}_x}{\boldsymbol{v}} \tag{8.17}$$

其中，$\boldsymbol{v} = \sqrt{|\boldsymbol{v}_x|^2 + |\boldsymbol{v}_y|^2 + |\boldsymbol{v}_t|^2}$。根据 $\boldsymbol{u}_y$ 和 $\boldsymbol{u}_t$ 的相似定义，也能够得到 $\boldsymbol{u}_y$ 和 $\boldsymbol{u}_t$ 的相似解决方案。

算法 8.1　TV/L_2 最小化难题的拉格朗日求解方法

输入数据：$\boldsymbol{g}$ 和 $\boldsymbol{H}$。

输入参数：μ，β_x，β_y，β_t。

设置参数 ρ_r（缺省为 2），α_0（缺省为 0.7）。

初始化 $\boldsymbol{f}_0 = \boldsymbol{g}, \boldsymbol{u}_0 = \boldsymbol{D}\boldsymbol{f}_0, \boldsymbol{y} = \boldsymbol{0}, k = 0$。

计算矩阵 $F[\boldsymbol{D}_x], F[\boldsymbol{D}_y], F[\boldsymbol{D}_t], F[\boldsymbol{H}]$。

While 不收敛 do

（1）使用式（8.15）求解 f-子问题，即式（8.11）；

（2）使用式（8.16）求解 u-子问题，即式（8.12）；

（3）使用式（8.13）更新拉格朗日乘数；

（4）通过式（8.18）更新 ρ_r；

（5）检验收敛性：

　　If $\| f_{k+1} - f_k \|_2 / \| f_k \|_2 \leqslant \mathrm{tol}$ then

　　　Break

　　End If

End While

算法 8.1 展示了 TV/L_2 的拉格朗日求解方法的伪代码，TV/L_1 难题的拉格朗日解决方案与 TV/L_2 相似，本章不再赘述。

8.2.2　增广拉格朗日视频复原方法的参数选择

本小节讨论参数选择的问题。

1. μ 的选择

规整化参数 μ 用于交换最小平方误差和全变分惩罚，其对于求解最小化问题不是已知的先验信息。较大的 μ 趋向于给出比较清晰的结果，但是可能放大噪声；较小的 μ 给出较小的噪声结果，但是可能会平滑图像细节。近年来，操作分裂法取得了一些进步，能够用于求解约束最小化难题[70]，致使 μ 可利用噪声级别来替换（噪声估计能够使用第三方的算法来实现）；但实验发现，在通常情况下估计噪声水平比选择 μ 更加困难，对于视频来说，很难准确地估计噪声类型和级别。经验表明，对于 TV/L_2 最小化问题，图像/视频的合理 μ 值一般为$[10^3, 10^5]$；如果是 TV/L_1 最小化问题，μ 值一般为[0.1, 10]。

2. ρ_r 值的选择

本节提出的方法与 FTVd 方法[145]的一个主要的区别在于参数 ρ_r 的更新；另外一个区别是 FTVd 方法仅支持图像，而 8.2 节的方法还支持视频。在 FTVd 方法中，ρ_r 是一个确定的常量，但研究表明，采用如下倍增法的参数更新方案能够获得更快的收敛速度[147]：

$$\rho_r = \begin{cases} \gamma\rho_r, & \| \boldsymbol{u}_{k+1} - \boldsymbol{D}\boldsymbol{f}_{k+1} \|_2 \geqslant \alpha_r \| \boldsymbol{u}_k - \boldsymbol{D}\boldsymbol{f}_k \|_2 \\ \rho_r, & \text{否则} \end{cases} \tag{8.18}$$

其中，$\| \boldsymbol{u}_{k+1} - \boldsymbol{D}\boldsymbol{f}_{k+1} \|_2 \geqslant \alpha_r \| \boldsymbol{u}_k - \boldsymbol{D}\boldsymbol{f}_k \|_2$ 的条件指定关于常量 α_r 的约束违反行为；二次惩罚 $\frac{\rho}{2}\| \boldsymbol{u} - \boldsymbol{D}\boldsymbol{f} \|_2$ 是凸表面加上原始的目标函数 $\mu\| \boldsymbol{H}\boldsymbol{f} - \boldsymbol{g} \|_2 + \| \boldsymbol{u} \|_1$，以至于该问题被保证始终是凸的[148]。在理想情况下，残余项 $\frac{\rho_r}{2}\| \boldsymbol{u}_k - \boldsymbol{D}\boldsymbol{f}_k \|_2$ 应该随着 k 值增加而减小，若由于一些原因 $\frac{\rho_r}{2}\| \boldsymbol{u}_k - \boldsymbol{D}\boldsymbol{f}_k \|_2$ 没有增加，那么就能够相对于目标函数增加惩罚权重 $\frac{\rho}{2}\| \boldsymbol{u} - \boldsymbol{D}\boldsymbol{f} \|_2$，以强制 $\frac{\rho}{2}\| \boldsymbol{u} - \boldsymbol{D}\boldsymbol{f} \|_2$ 减少。因此，给定 α 和 γ（其中 $0<\alpha<1$ 和 $\gamma>1$），式（8.18）能确保约束违反行为渐近减少，以提高解的稳定性。在稳定的状态下，随着 $k \to \infty$，ρ_r 变成一个常量。在 TV/L_1 方法中，ρ_o 的更新遵循相似的方法。

ρ_r 初始值的选择范围为[2, 10]，该值不能太大（应小于 100），否则二次表面 $\| \boldsymbol{u} - \boldsymbol{D}\boldsymbol{f} \|_2$ 的作用将会干扰原始的目标函数，这样就可能找不到原始问题的解决方案。但是，ρ_r 也不能太小，否则二次表面 $\| \boldsymbol{u} - \boldsymbol{D}\boldsymbol{f} \|_2$ 的作用将变成可忽略的。经验表明 $\rho_r = 2$ 对于大部分的复原问题是鲁棒的。

8.2.3 实验与分析

本章在 Pentium（R）Dual-Core 2.5GHz CPU、4GB 内存的硬件环境和

Windows 7、MATLAB R2010a 的软件环境条件下进行实验。实验首先使用仿真的退化图像定量地评估 8.2 节的方法，然后使用真实的视频表明方法的一般适用性。

1. 图像复原实验

本实验利用 MATLAB 中 Barbara、Greens、Pepper、Cameraman、Coins 和 Liftingbody 共 6 幅图像作为参考图像，如图 6.4 所示。首先利用大小为 9×9、标准差为 2 的高斯滤波进行模糊，并添加高斯白噪声，使得 BSNR（blurred signal to noise ratio）为 25dB；然后分别采用 deconvwnr、deconvlucy、deconvreg、FTVd[81] 和 8.2 节的方法对生成的图像进行复原；最后利用 PSNR、SSIM、运行时间三个指标对复原算法进行比较，所得平均值如表 8.1 所示。PSNR 用于度量图像的保真度，但其是从统计学角度度量复原图像与原始图像对应像素间存在的误差，没有利用图像的任何位置信息和像素之间的相关性，并不能很好地反映人眼的感知特性，因此对于图像复原方法的评价是不够充分的[121]。而 SSIM 方法能有效避免传统客观质量评价方法的缺陷，从亮度、对比度和结构三方面度量复原图像与原始图像间的差异，在已知原始清晰图像的情况下，能够很好地评价复原算法的性能。从表中数据可以看出 8.2 节的方法要优于当前技术条件下的其他图像复原方法，其中 deconvwnr、deconvlucy 和 deconvreg 为 MATLAB 自带的图像复原函数，在明确知道 PSF 和噪声水平的情况下，这些复原方法也能较好地改善图像质量，并且具有较好的实时性。另外，8.2 节的方法与 FTVd 方法复原性能相近，但是实时性要好许多。

表 8.1　几种图像复原方法的性能比较

评价指标	deconvwnr	deconvlucy	deconvreg	FTVd	8.2 节的方法
PSNR/dB	19.4012	21.1653	20.4801	20.6900	21.2819
SSIM	0.7208	0.7851	0.8370	0.8609	0.8523
运行时间/s	0.0524	1.4835	0.2903	2.8350	1.4997

2. 视频复原实验

实验所用视频来自网络，首先利用大小为 9×9，标准差为 2 的高斯滤波进行模糊，并添加高斯白噪声，使得 BSNR 为 30dB，利用 PSNR、SSIM、E_S 和 E_T 四个指标评价算法性能。E_S 表示空间全变分，其定义为 $E_S=\sum_i\sqrt{|[\boldsymbol{D}_x\boldsymbol{f}]_i|^2+|[\boldsymbol{D}_y\boldsymbol{f}]_i|^2}$，用以度量空间平滑性，值越小越好；$E_T$ 表示时间全变分，其定义 $E_T=\sum_i|[\boldsymbol{D}_t\boldsymbol{f}]_i|$，用以度量时间平滑性，值也是越小越好[33]。表 8.2 为视频中所有帧的平均值，从表

中数据可以看出 8.2 节的方法要优于当前技术条件下的其他视频复原方法，能够较好地完成视频复原的任务，图 8.1 为 8.2 节的视频复原方法对两个视频中某一帧的处理结果。

表 8.2　几种图像复原方法的性能比较

视频帧	MarketPlace				OldTimers			
评价指标	PSNR	SSIM	E_S（10^4）	E_T（10^3）	PSNR	SSIM	E_S（10^4）	E_T（10^3）
文献[37]	25.3286	0.8570	1.1529	5.6527	21.9891	0.7871	1.3132	8.2309
文献[34]	26.0137	0.8652	1.0117	4.9596	22.3283	0.8029	1.2731	7.7085
文献[33]	26.8653	0.8819	0.9432	4.6374	23.3610	0.8115	1.1992	7.4078
8.2 节的方法	27.1017	0.8904	0.9662	4.3891	23.1781	0.8234	1.2037	7.3450

图 8.1　8.2 节视频复原方法的单帧图像复原结果

8.3　基于非凸势函数优化与动态自适应滤波的退化视频复原方法

湍流由温度不均匀的大气层所产生，温度变化产生不均匀的折光系数，这导致来自相同光源的光线通过不期望的路径到达目的地。另外，空气温度也随着时间快速变化，导致湍流退化图像在空间和时间上都是变化的。视觉上，通过大气湍流的图像/视频是扭曲和模糊的，失真趋向是混乱的。在相同的湍流条件下，影响图像退化的两个直接因素是探测器与探测目标的距离和成像设备的曝光时间。一般来说，探测器与探测目标的距离越远，图像退化越严重，在天文学领域，通常采用一个较近距离的向导目标度量失真，并使用该信息校准远距离的失真目标；而短曝光图像近似于“冻住”湍流，这样就在曝光时间内避开了时间变化的湍流的影响，随着数字成像技术和自适应光学系统的进步，成像设备的曝光时间逐渐缩短，这为精确求解湍流退化图像/视频的复原问题提供了可能性。处理这种短曝光湍流退化图像的经典方法是“平移和叠加”的思想[149]，该方法假设大部分 PSF 的能量以峰值为中心，不同 PSF 的峰值在相同位置是不同的，这导致不同的短曝光图像是无序的。通过对图像进行平移致使所有 PSF 的峰值排成一线，并对所有图像的总和进行复原能够获得比原始图像更好的复原效果，这种复原框架通常也称为“求和与去模糊”框架[150]。文献[151]通过应用一种预配准步骤提升求和与去模糊框架的性能，在对图像进行求和之前，与基准图像进行配准能够减少湍流引起的扭曲，配准后图像的求和能够进一步减少复原过程中的误差，产生更好的复原效果。

近几十年里，将一些最新的先验模型和鲁棒性方法引入变分算法之中，在图像复原和非刚性配准方面取得了巨大的进步。受这些方面成果的启发，本章重新研究湍流退化复原难题，并在湍流复原框架下引入当前技术条件下的配准和复原算法，首先采用一种两阶段的配准过程，包括 Lazaridis 和 Petrou 的刚性配准算法[152]和一种基于变分光流估计的非刚性配准算法；然后采用一种非凸优化的图像复原框架对首帧图像进行复原；最后对一种基于首帧参考高分辨率图像与 MAP 约束优化相结合的超分辨率复原方法进行扩展和改进，使其适应于湍流退化视频的复原。基于真实湍流视频的实验结果表明了本节方法的有效性和稳定性。

8.3.1　湍流退化视频的相关工作

1. 湍流退化视频序列的刚性全局配准

在湍流退化视频序列中，时间独立的全局平移会影响采集的退化图像。全局平移可能由相机抖动或较大空气块的运动所产生。这里采用标准的视频稳像方法是不合适的，由于它们瞄准最小化每两幅连续图像的平移，而本章需要最小化所有图像与潜在的原始图像之间的平移。由于潜在的原始图像是未知的，本章通过每幅图像与一幅基准图像之间的刚性全局配准使所有图像排列成一条直线，配准图像观察图像的平均或者中值[151]，这样就能粗略估计出潜在的原始图像。模糊图像序列与基准图像之间的刚性全局配准使用当前技术条件下的 Lazaridis 和 Petrou 算法[152]实现。简单地说，每个像素被指派一个代表它邻域 Walsh 变换的值，然后通过产生的特征图像建立关系实现配准[152]。文献[152]的研究表明全局配准步骤能够缩窄退化图像序列的偏移直方图，这样就减少了模糊核的宽度。真实湍流退化视频序列的实验结果表明估计的模糊核变小，并产生了更好的复原结果。

2. 非凸势函数优化与图像的全变分复原

自从 Geman 等[153]和 Mumford 等[154]在图像复原方面的开创性工作以来，变分方法中非凸势函数的应用已成为计算机视觉难题的一个标准范式。非凸性能够从不同的观点被启发和证明，包括鲁棒性统计[155]、非线性偏微分方程、自然图像统计。无数的实验表明[155]，对于计算机视觉难题选择非凸性势函数是正确的，但是应用非凸势函数找到合适的最小值是非常困难的。早期的方法基于退火类型的框架[153]和延拓的思想，如渐变非凸性算法[156]，但这些方法速度很慢，并且结果很大程度上依赖于初始的猜测值。Geman 和 Reynolds[157]首次在此方面取得突破，将平滑的非凸性势函数分解为一系列二次函数的下确界。这种变换启发出一种用以求解一系列二次难题的算法框架，即迭代重加权最小平方（iteratively reweighted least squares，IRLS）算法，该算法很快成为一种标准的求解方法，并在许多工作中被扩展和研究，详见文献[158]。

IRLS 算法仅仅在非凸性函数能够由上述二次函数很好估计的情况下才能被应用，这不包含非凸性 l_p 伪范数，$p \in (0,1)$，它在 0 处不可微。Candès 等[159]通过迭代重加权 l_1（iteratively reweighted l_1，IRL1）算法解决了这个难题，能用于求解一系列的非平滑 l_1 难题。IRL1 算法起初用在 l_1 规整化压缩感知难题中以改进稀疏属性，后来发现该算法对于计算机视觉应用也是适用的。

对于用在稀疏复原的这类非凸性 l_2-l_p 难题，Chen 等[160]首先获得 IRL1 算法的收敛结果；特别是研究表明，该算法单调地减少了非凸难题的能量，但由于缺少表示空间规整化项所必需的线性操作，这种算法对于典型的图像复原难题是不适用的。

3. 视频复原的动态自适应滤波框架

视频序列的静态批处理方法原理简单，可直接将各种成熟的单帧图像复原方法用于视频序列。但该方法实现过程中需要存储大量低分辨率图像，存储和计算的开销都较大；而且对序列中各帧图像采取相同的处理方法，不能有效利用相邻帧中已复原图像的有关信息，造成计算量的重复和浪费。

针对静态批处理方法存在的问题，许多专家结合视频超分辨率复原的特点，提出动态自适应滤波的框架[142]，其基本思想是利用序列中连续各帧图像间的相关性，推导高分辨率序列重建过程中代价函数的迭代公式，以充分利用已复原高分辨率图像的有效信息，用于后续帧的复原。设观察到的退化视频序列为

$$\{\boldsymbol{B}^{(i)}, i = 0,1,\cdots,N-1\} \tag{8.19}$$

待复原的高分辨率序列为

$$\{\boldsymbol{I}^{(i)}, i = 0,1,\cdots,N-1\} \tag{8.20}$$

二者满足以下关系：

$$\boldsymbol{I}^{(i)} = \boldsymbol{B}^{(i)} * \boldsymbol{f}^{(i)} + \boldsymbol{n}^{(i)} \tag{8.21}$$

其中，$\boldsymbol{f}^{(i)}$ 和 $\boldsymbol{n}^{(i)}$ 分别表示第 i 帧的 PSF 和噪声。在视频复原的过程中，对于时刻 t，假设已利用退化视频序列 $\{\boldsymbol{B}^{(i)}, i = 0,1,\cdots,t-1\}$ 复原出高分辨率序列 $\{\boldsymbol{I}^{(i)}, i = 0, 1,\cdots,t-1\}$，则 t 时刻的高分辨率图像 $\boldsymbol{I}^{(t)}$ 的最大后验概率估计可表示为

$$\hat{\boldsymbol{I}}^{(t)} = \arg\max_{\boldsymbol{I}^{(t)}} P(\boldsymbol{I}^{(t)} \mid \boldsymbol{I}^{(0)}, \boldsymbol{I}^{(1)}, \cdots, \boldsymbol{I}^{(t-1)}, \boldsymbol{B}^{(t)}) \tag{8.22}$$

式（8.22）表示在已复原高分辨率帧和实际观察的退化帧的前提下，求解最可能的高分辨率帧。实际应用中，根据所建立的观测模型推导相应的代价函数，并利用该动态自适应滤波框架，即可逐帧求解出高分辨率图像。虽然动态自适应滤波框架在视频的超分辨率复原中取得了很好的效果，但是将其扩展到一般退化视频的复原中仍有很多问题有待研究。

8.3.2　图像复原的非凸优化框架及算法

1. 湍流退化视频的求和与去模糊框架

一般的退化图像能够描述为原始图像与空间不变 PSF 的卷积，与此不同，湍流退化图像由空间变化的模糊核所产生，图像是模糊和扭曲的，但空间变化的模糊能够分解为空间不变的模糊核和形变矩阵的联合[151, 161]。相同静止场景下，水平方向上长范围序列图像能够建模如下。

令 $\boldsymbol{x}$ 为原始的静止场景（$[1\times n^2]$，以列向量的形式表示），$\boldsymbol{y}_t$ 是 t 时刻捕获的图像（$[1\times n^2]$），$\boldsymbol{H}$ 是空间和时间不变的模糊核（$[n^2\times n^2]$），$\boldsymbol{D}_t$ 是在 t 时刻空间和时间独立的形变矩阵（$[n^2\times n^2]$），$\boldsymbol{n}_t$ 是 t 时刻的高斯白噪声（$[1\times n^2]$）。那么

$$\boldsymbol{y}_t = \boldsymbol{D}_t \cdot \boldsymbol{H} \cdot \boldsymbol{x} + \boldsymbol{n}_t \tag{8.23}$$

式（8.23）表明，由于光学系统和湍流的影响，原始图像在时刻 t 受时间变化的失真而模糊和退化。

求和与去模糊策略瞄准从静止场景的湍流畸变图像序列中重构一幅高质量的退化图像，其基本形式通过退化图像序列 $\{\boldsymbol{y}_t\}$ 上的像素平均来实现。

$$\boldsymbol{z} = \frac{1}{T}\sum_{t=1}^{T} \boldsymbol{y}_t \tag{8.24}$$

使用求和与去模糊的原因有两个方面：首先，平均减少了加性高斯白噪声的能量。其次，平均大量湍流图像相当于在 $\boldsymbol{x}$ 上执行空间不变的模糊操作[161]。这样，

对多幅扭曲（通过 $\boldsymbol{D}_t$）和模糊（通过 $\boldsymbol{H}$）形式的图像 $\boldsymbol{x}$ 进行平均所得图像 $\boldsymbol{z}$，就转化为原始场景图像、扭曲矩阵和空间不变 PSF 之间的卷积，然后对其进行复原可得原始场景的估计图像 $\hat{\boldsymbol{x}}$。

本节首先说明扭曲矩阵 $\boldsymbol{D}_t$ 的作用。当一幅图像受到湍流影响时，扭曲矩阵 $\boldsymbol{D}_t$ 造成图像的弯曲和变形，它将原始图像 $\boldsymbol{x}$ 中的每个像素移动到 $\boldsymbol{y}_t$ 中的新位置。令 $(d_{u,t}(i,j),d_{v,t}(i,j))$ 表示 t 时刻图像中的 $\boldsymbol{x}(i,j)$ 由 $\boldsymbol{D}_t$ 所产生的水平和垂直的偏移，有

$$\boldsymbol{y}_t(i-d_{u,t},j-d_{v,t})=\boldsymbol{x}(i,j) \tag{8.25}$$

对于每个位置(i,j)，$(d_{u,t}(i,j),d_{v,t}(i,j))$关于不同的时间 t 近似符合高斯分布。随着温度的升高，湍流效应增强，导致分布的方差增大，这样对大量的扭曲图像 $\boldsymbol{x}$ 进行平均就相当于新的模糊图像遭受一个空间不变 PSF，可记为 $\boldsymbol{H}_{\text{distortions}}$。因此，在列向量的形式下，$\boldsymbol{z}$ 可表示为原始图像 $\boldsymbol{x}$ 与空间不变 PSF 和 $\boldsymbol{H}_{\text{distortions}}$ 的卷积。

$$\boldsymbol{z}=\boldsymbol{H}_{\text{distortions}}*\boldsymbol{H}*\boldsymbol{x}+\bar{\boldsymbol{n}} \tag{8.26}$$

其中，$\bar{\boldsymbol{n}}$ 是平均高斯白噪声。当应用求和与去模糊框架进行湍流退化视频复原时，需要解决在少量加性白噪声$(\bar{\boldsymbol{n}})$的情况下，由湍流和光学系统模糊（式（8.23）中引入的 $\boldsymbol{H}$）以及扭曲（$\boldsymbol{H}_{\text{distortions}}$）造成的累积空间不变性模糊。

2. 非刚性配准的改良

在求和与去模糊过程之前，文献[152]通过退化图像序列的刚性配准有效缩窄了模糊核，本节通过一种非刚性配准方法进一步减小模糊核的尺度。

从式（8.23）可以看出，每幅输入图像 $\boldsymbol{y}_t$ 受一个扭曲矩阵 $\boldsymbol{D}_t$ 所影响。$\boldsymbol{D}_t$ 描述了 $\boldsymbol{x}$ 中的每个像素到 $\boldsymbol{y}_t$ 中位置的移动。所以首要目标是估计 $\boldsymbol{D}_t$，然后在 $\boldsymbol{y}_t$ 上执行逆变换，得出非扭曲形式的图像。

本节使用光流分析法[162]估计 $\boldsymbol{D}_t$。与图像的刚性全局配准相同，需要一幅基准图像与 $\boldsymbol{y}_t$ 进行比较，$\boldsymbol{x}$ 是最佳的选择，但由于它是未知的，可采用退化图像序列的均值或中值对其进行估计。通过获取图像序列之间的光流执行非刚性配准，对失真图像进行相应的变形。实验表明该方法能够缩小退化图像序列的置换直方图，减少 $\boldsymbol{H}_{\text{distortions}}$ 的尺度。

文献[162]采用一种变分的光流方法，目标函数具有三个加性项，用以提升层次连续性、梯度连续性和光流场平滑性，其形式如下：

$$\begin{aligned}E(u,v)=\int_{\Omega}[&\Psi(|\boldsymbol{I}(x+u,y+v,t+1)-\boldsymbol{I}(x,y,t)|^2)\\&+\lambda|\nabla\boldsymbol{I}(x+u,y+v,t+1)-\nabla\boldsymbol{I}(x,y,t)|^2+\alpha\Psi(|\nabla_3 u|^2+|\nabla_3 v|^2)]\mathrm{d}x\mathrm{d}y\end{aligned} \tag{8.27}$$

其中，$\boldsymbol{I}(x,y,t)$代表输入数据；$\Psi(s^2)=\sqrt{\varepsilon^2+s^2}$ 是鲁棒 L_1 范数的平滑估计。可根

据 Euler-Lagrange 等式的解决方案，通过由粗到精的迭代方式使式（8.23）最小化。

3. 图像复原的非凸优化框架

令 $\boldsymbol{z}$ 是 $\boldsymbol{x}$ 的模糊形式，这样式（8.26）就简化为 $\boldsymbol{z}(i,j)=\boldsymbol{h}(i,j)*\boldsymbol{x}(i,j)+\boldsymbol{n}(i,j)$，其中，$\boldsymbol{h}$ 是一个已知的空间不变模糊核；$\boldsymbol{n}$ 是加性的高斯白噪声。复原目标是找到尽可能与 $\boldsymbol{x}(i,j)$相似的 $\hat{\boldsymbol{x}}(i,j)$，这是一个病态的逆问题。本节聚焦于改进 IRL1 算法，对其优化框架进行彻底的分析和扩展，使其适用于图像复原难题。

对于计算机视觉任务，其非凸性优化过程可以规划为[163]

$$\begin{aligned}\min_{Ax=b} F(x) &= \min_{Ax=b} F_1(x)+F_2(|x|)\\ &:= \min_{Ax=b} \| Tx-g \|_q^q + \Lambda^{\mathrm{T}} F_2(|x|)\end{aligned} \tag{8.28}$$

其中，$F_2: H_+ \to H_+$ 是坐标态递增的凹函数；$A: H \to H_1, T: H \to H_2$ 分别是有限维 Hilbert 空间 H 到 H_1 和 H_2 的线性操作。权重 $\Lambda \in H_+$ 具有非负的元素。数据项是凸 L_q 范数，$q \geqslant 1$。$F_2(|x|)$的原型为规整化的 L_p 范数，$0<p<1, \varepsilon \in \mathbf{R}_+$，或者非凸的 log 函数，具体形式如下：

$$|x_i| \mapsto (|x_i|+\varepsilon)^p \text{ or } |x_i| \mapsto \log(1+\beta|x_i|), \forall i \tag{8.29}$$

对于这两种坐标态严格递增的规整化项，内积 $F_2=\Lambda^{\mathrm{T}} F_2$ 可使用其中的任一种。L_p 范数可通过 ε 规整化变成 Lipschitz，而 log 函数自然就是 Lipschitz。

这样 IRL1 算法就简化为

$$x^{k+1} = \arg\min_{Ax=b} \| Tx-g \|_q^q + \| \operatorname{diag}(\Lambda)(w^k \cdot x) \|_1 \tag{8.30}$$

其中，通过 F_2 的超微分给定的权重为

$$w_i^k = \frac{p}{(|x_i^k|+\varepsilon)^{1-p}} \text{ or } w_i^k = \frac{\beta}{1+\beta|x_i|} \tag{8.31}$$

文献[163]表明，通过上述的构建，$F(x^k)$收敛并且单调递减。在给定 $F(x) \to \infty$，$\forall \|x\| \to \infty \wedge Ax=b$ 的条件下，（x^k）序列保证存在一个聚点，这对于求解图像复原难题是非常重要的[164]。

令 $\boldsymbol{I}_u$ 是 $\dim(u) \times \dim(u)$的单位矩阵，T_u 是维数的操作符，在式（8.27）中设置

$$\begin{aligned}&\boldsymbol{x}=(u,v)^{\mathrm{T}}, \quad \boldsymbol{T}=\begin{bmatrix} T_u & 0 \\ 0 & 0 \end{bmatrix}, \quad \boldsymbol{g}=(g_u,0)^{\mathrm{T}}\\ &\Lambda=(0,(1/\lambda)_v)^{\mathrm{T}}, \quad \boldsymbol{A}=(K_u-I_v), \quad \boldsymbol{b}=(0,0)^{\mathrm{T}}\end{aligned} \tag{8.32}$$

其中，$\boldsymbol{T}$ 是具有操作符 T_u 和 0 块的块矩阵，这样就产生典型的图像复原的框架：

$$\min_u \lambda \| T_u u - g_u \|_q^q + F_2(| K_u u |) \tag{8.33}$$

其中，操作符 K_u 可以使用梯度或者学习的先验信息[164]。

4. 图像解卷积的非凸框架算法实现

由于内层难题即式（8.30），是一个凸最小化难题，文献[165]已得出有效的解决方法。本章采用最新的文献[166]中的算法，该算法能够很好地应用于图像解卷积难题，并且已经证明：当式（8.28）中 F_1 或 F_2 是一致凸时，最优的收敛速度为 $O(1/n^2)$，更加一般的情况，收敛速度为 $O(1/n)$。

本章聚焦于外层的非凸难题。令$(x^{k,l})$为 IRL1 算法产生的序列，其中索引 l 表示求解凸难题的内层迭代，k 为外层迭代。可以证明 $F(x^{k,0})$是单调递减的，这样就为内层难题和外层难题提供了一种自然的停止标准。只要达到以下条件，就停止内层迭代：

$$F(x^{k,l}) < F(x^{k,0}) \text{ or } l > m_i \tag{8.34}$$

其中，m_i 是内层迭代的最大次数。对于固定的 k，令 l_k 迭代次数满足内部停止条件式（8.34），那么外层迭代的停止条件为

$$\frac{F(x^{k,0}) - F(x^{k+1,0})}{F(x^{0,0})} < \tau \text{ or } \sum_{i=0}^{k} l_i > m_o \tag{8.35}$$

其中，τ 是定义的期望精度阈值；m_o 是最大的迭代次数。本章使用的缺省值为 $\tau = 10^{-6}$，$m_o = 5000$，$m_i = 100$。对于严格的凸难题，本章设置 $m_i = 100$，其他情况 $m_i = 400$。可通过初始函数规范化等式（8.35）中的偏差，其对于能量函数的缩放是不变的。当比较一般的凸能量时，本章使用相同的 τ 和 m_o。

8.3.3 动态自适应滤波的视频复原方法

在实际应用中（如长范围的视频监控），传感器参数和湍流级别变化非常缓慢，并且模糊核依赖于湍流的级别，噪声能量依赖于传感器，完全能够通过湍流退化模型和传感器噪声模型独立地估计模糊核与噪声，这样式（8.23）就变成模糊核和噪声已知的非盲解卷积难题。对于该病态问题，已经有很多的解决方案，如 Richardson-Lucy[120]、FTVd[81]、BM3D[141]和 IRLS[158]等。但由于这些算法对参数设置要求比较严格，并且微小的参数差别会在进一步的迭代和优化中累积造成复原失败，加上目前并没有合适的图像质量智能评价方法，这些方法大多需要人工干预。所以将这些单帧的图像复原方法直接应用于湍流退化视频的复原是不可行的。

基于以上分析，本章引入一种基于首帧高分辨率图像的动态自适应滤波视频复原方法。对于视频序列的超分辨率复原，该方法考虑到了视频序列复原问题自身的特点，有效利用了序列中已复原帧的信息，能够在一定程度上提高算法的效率和复原质量。本节对该方法进行改进和扩展，使其适应于湍流退化视频序列的复原。

在运动估计过程中，任意退化视频帧 $\boldsymbol{y}_n$ 中难免有部分像素与参考帧 $\boldsymbol{y}$ 存在较大偏差。这些像素如果仍按照普通块匹配的方法进行运动估计，将得到错误的运动矢量，从而影响图像的整体复原效果。为解决此问题，本节引入运动估计可信度加权的概念[167]，采用权值矩阵 $\boldsymbol{W}^{(l)}$控制参考帧的高频信息在复原中的作用，其各元素定义为

$$\boldsymbol{w}_{x,y}^{(l)} = \left(\frac{\boldsymbol{E}^{(l)}(x,y)}{\boldsymbol{E}_{\min}^{(l)}} \right)^{-\alpha} \tag{8.36}$$

其中，$\boldsymbol{w}_{x,y}^{(l)}$ 表示参考图像块(x, y)中的高频细节在第 l 帧的权系数；$\boldsymbol{E}^{(l)}(x, y)$表示第 l 帧图像块(x, y)的匹配误差；$\boldsymbol{E}_{\min}^{(l)}$ 为第 l 帧中所有图像块的最小匹配误差；指数 α 用来控制权值 $\boldsymbol{w}_{x,y}^{(l)}$ 与 $\boldsymbol{E}^{(l)}(x, y)$间的比例关系。

令实际获取的退化图像序列为 $\{\boldsymbol{y}(l) \mid l = 0,1,\cdots,N-1\}$，若已知首帧复原图像为 $\boldsymbol{x}$，则要复原的序列中任一帧图像的估计值可以表示为

$$\hat{\boldsymbol{x}}^{(l)} = \boldsymbol{x}^{(l)B} + \boldsymbol{W}^{(l)}\boldsymbol{M}^{(l)}\boldsymbol{H}_f(x) \tag{8.37}$$

其中，$\boldsymbol{x}^{(l)B}$ 表示第 l 帧退化图像，它提供了待复原帧的低频信息；$\boldsymbol{W}^{(l)}$ 为第 l 帧的权值矩阵，用以控制各图像块高频补偿信息的权重，其各元素可通过式（8.36）求解；$\boldsymbol{M}^{(l)}$ 为运动补偿矩阵，通过运动估计过程获得。

为进一步提高复原图像的质量，避免匹配误差造成图像质量的下降，需要进一步对首帧复原图像进行约束和优化。本节以上述方法估计的图像为初始值，引入最大后验分布框架进一步优化和调整图像像素。在最大后验分布框架下，复原图像帧应满足：

$$\hat{\boldsymbol{x}}^{(l)} = \arg\max_{x^{(l)}} \left\{ \log \Pr(\boldsymbol{x}^{(l)} \mid \boldsymbol{y}^{(l)}) \right\} = \underset{x^{(l)}}{\arg\max} \{ \log \Pr(\boldsymbol{x}^{(l)}) + \log \Pr(\boldsymbol{y}^{(l)} \mid \boldsymbol{x}^{(l)}) \} \tag{8.38}$$

其中，$\Pr(\boldsymbol{x}^{(l)} \mid \boldsymbol{y}^{(l)})$ 表示在已知退化图像 $\boldsymbol{y}^{(l)}$ 时，待复原图像 $\boldsymbol{x}^{(l)}$ 的后验概率；$\Pr(\boldsymbol{x}^{(l)})$ 为待复原图像的先验分布，采用非自然 L_0 稀疏表示框架[66]描述；条件概率 $\Pr(\boldsymbol{y}^{(l)} \mid \boldsymbol{x}^{(l)})$ 反映了 $\boldsymbol{x}^{(l)}$ 卷积操作后的退化图像与实际退化图像 $\boldsymbol{y}^{(l)}$ 之间的误差分辨率，可认为服从高斯分布，即

$$\Pr(\boldsymbol{y}^{(l)} \mid \boldsymbol{x}^{(l)}) = \frac{1}{2\pi^{\frac{N_1 N_2}{2}} \sigma^{(l) N_1 N_2}} \exp\left\{ -\frac{1}{2\sigma^{(l)^2}} \| \boldsymbol{y}^{(l)} - \boldsymbol{H} * x^{(l)} \|_2 \right\} \tag{8.39}$$

其中，N_1、N_2 分别表示退化图像 $\boldsymbol{y}^{(l)}$ 的行和列像素的个数；$\sigma^{(l)}$ 为第 l 帧误差分

布的方差；$\boldsymbol{H}$ 为估计得出的模糊核。

以式（8.37）生成的估计图像为初始值，采用迭代的方法求解式（8.38）即可得到最终的复原图像。在迭代过程中，采用前面介绍的非凸优化框架对每次迭代结果进行约束，以进一步提高算法的收敛速度和稳定性。

8.3.4　实验与分析

本章在 Pentium（R）Dual-Core 2.5GHz CPU、4GB 内存的硬件环境和 Windows 7、MATLAB R2010a 的软件环境条件下进行实验。用 S_H、E_E、E_S 和 E_T 四个指标评价算法的性能。S_H 表示 $\boldsymbol{H}_{\text{distortions}}$ 的尺度面积，其值越小越好；E_E 表示利用式（8.27）计算出的加权连续性（层次连续性、梯度连续性和光流场平滑性），其值越小越好；E_S 表示空间全变分，其定义为 $E_S=\sum_i\sqrt{|[\boldsymbol{D}_x\boldsymbol{f}]_i|^2+|[\boldsymbol{D}_y\boldsymbol{f}]_i|^2}$，用以度量空间平滑性，值越小越好；$E_T$ 表示时间全变分，其定义为 $E_T=\sum_i|[\boldsymbol{D}_t\boldsymbol{f}]_i|$，用以度量时间平滑性，值也是越小越好[33]。8.3 节的方法与文献[150]的方法的性能比较如表 8.3 和图 8.2 所示。

表 8.3　两种视频复原方法的定量指标比较

视频序列	Acoustics				Building			
评价指标	S_H	E_E（10^4）	E_S（10^4）	E_T（10^3）	S_H	E_E（10^4）	E_S（10^4）	E_T（10^3）
文献[150]	361	3.6701	1.0631	6.3972	729	0.7871	1.5637	6.0935
8.3 节的方法	225	2.5863	0.9759	5.1552	529	0.8234	1.4365	4.1662

(a) 视频序列 Acoustics 中的一帧

(b) 文献[150]的复原结果(Acoustics)

(c) 8.3节的方法的复原结果(Acoustics)

(d) 视频序列 Building 中的一帧

(e) 文献[150]的复原结果(Buiding)

(f) 8.3节的方法的复原结果(Buiding)

图 8.2　两种视频复原方法的视觉效果比较

表 8.3 为两组湍流退化视频的定量指标比较结果；图 8.3 为两组退化视频中提取的某个图像帧，由左至右分别为原始的湍流退化图像、文献[150]的复原结果和 8.3 节的方法的复原结果。从表 8.3 的定量指标和图 8.3 的视觉效果可以看出，8.3 节的方法在湍流退化视频复原中具有更好的性能。但由于 8.3 节的方法要处理大量的帧间信息，所以实时性还有待进一步的提高。

8.4　本 章 小 结

本章根据现有视频复原方法的框架和思想，以视频退化过程和退化机制的研究成果为先验知识，将视频认知计算和复原方面的最新研究成果引入视频复原之中。本章以时空体的思想为基础，提出了一种基于增广拉格朗日的快速视频复原方法；针对湍流退化视频的复杂性，提出了一种基于非凸势函数优化与动态自适应滤波的退化视频复原方法。这两种方法有效利用了视频的帧间信息和已复原帧的先验信息，降低了算法的复杂度，很好地完成了视频复原的任务。

第四篇　湍流退化图像的去模糊、去振铃、抖动稳像和畸变校正

图像的运动模糊、图像复原过程中引入的振铃效应、成像系统抖动引起的像素偏移以及图像畸变失真，是属于图像复原研究中要面对的特定类型图像失真问题，是图像复原技术的重要研究方向。

本篇结合作者的研究工作，介绍湍流退化图像的去模糊、去振铃、抖动稳像和畸变校正方法，内容包括面向特定退化类型的空间变化模糊图像复原方法、基于边缘分离的去振铃图像复原方法、湍流退化图像偏移的畸变校正、湍流退化序列的抖动稳像和运动检测共 4 章内容。

在第 9 章的面向特定退化类型的空间变化模糊图像复原方法中，针对静态背景中目标运动模糊的问题，提出基于透明性的目标运动模糊图像复原方法；针对复杂运动模式（仿射运动、旋转运动和多元运动）的模糊图像，提出基于光流约束和光谱蒙板的空间变换运动模糊图像复原方法；根据图像离焦量与景深的变化规律，提出基于模糊映射图和 $L_{1\text{-}2}$ 优化的空间变化离焦模糊图像复原方法。

在第 10 章的基于边缘分离的去振铃图像复原方法中，针对迭代盲复原算法中降晰函数估计不准和噪声放大造成振铃效应的问题，借用边界截断思想提出一种基于边缘分离的去振铃复原方法。

在第 11 章的湍流退化图像偏移的畸变校正中，针对湍流偏移在单帧成像的扭曲畸变问题，通过将湍流图像像素偏移分为整体运动和局部变化两部分，提出一种仿射变换与非刚性配准结合的校正模型，进而提出一种结合仿射变换和多层 B 样条配准的校正方法。

在第 12 章的湍流退化序列的抖动稳像和运动检测中，针对湍流序列存在像素抖动和噪声干扰的问题，提出一种基于矩阵低秩稀疏分解的退化序列稳像方法；针对含运动目标的湍流退化图像复原问题，提出一种运动目标和湍流分离的检测方法。

本篇内容实现了对特定类型的湍流退化图像的复原，凸显了湍流退化图像复原的针对性和技术特点。

第 9 章　面向特定退化类型的空间变化模糊图像复原方法

由于图像退化过程及自身模式的复杂性，图像中各区域的退化类型和退化程度可能不同，对于这些空间变化的退化图像，若仍使用相同的 PSF 复原整幅图像显然是不够准确的。但是，在很多情况，图像的退化类型一般可以事先确定或者通过某种算法进行辨识，而特定的退化类型（运动模糊、散焦模糊、高斯模糊等）不仅在实际应用中非常普遍，而且专家已经建立了比较完善的退化模型，将这些退化类型的先验信息引入图像复原有助于获得高质量的复原结果。

本章首先介绍图像退化的一般模型，并对运动模糊、散焦模糊和高斯模糊三种常见退化类型进行研究；然后对实际应用中常见的三种退化现象，即静态背景中目标的运动模糊、一般模式的空间变化运动模糊和空间变化的离焦模糊进行研究与分析，分别提出了基于透明性的目标运动模糊图像复原方法、基于光流约束和光谱蒙板的空间变化运动模糊图像复原方法，以及基于模糊映射图和 $L_{1\text{-}2}$ 优化的空间变化离焦模糊图像复原方法；最后分别对提出的方法进行实验与分析。

9.1　图像模糊退化的常见类型

在 PSF 已知的条件下，图像复原就是常规的反卷积问题。PSF 直接影响图像复原的质量，如果 PSF 估计不够精确，复原过程将可能造成图像质量的进一步恶化，因此精确估计 PSF 是图像复原过程中的重要环节。虽然图像的退化过程非常复杂，但是仍可根据退化的物理过程和图像自身的先验知识，将退化过程近似分解和变换为几种常见的退化类型的叠加，进而简化图像复原的过程。目前，常见的图像退化模型主要有运动模糊、离焦模糊和高斯模糊等。

9.1.1　运动模糊

运动模糊是指在获取景物图像时，景物和成像设备之间相对运动引起的图像模糊。运动模糊在成像过程中几乎不可避免。虽然实际的运动模糊大多是由非匀速非直线运动造成的，如相机抖动引起的图像模糊，成像平台旋转运动引起的旋转模糊等，但在许多情况下这些模糊都可以分解为多个匀速直线运动或者通过变换近似为匀速直线运动。匀速直线运动造成的运动模糊模型可以使用如下的数学公式表示：

$$h(i,j)=\begin{cases}\dfrac{1}{d}, & \sqrt{i^2+j^2}\leqslant\dfrac{d}{2}, j=i\cdot\tan\phi\\ 0, & \text{其他}\end{cases} \tag{9.1}$$

其中，d 为运动模糊尺度，跟目标相对运动速度有关；ϕ 为运动方向与 x 轴之间的夹角。运动模糊图像及其线性运动 PSF 如图 9.1 所示。

(a) 运动模糊图像($d=9$, $\phi=50$)

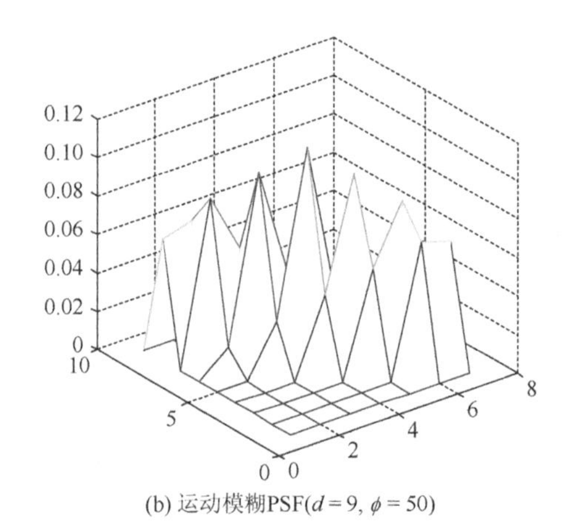

(b) 运动模糊PSF($d=9$, $\phi=50$)

图 9.1　运动模糊图像及其线性运动 PSF

9.1.2　离焦模糊

在成像过程中，如果光学系统没有准确聚焦，就会造成物距、像距和透镜焦距无法满足成像公式，点光源在焦平面上的像称为弥散圆，这种模糊称为离（散）焦模糊。目前离焦模型有圆盘离焦模型和高斯离焦模型两种[168]。前者是假设光沿直线传播条件下的一种近似模型，它忽略了光的波动性；后者也是一种近似模型，它是考虑离焦和衍射等诸多因素提出的。

在理想成像系统的条件下，依据几何光学知识，焦距上的点光源通过透镜所成的像近似为 δ 函数，而离焦情况下，弥散圆的直径由物距、焦距、像距和光学系统的光圈大小共同决定，且弥散圆内的灰度值均匀分布。圆盘离焦模型可表示为

$$h(i,j)=\begin{cases}\dfrac{1}{\pi R^2}, & i^2+j^2\leqslant R^2\\ 0\ , & \text{其他}\end{cases} \tag{9.2}$$

其中，R 为模型的离焦参量，可根据离焦模糊图像确定。由于光具有波粒二象性，

光线通过孔径时会发生衍射，只有在离焦程度较严重的情况下（像差引起的弥散远大于衍射引起的弥散），圆盘离焦模型才能很好地表征图像的离焦模糊。

高斯离焦模型不是通过光学知识推导出来的，而是综合考虑众多退化因素得出的一种近似模型。由于光线存在衍射现象，弥散圆中的灰度值并不是均匀分布的，而是近似遵循中间高四周低的高斯分布，所以可得高斯离焦模型如下：

$$h(x,y)=\frac{1}{2\pi\sigma^2}\exp\left(-\frac{x^2+y^2}{2\sigma^2}\right) \tag{9.3}$$

其中，$\sigma=\lambda R$ 为模型的离焦参量，可根据离焦模糊图像确定，λ 为常数，R 为离焦半径。图 9.2 为离焦模糊图像及其离焦模糊 PSF。

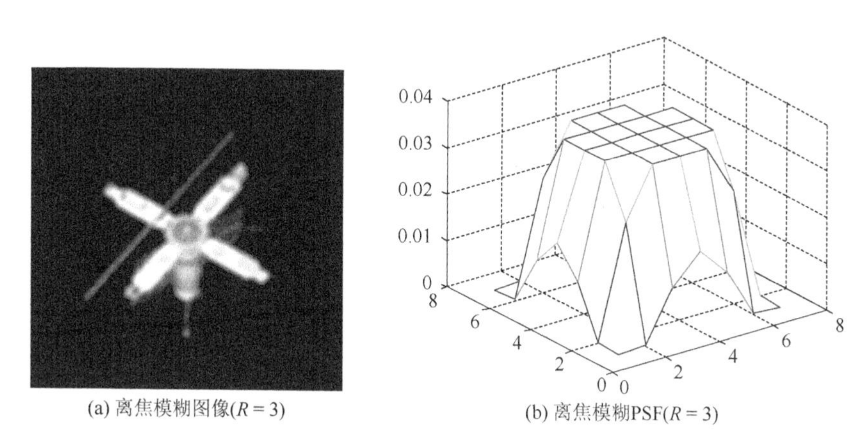

(a) 离焦模糊图像($R=3$)　　(b) 离焦模糊PSF($R=3$)

图 9.2　离焦模糊图像及其离焦模糊 PSF

9.1.3　高斯模糊

由于图像退化的因素很多，如大气湍流、光学系统像差、显示器传递函数、运动模糊、散焦模糊等，众多因素的综合作用使得成像系统的 PSF 趋于高斯分布。因此，许多情况下成像系统的综合退化过程可近似使用高斯模糊进行建模。二维离散高斯模糊的 PSF 形式如下：

$$h(m,n)=\begin{cases}K\cdot\exp\left(-\dfrac{i^2+j^2}{2\sigma^2}\right), & \sigma>0,(i,i)\in D\\ 0, & \text{其他}\end{cases} \tag{9.4}$$

其中，K 为归一化系数；D 为 PSF 的支持域；σ 为高斯分布的方差，用于表征图像的模糊程度。图 9.3 为高斯模糊图像及其对应的高斯模糊 PSF。

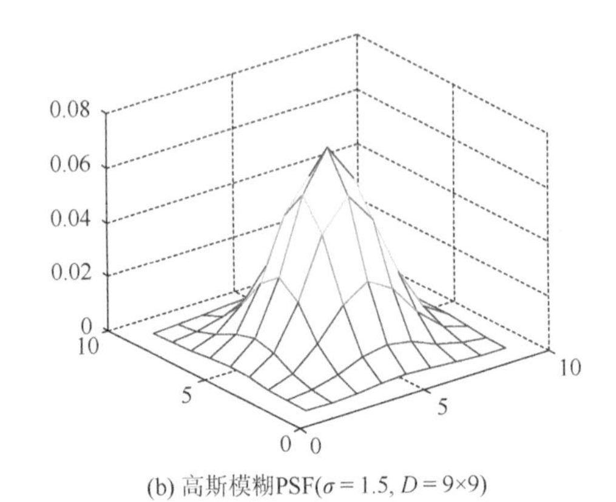

(a) 高斯模糊图像($\sigma = 1.5$, $D = 9\times9$)　　(b) 高斯模糊PSF($\sigma = 1.5$, $D = 9\times9$)

图 9.3　高斯模糊图像及其高斯模糊 PSF

9.2　基于透明性的目标运动模糊图像复原方法

数码相机在高敏感度设置或低光照条件下对于噪声非常敏感，常用的解决方法是利用长曝光时间来减少噪声，但是场景中目标的运动或者相机的抖动容易产生运动模糊，严重影响后续的处理与应用。因此，运动模糊作为一种常见的模糊类型受到众多学者的广泛关注，其复原方法也成为图像处理领域的研究热点[14, 169]。

根据运动的主体，运动模糊一般分为相机运动模糊[168]和目标运动模糊[31, 170]，如图 9.4 所示。对于第一种类型的模糊，整幅图像由于相机的运动而退化，图像中所有像素都受到运动的影响，其退化过程通常被建模为线性的卷积运算。根据卷积模型，复原过程一般分为两步：首先利用图像的灰度、梯度、边缘等信息估

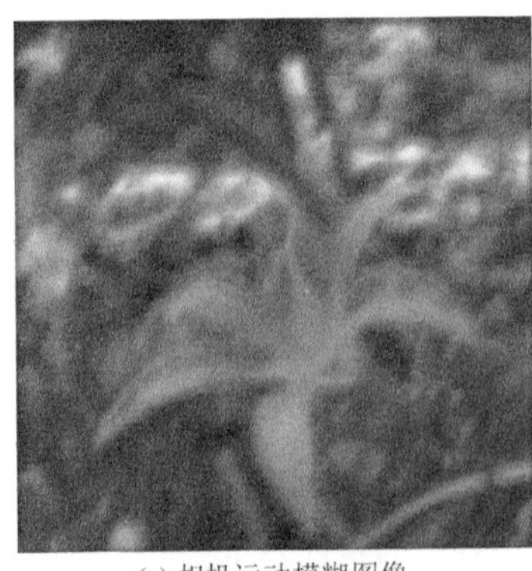

(a) 相机运动模糊图像

(b) 目标运动模糊图像

图 9.4　两种类型的运动模糊样例

计 PSF，然后通过解卷积运算复原清晰图像[104, 108]。对于第二种类型的模糊则不能通过上述的解卷积方法有效地解决。因为图像中只有运动目标是模糊的，而背景并没有承受运动所造成的退化。

近年来，许多专家学者相继投入运动模糊图像复原的研究之中。Fergus 等对相机运动模糊进行深入研究[108]，首先采用一种由粗到精的 MAP 方法估计模糊核，有效地避免了局部最小值，然后应用一种标准的解卷积算法计算出潜在的清晰图像，完成了相机的运动去模糊。为了获得更多的目标结构和运动信息，许多学者尝试添加硬件或者利用多幅图像开发具有更好去模糊效果的系统。范赐恩等设计了一种基于双 CMOS 成像系统的运动模糊图像复原方法[171]，首先通过光流法获取图像序列的全局运动路径；然后利用信号能量和积分时间的先验信息估计初始的 PSF，并通过贝叶斯准则对 PSF 进行迭代优化；最后利用 TV-L_1 方法复原出清晰图像。文献[172]将高分辨率图像相机和低分辨率视频相机联结组成复合相机，利用低分辨率视频的光流向量估计 PSF，并将其应用于高分辨率运动模糊图像的复原。Raskar 等在相机曝光的过程中利用二进制伪随机编码打开或关闭快门[170]，用以保留运动模糊图像中的高频细节信息，优化了 PSF 的可逆性和解卷积的效果。针对多幅图像运动去模糊的 PSF 可能存在其他模糊源的问题，文献[173]采用一种鲁棒的多通道解卷积算法粗略地估计出一组 PSF，并利用稀疏性和非负性对估计的 PSF 解卷积得到更准确的 PSF。Takeda 等利用视频的时空过程完成运动模糊的去模糊[169]。虽然这些方法能够很好地完成整幅图像的运动模糊复原，但它们都没有对运动目标进行分割，无法完成静态场景中目标运动模糊的复原。另外，添加额外的硬件或者利用多幅图像势必会增加系统的复杂性，影响复原方法的实时性和稳定性。

对于静态背景中目标运动模糊复原的难题，计算机视觉和图像理解是解决该难题的基础，即首要问题是理解图像的哪些区域是模糊（或清晰）的。然而由于运动模糊使得目标和背景混合在一起，传统的图像分割算法很难准确地分割出运动目标。针对这些问题，本节以目标运动过程中产生的透明性为研究对象，对目标运动模糊进行研究和分析，在不添加任何硬件的条件下实现了一种基于透明性的目标运动模糊复原方法。实验结果表明该方法能够很好地完成目标运动模糊的复原，并且不会在背景中引入人造伪像。

9.2.1　目标运动模糊分析

图像的运动模糊通常建模为真实图像的二维线性移不变（2D linear space-invariant，2D LSI）系统的卷积运算并附加噪声，用数学模型可以描述为

$$\boldsymbol{I}=\boldsymbol{f}*\boldsymbol{h}+\boldsymbol{n} \tag{9.5}$$

其中，$\boldsymbol{I}$、$\boldsymbol{f}$和$\boldsymbol{n}$分别代表退化图像、清晰图像和加性噪声；$\boldsymbol{h}$是线性移不变PSF；*表示卷积操作。目前常见的运动模糊复原方法是首先使用某些先验信息估计出$\boldsymbol{h}$，然后通过解卷积运算复原未知的清晰图像。对于空间变化的运动模糊，该模型在图像的局部区域上是准确的。

1. 目标的一维运动模糊

为了更好地理解运动模糊的本质，本节首先对一维运动模糊进行建模和分析，如图9.5所示，这里假设不透明的固体目标仅仅在水平方向上运动。图9.5中横坐标表示位移x，代表目标所在的位置；纵坐标表示时间t，两个时间标签分别为“快门按下”和“快门松开”。

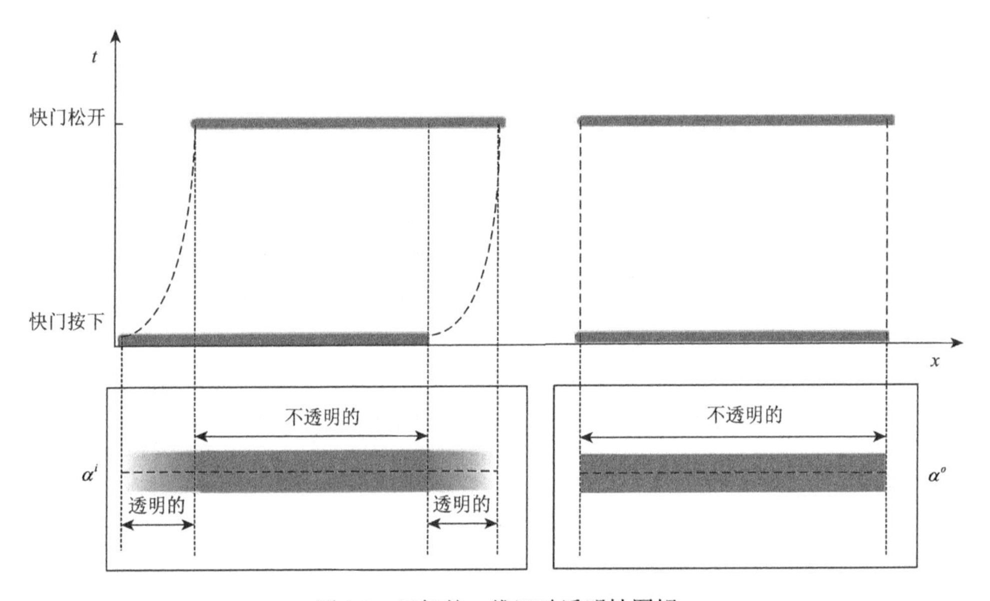

图9.5　目标的一维运动透明性图解

在图9.5顶部的左边子图中，不透明目标的运动轨迹以虚曲线展示，相机捕获的图像直接显示在图9.5底部。由图可以看出，目标在内部的两条线之间是不透明的，而两端的边界部分则是透明的。右边子图中的目标没有发生运动，完全地阻隔背景而呈现出不透明性。利用α^i表示左边子图中模糊目标的alpha值，$0 \leqslant \alpha^i \leqslant 1$；$\alpha^o$表示右边子图中静止目标的alpha值，$\alpha^o \in \{0,1\}$。这样，就能够通过背景的曝光时间比例确定每个像素的透明性。

通过上面的分析，能够得出目标透明性和运动模糊之间的关系，即在运动模糊目标上，alpha值的结构由前景alpha值（$\alpha^o = 1$）和背景alpha值（$\alpha^o = 0$）混合产生，与传统退化模型的卷积运算相似。换句话说，运动模糊的透明性由PSF

和未模糊的目标边界形状所决定。相应地，本节从透明性的观点引入一种新的运动去模糊构想，得到与传统的卷积模型（式（9.5））类似的等式如下：

$$\boldsymbol{\alpha}^i = \boldsymbol{\alpha}^o * \boldsymbol{f} \tag{9.6}$$

其中，$\boldsymbol{f}$ 是模糊滤波图像，与卷积模型中的 PSF 定义相似；这里可以忽略噪声，主要由于长曝光能够很好地抑制噪声。

在一维的平移运动中，$\boldsymbol{f}$ 通常被描述为沿着运动方向的一个 $(2n+1)\times 1$ 的向量：

$$\boldsymbol{f} = [f_{-n}, \cdots, f_o, \cdots, f_n]^{\mathrm{T}} \tag{9.7}$$

其中，f_{-n} 和 f_n 是非 0 值。假设在输入图像的中心处有一个运动模糊的目标，该目标起初是固体和不透明的，它在运动方向上的宽度比模糊滤波尺度 $2n+1$ 要大。通过式（9.6）能够证明 $\boldsymbol{f}$ 被 $\boldsymbol{\alpha}^i$ 唯一地确定。

引理 9.1　$\boldsymbol{\alpha}^i$ 和 $\boldsymbol{\alpha}^o$ 分别表示模糊目标和未模糊目标在一维运动方向（在图 9.2 中为 x 方向）上的 alpha 值：

$$\boldsymbol{\alpha}^i = [\alpha_0^i, \alpha_1^i, \cdots, \alpha_{m-1}^i]^{\mathrm{T}}$$

$$\boldsymbol{\alpha}^o = [\alpha_0^o, \alpha_1^o, \cdots, \alpha_{m-1}^o]^{\mathrm{T}}$$

其中，α_0^i 和 α_{m-1}^i 分别是运动方向上的第一个和最后一个非 0 的 alpha 值；m 是 $\boldsymbol{\alpha}^i$ 中的像素个数，那么 $\boldsymbol{\alpha}^o$ 能够表述为

$$\boldsymbol{\alpha}^o = \Big[\underbrace{0,\cdots,0}_{n},\underbrace{1,\cdots,1}_{m-2n},\underbrace{0,\cdots,0}_{n}\Big]^{\mathrm{T}}$$

其中，n 在等式（9.7）中定义。

证明　由于目标是固体并且有不透明的边界，$\boldsymbol{\alpha}^o$ 就能够表示为 $\boldsymbol{\alpha}^o = [0,0,1,\cdots,1,0,\cdots,0]^{\mathrm{T}}$。下面分两种情况讨论 $\boldsymbol{\alpha}^o$ 的开头处连续 0 的数量。

情况 1：如果在 $\boldsymbol{\alpha}^o$ 的开头处有多于 n 个 0，对于所有 $0 \leqslant j \leqslant n$ 有 $\alpha_j^o = 0$，那么按照式（9.6）中的卷积存在 $\alpha_0^i = \sum_{j=0}^{n} \alpha_j^o f_{-j} = 0$，这与假设 $\alpha_0^i \neq 0$ 相矛盾。

情况 2：如果在 $\boldsymbol{\alpha}^o$ 的开头处有少于 n 个 0，则至少存在 $\alpha_{n-1}^o = 1$。在运动方向上，分别用 α_{-1}^i 和 α_{-1}^o 表示 α_0^i 和 α_0^o 之前的像素，那么 $\alpha_{-1}^i = \sum_{j=0}^{n} \alpha_{j-1}^o f_{-j} \geqslant \alpha_{n-1}^o f_{-n} > 0$，这与假设 α_0^i 是第一个非 0 alpha 值相矛盾。

因此，在 $\boldsymbol{\alpha}^o$ 开头处有 n 个 0。同样地，能够证明在 $\boldsymbol{\alpha}^o$ 的结尾处也有 n 个 0。

定理 9.1　在目标的一维运动模糊图像中，每个模糊滤波的元素能够明确地表示为

$$f_j = \begin{cases} \alpha_{j+n}^i - \alpha_{j+n-1}^i, & -n < j \leqslant n \\ \alpha_0^i, & j = -n \end{cases} \tag{9.8}$$

证明　式（9.6）能够表示成矩阵的形式：

$$\boldsymbol{\alpha}^i = \boldsymbol{F}\boldsymbol{\alpha}^o \tag{9.9}$$

其中，$\boldsymbol{F}$ 是一个矩形循环矩阵：

$$\boldsymbol{F} = \begin{bmatrix} f_0 & \cdots & f_{-n+1} & f_{-n} & \cdots & 0 & f_n & \cdots & f_1 \\ f_1 & \cdots & f_{-n+2} & f_{-n+1} & \cdots & 0 & 0 & \cdots & f_2 \\ \vdots & & \vdots & \vdots & & \vdots & \vdots & & \vdots \\ f_{-2} & \cdots & 0 & \cdots & \cdots & f_{n-1} & f_{n-2} & \cdots & f_{-1} \\ f_{-1} & \cdots & f_{-n} & \cdots & \cdots & f_n & f_{n-1} & \cdots & f_0 \end{bmatrix} \tag{9.10}$$

通过求解式（9.9），可以得到

$$\alpha_j^i = \sum_{k=-n}^{j-n} f_k, \quad 0 \leqslant j \leqslant 2n \tag{9.11}$$

对于不同的 j，使用式（9.11）计算 $\alpha_j^i - \alpha_{j-1}^i$，也能得到式（9.8）。

依照该定理，利用透明性能够精确地计算出一维运动滤波，并且存在封闭形式的解决方案。在目标中心的不透明处，不需要使用 alpha 值估计模糊滤波。通过对该定理的证明可得，即使刚体目标的一维平移运动的速度在图像捕获期间是变化的，该方法仍然能够准确地重构出模糊滤波。

2. 目标的二维运动模糊

在目标的二维运动模糊中，同样假设目标原本是固体和不透明的。在这种情况下，由于目标的形状是未知的，在没有估计出未模糊的透明性映射图的条件下不能够决定模糊滤波。下一节将利用一种 MAP 的方法计算模糊滤波和未模糊的透明性映射图。

本节的其余部分证明，利用透明性能够自动地计算二维滤波的宽度和高度的上边界，在以前的大部分算法中，这通常由人工估计。为了简化，假设滤波宽度和高度分别为 $2N+1$ 和 $2M+1$。

命题 9.1　在模糊的透明性映射图中，利用 (x_{r1}, y_{r1}) 和 (x_{r2}, y_{r2}) 分别表示具有 $\alpha^i \neq 0$ 和 $\alpha^i = 1$ 的 alpha 蒙板最右边的像素。那么 $x_{r1} - x_{r2} + 1$ 是二维模糊滤波的一个封闭的上边界。

证明　使用二维滤波 f，式（9.6）可改写为

$$\alpha_{x,y}^i = \sum_{k=-N}^{N} \sum_{j=-M}^{M} f_{k,j} \alpha_{x-k,y-j}^o \tag{9.12}$$

利用 (x_o, y_o) 表示固体目标最右边的像素，这样 $\alpha_{x_o,y_o}^o = 1$。那么对于所有 $x_o' > x_o$ 有 $\alpha_{x_o',y_o'}^o = 0$。下面首先证明 $x_{r1} = x_o + N$。

如果 $x_{r1} > x_o + N$，那么可以得到

$$\alpha^{i}_{x_{r1},y_{r1}} = \sum_{k=-N}^{N}\sum_{j=-M}^{M} f_{k,j}\alpha^{o}_{x_{r1}-k,y_{r1}-j} \tag{9.13}$$

由于式（9.13）对于所有 k 和 j 有 $x_{r1}-k \geqslant x_{r1}-N > x_o, \alpha^{i}_{x_{r1},y_{r1}} = 0$，与假设 $\alpha^{i}_{x_{r1},y_{r1}} \neq 0$ 矛盾。

同样地，也能够证明 x_{r1} 不可能比 x_o+N 小。如果 $x_{r1} < x_o+N$，必定存在 $x_{r1'} > x_{r1}$ 使得 $\alpha^{i}_{x_{r1'},y_{r1'}} > 0$，这与 (x_{r1},y_{r1}) 是 alpha 蒙板（$\alpha^i \neq 0$）最右端像素的假设相矛盾。因此可以得出结论 $x_{r1} = x_o+N$。

然后证明 $x_{r2} \leqslant x_o - N$。由于滤波宽度是 $2N+1$，在滤波的首列必定存在大于 0 的元素值，如 $f_{-N,c}$。若 $x_{r2} > x_o - N$，则 $x_{r2}+N > x_o$，那么按照 x_o 的定义能够得到 $\alpha^{o}_{x_{r2}+N,y_{r1}+c} = 0$，它遵循

$$\alpha^{i}_{x_{r2},y_{r2}} = \sum_{k=-N}^{N}\sum_{j=-M}^{M} f_{k,j}\alpha^{o}_{x_{r2}-k,y_{r2}-j} < \sum_{k=-N}^{N}\sum_{j=-M}^{M} f_{k,j}\cdot 1 = 1$$

这与假设 $\alpha^{i}_{x_{r2},y_{r2}} = 1$ 矛盾。

合并 $x_{r2} \leqslant x_o - N$ 和 $x_{r1} = x_o + N$，可以得到

$$x_{r1} - x_{r2} \geqslant -x_o + N + x_o + N = 2N \tag{9.14}$$

同样地，也能证明滤波高度的最近上边界是具有 $\alpha^i \neq 0$ 的 alpha 蒙板最顶部像素 (x_{u1},y_{u1}) 与具有 $\alpha^i = 1$ 的 alpha 蒙板最顶部像素 (x_{u2},y_{u2}) 之间的垂直距离 $|y_{u1}-y_{u2}|+1$，如图 9.6 所示。左边图像为模糊目标，右边图像为相应的透明性映射图。

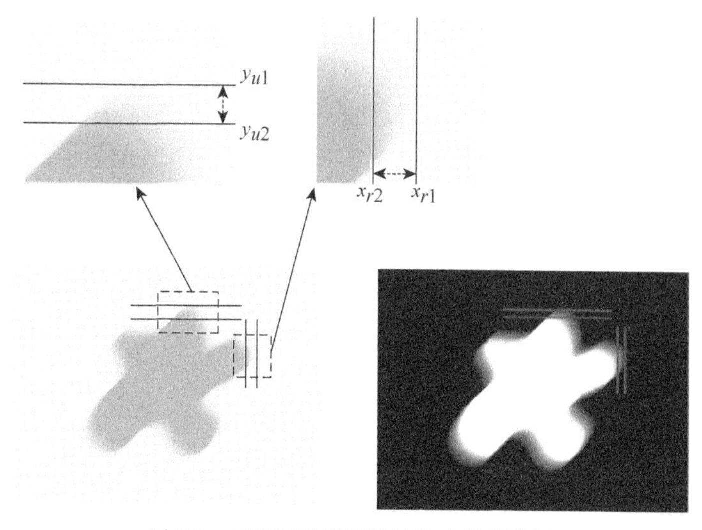

图 9.6　二维运动模糊滤波尺寸的上边界

9.2.2 目标的二维运动去模糊方法

本节采用一种 MAP 的方法复原运动的模糊目标，其他一些具有相似的解卷积操作的复原方法，修改一些必要的限制条件之后也可应用于本章的运动去模糊。通过贝叶斯准则可得

$$P(\boldsymbol{f},\boldsymbol{\alpha}^o \mid \boldsymbol{\alpha}^i) \propto P(\boldsymbol{\alpha}^i \mid \boldsymbol{f},\boldsymbol{\alpha}^o)P(\boldsymbol{\alpha}^o)P(\boldsymbol{f}) \tag{9.15}$$

定义相似性

$$P(\boldsymbol{\alpha}^i \mid \boldsymbol{f},\boldsymbol{\alpha}^o) = \prod_{x,y}(\mid \alpha_{x,y}^i - \sum_{i,j}\alpha_{x-i,y-i}^o f_{i,j} \mid ;\sigma_1,\mu_1) \tag{9.16}$$

其中，$\mid \alpha_{x,y}^i - \sum_{i,j}\alpha_{x-i,y-i}^o f_{i,j} \mid$利用模糊核度量输入的 alpha 值和卷积的 alpha 值之间的相似性。先验条件 $P(\boldsymbol{\alpha}^o)$ 在本章方法中的定义是唯一的，它由两部分组成：

$$P(\boldsymbol{\alpha}^o) = \prod_{x,y}\exp(-\lambda\alpha_{x,y}^o \mid 1-\alpha_{x,y}^o \mid) \prod_{\substack{(x,y)\\(x',y')}} N(\mid \alpha_{x',y'}^o - \alpha_{x,y}^o \mid ;\sigma_2,\mu_2) \tag{9.17}$$

其中，$N(\cdot,\sigma,\mu)$ 表示均值为 μ 和方差为 σ^2 的高斯分布；(x',y') 是 (x,y) 的像素邻域。前半部分 $\alpha_{x,y}^o \mid 1-\alpha_{x,y}^o \mid$ 约束未模糊的 alpha 蒙板是两颜色的图像[174]，每个 alpha 值应该是 0 或 1；后半部分 $N(\mid \alpha_{x',y'}^o - \alpha_{x,y}^o \mid ;\sigma_2,\mu_2)$ 表示高斯分布，定义在邻域像素之间的 alpha 差分上。由于假设目标是固体，这样透明性结构就比较简单。对于滤波元素，一般定义先验条件为均匀分布，也可以用其他方式进行定义，用以产生 0 或者其他值。

本节采用一种迭代的优化方法求解上面的 MAP 难题。首先采用共轭梯度的优化方法估计未知量，然后利用置信度传播进一步完善未模糊的 alpha 蒙板的结构。与其他优化方法相比，共轭梯度法具有更快的收敛速度，并且对迭代初始点和存储量的要求较少，有利于减少算法复杂度和运算时间。另外，与以前的运动去模糊方法不同，本章方法并没有将输入图像中的所有像素应用于模糊滤波的估计；在 alpha 蒙板中，大部分的 alpha 值等于 0 或 1，它们在优化过程中并没有提供有用的信息，因此可以直接剔除而不影响复原结果。本章通过两个步骤构建 alpha 层，具体为：①利用 $0<\alpha^i<1$ 的 alpha 值选择像素；②进行形态学膨胀运算并求出最小外接矩。该层在很大程度上减少了 alpha 的未知量，即使对于大尺度的输入图像，优化过程的复杂度也较低。

9.2.3 实验与分析

本章在 Pentium（R）Dual-Core 2.5GHz CPU、4GB 内存的硬件环境和 Windows 7、MATLAB R2010a 的软件环境条件下进行了实验。实验包含两个部分：

首先使用仿真的模糊图像验证本章方法的有效性，其次对实际拍摄的模糊图像进行复原，验证本章方法的实用性，并与当前技术条件下的一些复原方法进行比较。

1. 仿真的目标运动去模糊实验

图 9.7 为仿真的目标运动去模糊实例。图 9.7（a）是静止目标的二进制 alpha 蒙板，图 9.7（b）为图 9.7（d）中真实模糊核与图 9.7（a）卷积所得的运动模糊图像。图 9.7（c）为本章方法的复原结果，与图 9.7（a）在结构上是十分相似的。本章方法的模糊核如图 9.7（e）所示，与真实的模糊核相比，其主要结构保持较好。以图 9.7（d）中的真实模糊核为初始值，使用 MATLAB 中 deconvblind 函数迭代 30 次后的模糊核如图 9.7（f）所示，这表明 IBD 算法会随着迭代次数的增加造成模糊核的退化。图 9.7（g）是采用文献[104]的方法估计出的模糊核，也能较好地复原出清晰图像，这说明模糊核估计存在多解的情况，也进一步表明了图像反卷积的病态性和复杂性。

(a) 二进制alpha蒙板

(b) 运动模糊图像

(c) 本章方法复原结果

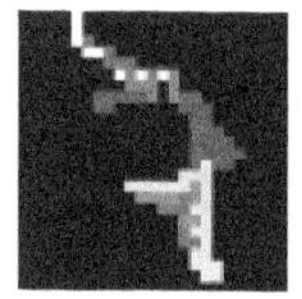
(d) 真实模糊核

(e) 本章方法的模糊核

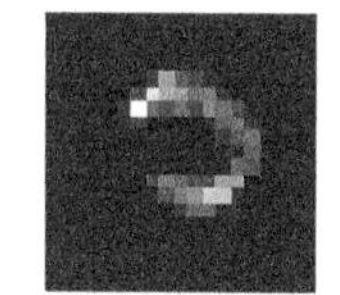
(f) 迭代生成模糊核

(g) 文献[104]的模糊核

图 9.7　仿真的目标运动去模糊实例

2. 真实的目标运动去模糊实验

为了验证本章方法的实用性，实验还对实际的目标运动模糊图像进行了复原，如图 9.8 所示。图 9.8（a）为实际拍摄的包含运动模糊目标的场景，汽车由于运动产生模糊，而静止的地面没有遭受到相同的退化。图 9.8（b）和图 9.8（c）分别为 IBD 算法采用 7×7 和 11×11 模糊核循环 30 次的复原结果；采用文献[104]的方法，并设置模糊尺寸为 7×7 和 11×11 所得复原结果如图 9.8（d）和图 9.8（e）所示；图 9.8（f）为本章方法的复原结果。从实验结果可以看出，模糊核尺寸对于图像复原至关重要，较大的模糊核容易产生振铃效应，而较小的模糊核复原能力则比较差，本章方法很好地解决了这个问题，能够准确地估计出模糊核尺寸。

另外，精确的图像分割对于目标运动去模糊至关重要，如果对于静止的场景仍采取相同的复原策略，即使较为平坦的地面也会产生大量的人造伪像。

(a) 运动模糊目标

(b) IBD算法7×7模糊核复原结果

(c) IBD算法11×11模糊核复原结果

(d) 7×7模糊核复原结果[104]

(e) 11×11模糊核复原结果[104]

(f) 本章方法复原结果

图 9.8　真实的运动去模糊实例

9.3　基于光流约束和光谱蒙板的空间运动模糊图像复原方法

空间不变的线性运动模糊，通常将模糊图像建模为 PSF 与清晰图像的卷积，然后加上噪声，这种类型的运动模糊复原目前已经被广泛研究[33, 84]。但是，在实际应用中，运动可能是非常复杂的，由此产生的运动模糊也要复杂许多，例如，模糊可能是空间变化的、非线性的、局部的或多元的，如图 9.9 所示。利用传统的卷积模型对这些空间变化的模糊图像进行复原显然是不够精确的。近年来，人们开始对这些情况进行研究，如多元线性空间不变模糊[175]和旋转模糊[176]。由于

图 9.9　空间变化运动模糊样例

运动模式和图像自身的复杂性，即使这些特殊情况下的图像复原，所得结果仍然依赖于特定的输入图像、用户的干预或者额外的假设，还有大量的工作有待进一步的深化和研究。

空间变化运动模糊图像复原的主要难点在于模糊核具有空间变化的属性。文献[177]利用 Bresenham 画圆法和维纳滤波对旋转运动模糊图像进行复原，完成了航空成像时旋转运动模糊的实时恢复，但是该方法只具有全局的参数形式，并且对运动目标具有严格的限制。文献[178]利用图像序列对多元分段空间不变模糊的估计和分割难题进行研究，并通过图像匹配获得准确的分割结果[178]，主要思想在于挖掘多个运动模糊过程之间的补偿特性以优化 PSF 的估计。文献[179]提出一种基于成对模糊/含噪图像联合信息的图像复原方法，取得了很好的复原效果。然而，这些方法都存在一些共同的缺点，就是需要图像分割、分块或者图像配准，算法复杂度高，实时性较差，而且复原效果不够稳定。另外，还有许多学者通过添加具有特殊功能的硬件实现空间变化的运动模糊复原[170, 180]，但这在操作和实现上也比较复杂，并且对于复杂的运动模式很难得到理想的复原结果。

图像复原的首要问题是建立准确的观察模型，简单有效的模型将有助于产生稳定可靠的结果。对于目前常用的卷积模型，由于 PSF 估计和图像解卷积一直是成对出现的，估计清晰图像具有很大的自由度，往往需要一些不太严格的假设或先验信息来限制解的范围。另外，图像自身的复杂性，使其无法利用有效的参数模型进行精确描述。这些误差都可能在图像复原过程中不断累积，最终导致复原失败。显然，传统的卷积模型对于空间变化的运动模糊图像复原是不够理想的，这也是基于此模型一直没有重大进展的主要原因[31]。因此，建立更精确具有较少自由参数的观察模型对于空间变化的运动模糊图像复原将有着重要的作用。

为更好地解决单幅图像的空间变化运动模糊复原的问题，本章引入一种运动模糊约束（motion blur constraint，MBC）条件模型，该模型比传统的卷积模型要简单许多和强大许多。传统复原方法通常针对整幅图像进行处理，与此不同，本章采用 alpha 通道模型减少了自由度和复杂度。研究发现 alpha 通道、运动模糊参数和简单的二进制自由参数之间存在线性约束条件，这种约束条件能够局部地应用到像素中，进而得出 α 运动模糊约束条件模型。该模型使 PSF 估计与图像解卷积分离，降低了图像复原过程中的自由度。另外，该模型还具有一些额外的优点，使得许多复杂形式的运动模糊估计难题能够统一起来，包括全局仿射运动模糊估计、全局旋转运动模糊估计、多元模糊估计和分割。另外，本章方法不需要用户的干预和模糊方向的假设等先验信息，复原性能和效果优于当前技术条件下的空间变化运动模糊复原方法。

9.3.1 运动模糊约束条件

本节首先研究运动模糊约束条件，在此基础上，利用 alpha 通道模型和边缘梯度得出 α 运动模糊约束条件。

1. 一般的运动模糊约束条件

令 $\boldsymbol{I}$、$\boldsymbol{h}$ 和 $\boldsymbol{I}_b$ 分别表示原始的清晰图像、运动模糊的 PSF 和模糊图像。对于空间变化的运动模糊图像，在较小的区域内可认为 $\boldsymbol{h}$ 是空间不变的，则模糊图像块的生成函数为 $\boldsymbol{I}_b=\boldsymbol{I}*\boldsymbol{h}$，其中*是卷积操作。本章通过 xy 坐标系上的向量 $\boldsymbol{b}=(u,v)^{\mathrm{T}}$ 参数化 $\boldsymbol{h}$，那么该向量与其长度 l 和方向 θ 的映射关系为 $u=l\cos\theta$，$v=l\sin\theta$，并且能够得出如下定理。

定理 9.2 二维连续信号 $\boldsymbol{I}$ 通过运动模糊核 $\boldsymbol{h}$ 得到 $\boldsymbol{I}_b$，那么运动模糊约束条件对于任何位置 $\boldsymbol{p}$ 都保持

$$\nabla \boldsymbol{I}_b|_p\cdot\boldsymbol{b}=\boldsymbol{I}\left(\boldsymbol{p}+\frac{\boldsymbol{b}}{2}\right)-\boldsymbol{I}\left(\boldsymbol{p}-\frac{\boldsymbol{b}}{2}\right) \tag{9.18}$$

其中，$\nabla \boldsymbol{I}_b|_p=\left.\left(\frac{\partial \boldsymbol{I}_b}{\partial x},\frac{\partial \boldsymbol{I}_b}{\partial y}\right)^{\mathrm{T}}\right|_p$。

证明 在不失一般性的条件下，假设 $v=0$。由于在其他情况下，旋转 $\boldsymbol{h}$ 和 $\boldsymbol{I}$ 使模糊方向与 x 轴平行并不会改变等式（9.18）两边的值。这种情况下的 PSF 为

$$\boldsymbol{h}(x,y)=\begin{cases}\frac{1}{u}\delta(y), & -\frac{u}{2}\leqslant x\leqslant\frac{u}{2}\\ 0, & \text{否则}\end{cases}$$

其中，δ 是 Dirac delta 函数，则有 $\frac{\partial \boldsymbol{h}}{\partial x}=\frac{1}{u}\left[\delta\left(x+\frac{u}{2},y\right)-\delta\left(x-\frac{u}{2},y\right)\right]$。由于 $\boldsymbol{b}=(u,0)^{\mathrm{T}}$，$\forall\boldsymbol{p}=(x,y)^{\mathrm{T}}$，有以下等式：

$$\begin{aligned}\nabla \boldsymbol{I}_b|_p\cdot\boldsymbol{b}&=\frac{\partial \boldsymbol{I}_b}{\partial x}\cdot u+\frac{\partial \boldsymbol{I}_b}{\partial y}\cdot 0=\left(\boldsymbol{I}*\frac{\partial \boldsymbol{h}}{\partial x}\right)\cdot u\\&=\boldsymbol{I}*\frac{1}{u}\left[\delta\left(x+\frac{u}{2},y\right)-\delta\left(x-\frac{u}{2},y\right)\right]\cdot u\\&=\boldsymbol{I}\left(\boldsymbol{p}+\frac{\boldsymbol{b}}{2}\right)-\boldsymbol{I}\left(\boldsymbol{p}-\frac{\boldsymbol{b}}{2}\right)\end{aligned}$$

运动模糊约束条件仅仅与模糊图像的局部梯度和清晰图像中两个位置的像素有关，而不需要在运动过程中对大量像素进行积分。另外，该条件是运动模糊参

数的局部约束条件，能够以局部的形式完成模糊参数的估计，这种属性对于空间变化的运动模糊复原具有重要意义。

2. α 运动模糊约束条件

等式（9.18）比传统复原模型中的卷积等式要简单许多，但是仅仅给定模糊图像的条件下，$\boldsymbol{I}\left(p-\frac{\boldsymbol{b}}{2}\right)$，$\boldsymbol{I}\left(p+\frac{\boldsymbol{b}}{2}\right)$ 和 $\boldsymbol{b}$ 都是未知的。为了更好地利用运动模糊约束条件进行图像复原，将该条件扩展到 alpha 通道模型以进一步减少复原方法的自由度。

Alpha 通道模型已经成功应用于图像去模糊[175, 177]和超分辨率复原[181]。在 alpha 通道中，边缘对比度被归一化为[0, 1]，而不是颜色空间中的任意值，因此利用该方法能够极大地简化图像处理的任务。近年来，专家学者提出的光谱蒙板方法[182]能够准确地提取 alpha 成分。

图像蒙板方法根据式（9.19）的 alpha 通道模型，将输入图像 $\boldsymbol{I}$ 分解为前景图像 $\boldsymbol{F}$ 和背景图像 $\boldsymbol{B}$ 的线性组合：

$$\boldsymbol{I}=\boldsymbol{\alpha}\boldsymbol{F}+(1-\boldsymbol{\alpha})\boldsymbol{B} \tag{9.19}$$

假设 $\boldsymbol{F}$ 和 $\boldsymbol{B}$ 是局部平滑的（与光谱蒙板方法的假设相同），那么

$$\boldsymbol{I}*\boldsymbol{h}=\boldsymbol{\alpha}\boldsymbol{F}*\boldsymbol{h}+(1-\boldsymbol{\alpha})\boldsymbol{B}*\boldsymbol{h}=\boldsymbol{\alpha}_b\boldsymbol{F}+(1-\boldsymbol{\alpha}_b)\boldsymbol{B} \tag{9.20}$$

其中，$\boldsymbol{\alpha}_b=\boldsymbol{\alpha}*\boldsymbol{h}$ 是被核 $\boldsymbol{h}$ 模糊的 $\boldsymbol{\alpha}$，可理解为运动目标的透明性。从式（9.20）可以看出，$\boldsymbol{\alpha}_b$ 是 $\boldsymbol{I}_b$ 的 alpha 通道模型。因此可得式（9.18）等号左边为

$$\nabla[\boldsymbol{\alpha}_b\boldsymbol{F}+(1-\boldsymbol{\alpha}_b)\boldsymbol{B}]\cdot\boldsymbol{b}=(\boldsymbol{F}-\boldsymbol{B})\nabla\boldsymbol{\alpha}_b\cdot\boldsymbol{b} \tag{9.21}$$

利用式（9.19）可得式（9.18）等号右边为

$$\left[\boldsymbol{\alpha}\left(p+\frac{\boldsymbol{b}}{2}\right)-\boldsymbol{\alpha}\left(p-\frac{\boldsymbol{b}}{2}\right)\right](\boldsymbol{F}-\boldsymbol{B}) \tag{9.22}$$

合并式（9.21）和式（9.22），消去 $\boldsymbol{F}-\boldsymbol{B}$ 可得到

$$\nabla\boldsymbol{\alpha}_b\cdot\boldsymbol{b}=\boldsymbol{\alpha}\left(p+\frac{\boldsymbol{b}}{2}\right)-\boldsymbol{\alpha}\left(p-\frac{\boldsymbol{b}}{2}\right) \tag{9.23}$$

式（9.23）与式（9.18）相似，仅仅利用 alpha 通道模型中的 $\boldsymbol{\alpha}$ 代替 $\boldsymbol{I}$。

在清晰图像中，大部分像素的 alpha 值为 0 或 1，那么通过式（9.23）可得 $\nabla\boldsymbol{\alpha}_b\cdot\boldsymbol{b}\in\{0,\pm1\}$。实验表明 0 值通常出现在 $\nabla\boldsymbol{\alpha}_b=0$ 时，$\nabla\boldsymbol{\alpha}_b$ 非 0 并且垂直于 $\boldsymbol{b}$ 的情况很少发生，本章将这些点看作异常值。因此，对于 $\|\nabla\boldsymbol{\alpha}_b\|\neq0$ 的位置，可推断下面的等式成立：

$$\nabla\boldsymbol{\alpha}_b\cdot\boldsymbol{b}=\pm1 \tag{9.24}$$

式（9.24）被称为 α 运动模糊限制条件。剔除 0 值的情况能够避开平凡解以简化参数估计过程。

3. 空间不变的线性运动去模糊

对于空间不变的线性运动模糊，能够通过最小化下面的目标函数进行估计：

$$\boldsymbol{b}^* = \arg\min_{b} \sum_{p\in\Omega} \min_{z_p=\pm1} (\nabla \boldsymbol{\alpha}_b |_p \cdot \boldsymbol{b} - z_p)^2 \tag{9.25}$$

其中，$\boldsymbol{p}$ 代表像素位置，$z_p = \pm1$ 表明式（9.24）在位置 $\boldsymbol{p}$ 处为常量。Ω 是通过预滤波方法选择的相关像素的集合。假设

$$z_p^* = \arg\min_{z_p=\pm1} (\nabla \boldsymbol{\alpha}_b |_p \cdot \boldsymbol{b} - z_p)^2 \tag{9.26}$$

只要所有 z_p^* 已知，式（9.26）就变成一个标准的最小平方拟合难题，其解决方案为

$$\boldsymbol{b}^* = \boldsymbol{A}^+ \boldsymbol{Z} \tag{9.27}$$

其中，$\boldsymbol{A}_{m\times2} = (\nabla \boldsymbol{\alpha}_b |_{p_1}, \nabla \boldsymbol{\alpha}_b |_{p_2}, \cdots)^{\mathrm{T}}$；$\boldsymbol{A}^+$为 $\boldsymbol{A}$ 的伪逆；$\boldsymbol{Z}_{m\times1} = (z_{p_1}^*, z_{p_2}^*, \cdots)^{\mathrm{T}}$；$m = |\Omega|$。

由于图像自身的复杂性和光谱蒙板方法的缺陷，提取的 alpha 成分可能会包含一些异常点，如果直接对它们进行后续处理难免会引入一些误差。本章采用 RANSAC（random sample consensus）算法进行优化，该算法能够检测并剔除异常数据，对噪声具有很好的鲁棒性，在计算机视觉方面具有广泛应用。具体过程为：在每一轮循环中，首先随机选取 Ω 中的两个像素并分配给相应的 z 值，然后利用式（9.27）求解初始的模糊参数并更新模型参数。整个参数估计过程在算法 9.1 中概括，采用一种类 EM 的算法迭代地优化 z_p^* 和 $\boldsymbol{b}^*$，满足 $\min_{z=\pm1} |\nabla \boldsymbol{\alpha}_b |_p \cdot \boldsymbol{b} - z| < 0.1$ 条件的像素即正确数据。

算法 9.1　空间不变线性运动模糊估计算法

输入：空间不变运动模糊图像 $\boldsymbol{I}_b$。

输出：运动模糊参数估计 $\boldsymbol{b}^* = (u, v)^{\mathrm{T}}$。

步骤：

Step 1. 使用光谱蒙板[182]得到 $\boldsymbol{\alpha}_b$，计算 $\nabla \boldsymbol{\alpha}_b$。

Step 2. 获取局部一致性像素集合 Ω，$n^* = 0$。

Step 3. For $t = 1$ to T

①随机选取 Ω 中两个像素，并随机分配给相应的 z 值 $(\in \{\pm1\})$；

②利用式（9.27）求解运动模糊参数；

③得到正确像素的数量 n；

④如果 $n > n^*$，则 $n^* = n$，$\boldsymbol{b}^* = \boldsymbol{b}$。

Step 4. 对于 Ω 中的正确像素，通过式（9.26）和式（9.27）迭代地更新 z^*和 $\boldsymbol{b}^*$。

由于 RANSAC 是不确定性算法，减少噪声不仅能够降低迭代次数、加快

RANSAC 过程，而且能够增加整个算法的鲁棒性，因此算法 9.1 在 Step 2 中尽力移除噪声数据。噪声主要来自两个方面：α 运动模糊限制条件中的异常值和提取蒙板成分时的瑕疵。可应用局部连续性检验减少噪声，仅仅保留那些与邻域具有相同模糊模型和 z 值的像素。对于像素 $\boldsymbol{p}$，本章采用式（9.28）度量其局部连贯性：

$$C(\boldsymbol{p})=\min_{b}\sum_{q\in N_p}(\nabla\boldsymbol{\alpha}_b|_q\cdot\boldsymbol{b}-1)^2 \tag{9.28}$$

其中，N_p 表示 $\boldsymbol{p}$ 的 3×3 邻域窗口。当且仅当 $C(\boldsymbol{p})$ 小于某个阈值，并且 $\nabla\boldsymbol{\alpha}_b|_p\neq 0$ 时，$\boldsymbol{p}\in\Omega$。

基于运动估计和模糊估计之间的相似性，一些其他的运动估计方法也能够应用于该模糊模型的估计，如多分辨率策略、鲁棒惩罚函数[183]和成熟的梯度计算方法等。

9.3.2　空间变化运动模型与改进的模糊图像复原方法

运动模糊约束条件的局部属性对于像素是保持的，该约束条件能够估计复杂运动模式的模糊。本节首先对空间变化的运动模糊进行分析，然后将 α 运动模糊约束条件应用于仿射模糊估计、旋转模糊估计、多元模糊估计和分割。

1. 空间变化的运动模糊模型

在曝光期间，假设像素 $\boldsymbol{p}=(x,y)^{\mathrm{T}}$ 的积分路径为 $\boldsymbol{r}_p(t)=(x_p(t),y_p(t))^{\mathrm{T}}$，这里 $t\in\left[-\dfrac{t_0}{2},\dfrac{t_0}{2}\right]$ 是时间变量，t_0 是曝光的总时间。那么在 $\boldsymbol{p}$ 处的模糊结果为

$$\boldsymbol{I}_b(\boldsymbol{p})=\frac{1}{t_0}\int_{t\in\left[-\frac{t_0}{2},\frac{t_0}{2}\right]}\boldsymbol{I}(\boldsymbol{r}_p(t))\mathrm{d}t \tag{9.29}$$

对于静止区域，$\boldsymbol{r}_p(t)=\boldsymbol{p}$；对于空间不变的线性运动模糊，$\boldsymbol{r}_p(t)=\boldsymbol{p}+\dfrac{\boldsymbol{b}}{t_0}t$，其中 $\boldsymbol{b}$ 是模糊参数。$\boldsymbol{b}=\boldsymbol{r}_p'(t)t_0$ 表示速度乘以移动时间，可看作运动路径的一阶估计。对于更加复杂的函数 $\boldsymbol{r}$（代表更加复杂的运动模式），可能是非线性的或者导数是空间变化的，通过该一阶估计仍然能够应用 α 运动模糊约束条件。

2. 仿射运动模糊模型

二维的仿射运动能够用于估计三维运动的模糊场，与空间不变性模糊相比，其运动方向与成像平面可能是不平行的。假设仿射模糊模型如下：

$$\boldsymbol{r}_p(t)=\boldsymbol{p}+\boldsymbol{v}_p t \tag{9.30}$$

$$\boldsymbol{b}_p=\boldsymbol{v}_p t_0=\begin{bmatrix}a_{11} & a_{12}\\ a_{21} & a_{22}\end{bmatrix}\begin{bmatrix}x\\ y\end{bmatrix}+\begin{bmatrix}a_{13}\\ a_{23}\end{bmatrix} \tag{9.31}$$

把式（9.31）代入式（9.24），可以得到

$$d_x(a_{11}x + a_{12}y + a_{13}) + d_y(a_{21}x + a_{22}y + a_{23}) = \boldsymbol{z}_p \tag{9.32}$$

其中，$d_x = \left.\dfrac{\partial \boldsymbol{a}_b}{\partial x}\right|_p, d_y = \left.\dfrac{\partial \boldsymbol{a}_b}{\partial y}\right|_p$，且有

$$(xd_x, yd_x, d_x, xd_y, yd_y, d_y)^{\mathrm{T}} \cdot \boldsymbol{b}_a = \boldsymbol{z}_p \tag{9.33}$$

式（9.33）对于运动模糊参数 $\boldsymbol{b}_a = (a_{11}, a_{12}, a_{13}, a_{21}, a_{22}, a_{23})$ 是线性的，这样模型的估计难题就成为给定 $\boldsymbol{z}_{\mathrm{p}}$ 条件下的标准最小平方拟合难题，它能够采用与算法 9.1 相似的方法解决。

3. *旋转运动模糊模型*

旋转运动模糊在现实生活中也是普遍存在的，它是空间变化和非线性的（积分路径为圆弧）。假设目标的旋转中心为 $\boldsymbol{p}_0 = (x_0, y_0)^{\mathrm{T}}$，角速度恒定为 ρ，那么

$$\boldsymbol{r}_p(t) = \boldsymbol{p}_0 + \boldsymbol{R}(\rho t)(\boldsymbol{p} - \boldsymbol{p}_0) \tag{9.34}$$

其中，$\boldsymbol{R}(\theta) = \begin{bmatrix} \cos\theta & -\sin\theta \\ \sin\theta & \cos\theta \end{bmatrix}$是旋转矩阵。因此

$$\begin{cases} x_p(t) = x_0 + \cos(\rho t)(x - x_0) - \sin(\rho t)(y - y_0) \\ y_p(t) = y_0 + \sin(\rho t)(x - x_0) + \cos(\rho t)(y - y_0) \end{cases} \tag{9.35}$$

对于 ρt_0 非常小的情况（ ρt_0 较大的情况已严重破坏图像纹理，将无法复原），有 $\cos(\rho t) \approx 1$ 和 $\sin(\rho t) \approx \rho t$，那么

$$\begin{cases} x'_p(t) = -\rho(y - y_0) \\ y'_p(t) = \rho(x - x_0) \end{cases} \tag{9.36}$$

这样，局部运动模糊参数为

$$\boldsymbol{b}_p = \boldsymbol{r}'_p(t)t_0 = (-\rho(y - y_0)t_0, \rho(x - x_0)t_0)^{\mathrm{T}} \tag{9.37}$$

令 $\boldsymbol{b}_r = (\beta, a, b)^{\mathrm{T}} = (\rho t_0, \rho x_0 t_0, \rho y_0 t_0)^{\mathrm{T}}$，这样由式（9.24）可得

$$(b - \beta y)d_x + (\beta x - a)d_y = \boldsymbol{z}_p \tag{9.38}$$

或者

$$(xd_y - yd_x, -d_y, d_x)^{\mathrm{T}} \cdot \boldsymbol{b}_r = \boldsymbol{z}_p \tag{9.39}$$

这再次成为给定 $\boldsymbol{z}_p$ 条件下的最小平方拟合难题，能够采用与算法 9.1 相似的方法解决。事实上，在线性化 $\boldsymbol{r}_p(t)$之后，旋转运动模糊就成为一种特殊情况下的仿射运动模糊。

4. 多元运动模糊的估计与分割

为了处理单幅图像中存在多个运动模糊目标的问题，就需要采用 MRF 分割方法进行多元运动模糊的估计。

对于多元运动模糊的估计，首先应用 RANSAC 算法逐个地提取运动模型作为初始值，直到不再有模型能够被有意义数量的像素拟合为止。另外，模型数量也可以自动决定。在初始化之后，能够利用一种类 EM 算法迭代地更新模型分配和模型参数以进一步改善整体的运动估计。

在获得模型参数以后，利用 MRF 执行运动分割，并通过最小化式（9.40）的能量函数实现区域连续性。

$$E(\{l_p\}_{p\in I})=\sum_{p\in I}\phi_p(l_p)+\beta_1\sum_{(p,q)\in N}\psi_{p,q}(l_p,l_q) \tag{9.40}$$

其中，l_p 是像素标签，表明像素是非模糊的或者属于哪个模糊模型。假设 b_l 是提取的第 l 个模型，$\phi_p(l)=\min_{z=\pm1}|\nabla\boldsymbol{\alpha}_p\cdot b_l-\boldsymbol{z}_p|$ 是相似项，用于获取式（9.25）的最优拟合值。β_2 为某个像素设定为非模糊的惩罚因子。先验项 $\psi_{p,q}(l_p,l_q)=(1-\delta)(l_p,l_q)\mathrm{e}^{\beta_3\|I_p-I_q\|}$ 用于提升标签的连续性，若 $l_1=l_2$，则 $\delta(l_1,l_2)=1$，否则为 0。图像中的每条边缘通常遭受相同的运动模糊，同性质的区域对于不同的运动模型具有歧义性；因此，成对的惩罚在边缘附近的位置比较大，在同性质区域中倾向于分割边界。N 是邻域像素对的集合，β_1、β_2、β_3 是常量。式（9.40）的能量函数可通过图割进行有效的优化[184]。

5. 非参数的运动模糊估计

本节采用一种非参数的模糊估计方法处理更加复杂的运动模式。从经典的 Lucas-Kanade 和 Horn-Schunck（HS）光流法开始，广大学者已经对非参数光流估计进行了深入研究。由于光流和运动模糊之间的相似性，能够将光流法应用于运动模糊估计。本节直接对 HS 光流法进行扩展，产生如下目标函数：

$$\sum_{p\in\Omega}\min_{z_p=\pm1}(\nabla\boldsymbol{\alpha}_b\cdot\boldsymbol{b}_p-z_p)^2+\lambda\sum_{(p,q)\in N}\|\boldsymbol{b}_p-\boldsymbol{b}_q\|_2^2 \tag{9.41}$$

其中，第一项是基于式（9.24）的数据项，第二项是偏爱平滑运动区域的先验项；位置 p 处的像素的运动向量场为 $\boldsymbol{b}_p$，N 是所有邻域像素对的集合。该方法与 HS 光流法的主要区别在于缺乏时间信息。关于 $\boldsymbol{z}_p$ 的目标函数是非凸的，使得问题优化非常困难。为了处理该非凸优化难题，首先估计具有参数形式的模糊模型，然后利用初始模型得到 $\boldsymbol{z}_p$ 值。整个估计过程也可应用初始化策略进行优化，例如，文献[185]的分段参数模型。在获得 $\boldsymbol{z}_p$ 值以后，就能够通过基于 Jacobi 的标准迭代算法优化运动场。

6. 改进的空间变化运动模糊复原

文献[31]利用改进的 Richardson-Lucy 方法[120]进行空间变化的非局部平滑运动模糊复原。假设模糊图像 $\boldsymbol{I}_b$ 由 $\boldsymbol{I}_b(p)=\sum_q \boldsymbol{I}(q)P_{pq}$ 产生，其中 $\boldsymbol{I}$ 表示要复原的清晰图像，p 和 q 表示像素位置，P_{pq} 是从 q 到 p 的模糊核权重，那么 Richardson-Lucy 迭代为 $\boldsymbol{I}^{t+1}(q)=\boldsymbol{I}^t(q)\sum_p \frac{\boldsymbol{I}_b(p)}{\boldsymbol{I}_b^t(p)}P_{pq}$，其中，$\boldsymbol{I}_b^t(p)=\sum_q \boldsymbol{I}^t(q)P_{pq}$。但由于该方法是针对图像像素迭代的，不仅算法复杂度高，而且对于微小误差（图像噪声和运动向量误差）非常敏感，大多数情况下，很难得到理想的复原结果。本章采用一种 MAP 估计与 alpha 蒙板相结合的方法完成模糊图像的复原。通过贝叶斯准则

$$P(\boldsymbol{f},\boldsymbol{\alpha}\mid\boldsymbol{\alpha}^b)\propto P(\boldsymbol{\alpha}^b\mid\boldsymbol{f},\boldsymbol{\alpha})P(\boldsymbol{\alpha})P(\boldsymbol{f}) \tag{9.42}$$

定义相似性

$$P(\boldsymbol{\alpha}^b\mid\boldsymbol{f},\boldsymbol{\alpha})=\prod_{x,y}(|\boldsymbol{\alpha}_{x,y}^b-\sum_{i,j}\boldsymbol{\alpha}_{x-i,y-i}\boldsymbol{f}_{i,j}|;\sigma_1,\mu_1) \tag{9.43}$$

其中，$\left|\boldsymbol{\alpha}_{x,y}^b-\sum_{i,j}\boldsymbol{\alpha}_{x-i,y-i}\boldsymbol{f}_{i,j}\right|$ 使用一个模糊核度量模糊图像的 alpha 值和真实图像的 alpha 值之间的相似性。先验条件 $P(\boldsymbol{\alpha})$ 通过超 Laplacian 分布建模：

$$P(\boldsymbol{\alpha})=\prod_{x,y}\exp(-k\,|\boldsymbol{\alpha}_{x,y}|^{\beta}) \tag{9.44}$$

其中，$0.5\leqslant\beta\leqslant0.8$，详见文献[71]。

9.3.3 实验与分析

本章在 Pentium（R）Dual-Core 2.5GHz CPU、4GB 内存的硬件环境和 Windows 7、MATLAB R2010a 的软件环境条件下进行实验。实验以光谱蒙板算法[182]提取的 alpha 映射图为基础，首先使用仿真的模糊图像验证本章方法的有效性，得到定量的评估结果，然后使用真实的模糊图像表明本章方法的一般实用性。

1. 仿真模糊图像的复原

图 9.10 展示了合成图像的仿射运动模糊实验的结果，其中的 4 幅图像依次是仿射运动模糊图像、复原图像、真实图像和估计的仿射运动场。利用仿射模糊模型 $\boldsymbol{b}_\alpha=(-1,2,500,2,-4,-866)^{\mathrm{T}}\times10^{-2}$ 合成输入，本章方法的估计值 $\boldsymbol{b}^*=(-0.96,2.3,483,2.2,-3.9,-890)^{\mathrm{T}}\times10^{-2}$。对于整幅图像的最大估计误差是 0.64，平均为 0.27，

这与平均的运动向量长度 10.9 相比是非常小的。复原图像的清晰度有了比较好的改善。图 9.11 展示了合成图像的旋转运动模糊实验的结果。输入图像的参数 $x_0 = 128, y_0 = 128, \theta = 10°$，估计结果为 $\hat{x}_0 = 120, \hat{y}_0 = 117, \hat{\theta} = 9.5°$，复原效果比较理想。

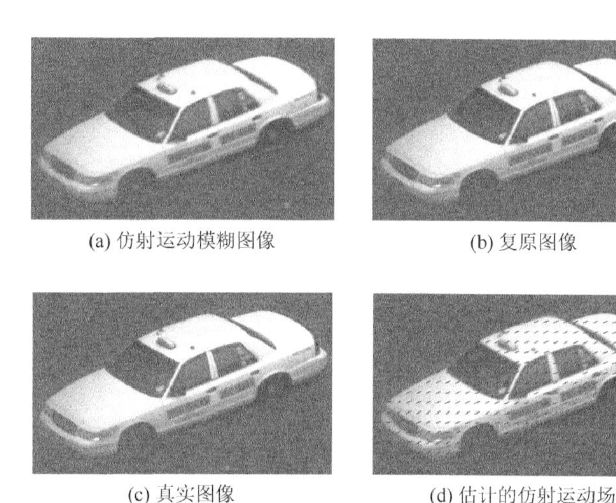

(a) 仿射运动模糊图像　(b) 复原图像

(c) 真实图像　(d) 估计的仿射运动场

图 9.10　合成图像的仿射运动模糊实验

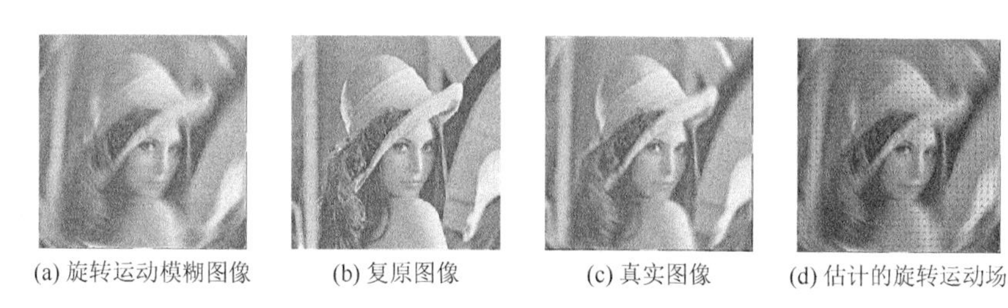

(a) 旋转运动模糊图像　(b) 复原图像　(c) 真实图像　(d) 估计的旋转运动场

图 9.11　合成图像的旋转运动模糊实验

2. 真实模糊图像的复原

图 9.12 展示了真实的空间不变线性运动模糊和 Hough 域投票结果，在 Hough 域能够清楚地观察到峰值，准确地估计出运动模糊向量。图 9.13 展示了具有旋转运动模糊和多元运动模糊的真实图像的复原结果，图中依次为有旋转、多元运动模糊图像、文献[31]方法复原图像、本章方法复原图像以及一些细节特写。由图 9.13 可以看出，本章方法估计的局部模糊向量与图像的真实模糊程度相匹配。由于本章方法正确地提取了空间变化的模糊参数，并利用改进的 MAP 估计算法进行复原，所以图像细节被大幅增强。与文献[31]中基于像素迭代的方法相比，复原结果受振铃效应的影响要小许多。

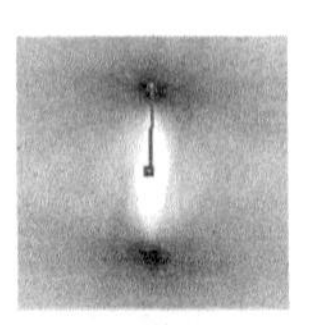

图 9.12　空间不变线性运动模糊和 Hough 域投票结果

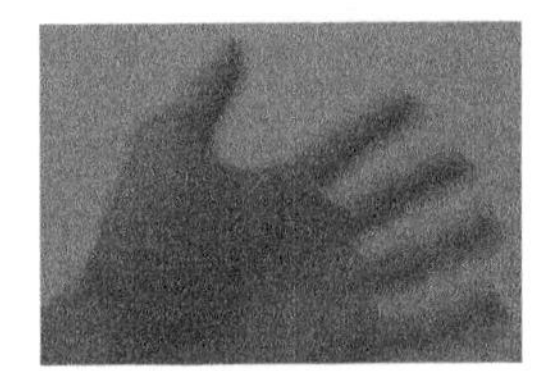
(a) 有旋转、多元运动模糊图像

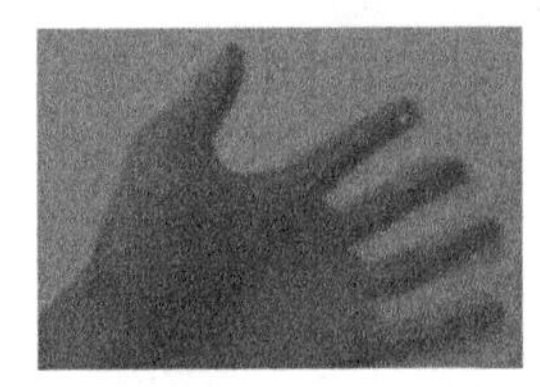
(b) 文献[31]方法复原图像

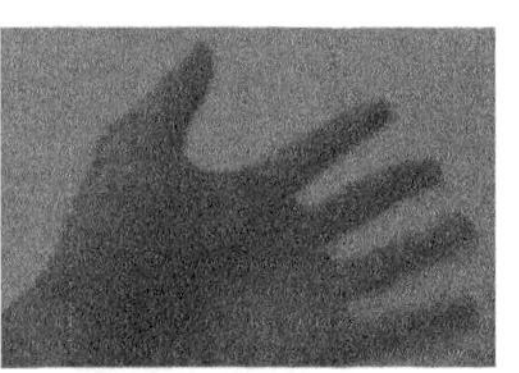
(c) 本章方法复原图象

(d) 有旋转、多元运动模糊图像

(e) 文献[31]方法复原图像

(f) 本章方法复原图象

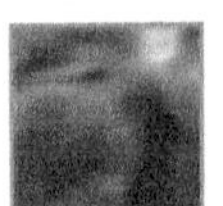

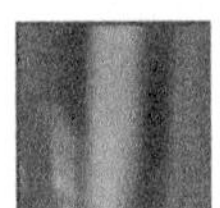
(g) 图(e)中的3个方框区域图像

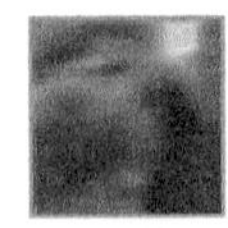

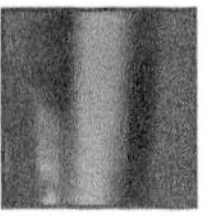
(h) 图(f)中的3个方框区域图像

图 9.13　具有旋转运动模糊和多元运动模糊的真实图像的复原结果

9.4　基于模糊映射图的空间变化离焦模糊图像复原方法

由于相机自身物理学方面的限制，图像在获取期间必须要在曝光时间、光圈大小和景深之间进行一些变换。一般来说，短曝光和小光圈相机获取的图像受噪声影响比较严重，而较长的曝光时间能够保证图像传感器捕获足够的光线，但是获取的图像可能产生难以复原的运动模糊[186]；另外，较大的光圈能够阻止运动模糊，并且捕获足够的光线，但是离焦模糊和景深的限制成为主要的缺点[187]。本节针对离焦模糊的问题，在研究目前离焦模型的基础上，提出一种基于模糊映射图和 $L_{1\text{-}2}$ 优化的复原方法去除空间变化的离焦模糊。

由于图像自身的复杂性，为了去除空间变化的模糊，一般会在处理过程中生成一幅映射图，该映射图对于后续的复原是至关重要的。Bae 等通过计算输入图像的二阶导数提取边缘上的模糊尺度[188]，并采用彩色化方法传播模糊尺度，获取一幅二维模糊映射图，但是彩色化方法不能保证模糊映射图的鲁棒性，因此该方法对于离焦模糊图像复原是不够精确的。Tai 等利用局部对比度的先验信息获取模糊映射图[189]，但是该方法没有进行离焦参数的估计和模糊图像的复原。Trentacoste 等在尺度空间内对输入图像的边缘进行比较和分析[190]，利用模糊感知下采样的思想估计模糊映射图，但没有研究图像复原的问题。Kee 等对于光学模糊问题提出了空间变化去模糊的方法[191]，但是没有处理离焦模糊的难题。另外，Zhuo 等通过二次模糊图像的方式提取边缘上的模糊尺度[192]，得到模糊映射图和离焦放大率，但是没有给出全聚焦的复原结果。

本章在以上方法和思想的基础上，提出一种基于模糊映射图和 $L_{1\text{-}2}$ 优化的空间变化离焦模糊图像复原方法。首先，通过改进的局部对比度先验和向导滤波估计模糊映射图。其次，利用 $L_{1\text{-}2}$ 优化在每个尺度上对整幅离焦模糊图像进行复原，获得一系列不同尺度的复原图像作为候选结果。最后，通过模糊映射图选择候选结果重构全聚焦输出图像。实验结果表明本章方法的性能超越了当前技术条件下的空间不变去模糊方法[81, 193, 194]和空间变化去模糊方法[188, 193]。

9.4.1　图像的离焦模型

本节采用高斯离焦模型进行图像复原，与圆盘离焦模型相比主要有以下优点：首先，圆盘离焦模型的频域变换存在过多零点，而相应的高斯离焦模型则有极少数的零点，可消除逆滤波的奇异性。其次，二维高斯函数可分解为多个高斯函数的卷积，这使得反卷积算法总能消除一部分高斯退化，致使图像的分辨率得到一定改善。由于反卷积不会使结果变差，所以可避免微小参数误差导致较大复原误差的问题[168]。

高斯离焦模型的参数不能利用频域过零点确定，但可采用空域中检测刃边函数曲线的方法来确定[168]。在离焦模糊图像的复原中，假设 PSF 为高斯分布，对其进行积分得到的线扩散函数（line spread function，LSF）仍为高斯分布，则可得 LSF 为

$$l(x)=\frac{1}{\sqrt{2\pi}\sigma}\exp\left(-\frac{x^2}{2\sigma^2}\right) \tag{9.45}$$

9.4.2　模糊映射图的生成方法

对于潜在的边缘信号 $l(x)$，一般能够建模为

$$l(x) = A \cdot u(x) + B \tag{9.46}$$

其中，$u(x)$是阶跃函数；A 是振幅；B 是偏移量，边缘被定位在 $x = 0$ 处。

假设边缘信号 $l(x)$遭受离焦模糊，则模糊信号 $b(x)$能够表示为如下的卷积形式：

$$b(x) = l(x) \otimes g(x, \sigma) \tag{9.47}$$

其中，$g(x, \sigma)$ 是标准差为 σ 的高斯函数：

$$g(x, \sigma) = \frac{1}{\sqrt{2\pi}\sigma} \exp\left(-\frac{x^2}{2\sigma^2}\right) \tag{9.48}$$

为了估计模糊尺度 σ，本节参考文献[189]提出的局部对比度先验模型，然后使用文献[192]的边缘属性对其进行改进。由式（9.46）和式（9.47）可得模糊边缘的梯度如下：

$$\nabla b(x) = \nabla(l(x) \otimes g(x, \sigma)) = A \cdot g(x, \sigma) \tag{9.49}$$

把式（9.49）代入局部对比度先验模型 LC(x)可得到

$$\begin{aligned} \mathrm{LC}(x) &= \frac{\max |\nabla b(x')|}{\max b(x') - \min b(x')} \\ &\approx \frac{1}{\sqrt{2\pi}\sigma} \max \left| \exp\left(-\frac{x^2}{2\sigma^2}\right) \right| \end{aligned} \tag{9.50}$$

其中，x' 是 x 的邻域。

由于在边缘位置（$x = 0$）处，$\max|\exp(0)| = 1$，在 x 和 y 方向上利用 $|\nabla b(x, y)| = \sqrt{\nabla b_x^2 + \nabla b_y^2}$ 可得模糊映射图如下：

$$\sigma(x, y) = \frac{1}{\sqrt{2\pi}\mathrm{LC}(x, y)} = \frac{0.3989}{\mathrm{LC}(x, y)} \tag{9.51}$$

其中，$\mathrm{LC}(x, y) = \dfrac{\max |\nabla b(x', y')|}{\max b(x', y') - \min b(x', y')}$，$(x', y')$ 是在某个局部窗口内 (x, y) 的邻域。

另外，为了去除边缘附近的歧义性和映射图中的噪声，本章采用向导滤波方法对模糊映射图进行优化，详细过程见文献[195]。

$$\sigma(x, y) \leftarrow \mathrm{GF}\{b(x, y), \sigma(x, y), r, \varepsilon\} \tag{9.52}$$

9.4.3　利用 $L_{1\text{-}2}$ 优化的图像复原方法

在生成模糊映射图以后，本节利用 $L_{1\text{-}2}$ 优化的图像复原方法重构全聚焦图

像，该图像复原方法合并了类 Tikhonov 规整化和 TV 规整化。假设 $\boldsymbol{b}$ 是模糊图像，G_σ 表示模糊尺度为 σ 的高斯模糊操作，$\boldsymbol{l}_\sigma$ 是相应的 $n\times n$ 的待复原灰度域图像，$\boldsymbol{r}$ 是加性噪声，则有

$$\boldsymbol{b} = G_\sigma \boldsymbol{l}_\sigma + \boldsymbol{r} \tag{9.53}$$

对于给定的模糊图像 $\boldsymbol{b}$，如果 G_σ 确定，就能够使用 $L_{1\text{-}2}$ 优化的图像复原方法复原 $\boldsymbol{l}_\sigma$：

$$\min_{\boldsymbol{l}_\sigma} \frac{\mu}{2} \| G_\sigma \boldsymbol{l}_\sigma - \boldsymbol{b} \|_2^2 + \alpha \cdot \sum_{i=1}^{n^2} \| D_i \boldsymbol{l}_\sigma \| + (1-\alpha) \cdot \sum_{i=1}^{n^2} \| D_i \boldsymbol{l}_\sigma \|_2^2 \tag{9.54}$$

其中，$D_i \boldsymbol{l}_\sigma$ 表示在像素 i 处的 $\boldsymbol{l}_\sigma$ 的离散梯度；$\sum \| D_i \boldsymbol{l}_\sigma \|$ 是 $\boldsymbol{l}_\sigma$ 的 TV 规整化；$\sum \| D_i \boldsymbol{l}_\sigma \|_2^2$ 是类 Tikhonov 规整化；μ 是规整化参数；$0 \leqslant \alpha \leqslant 1$。

与 Wang 等的方法相似[81]，本章对 $L_{1\text{-}2}$ 优化采用变量分裂和惩罚的方法。在每个像素位置处，引入辅助变量 $\boldsymbol{w}_i$ 将 $D_i \boldsymbol{l}_\sigma$ 转移到不可区分项 $\|\cdot\|$ 的外面，并且对 $\boldsymbol{w}_i$ 和 $D_i \boldsymbol{l}_\sigma$ 之间的差分进行惩罚，能够产生如下的估计模型：

$$\min_{w,\boldsymbol{l}_\sigma} \frac{\mu}{2} \| G_\sigma \boldsymbol{l}_\sigma - \boldsymbol{b} \|_2^2 + \alpha \cdot \left(\sum_{i=1}^{n^2} \| \boldsymbol{w}_i \| + \frac{\beta}{2} \sum_{i=1}^{n^2} \| \boldsymbol{w}_i - D_i \boldsymbol{l}_\sigma \|_2^2 \right) + (1-\alpha) \cdot \sum_{i=1}^{n^2} \| D_i \boldsymbol{l}_\sigma \|_2^2 \tag{9.55}$$

利用足够大的惩罚参数 β 使得 $\boldsymbol{w}_i \to D_i \boldsymbol{l}_\sigma$，这样式（9.55）描述的最小化问题就转化为在 $(\boldsymbol{w}_i, \boldsymbol{l}_\sigma)$ 量级上的一个惩罚函数。

对于 $\boldsymbol{w}_i$ 和 $\boldsymbol{l}_\sigma$，本章采用 ADM 算法优化惩罚函数。对于确定的 $\boldsymbol{l}_\sigma$，仅与 $\boldsymbol{w}_i$ 有关的中间两项对于 $\boldsymbol{w}_i$ 是可分的，因此最小化式（9.55）相当于优化如下表达式：

$$\min_{\boldsymbol{w}_i} \| \boldsymbol{w}_i \| + \frac{\beta}{2} \sum_{i=1}^{n^2} \| \boldsymbol{w}_i - D_i \boldsymbol{l}_\sigma \|_2^2 \tag{9.56}$$

利用矩阵微积分可得式（9.56）的唯一解决方案为

$$\boldsymbol{w}_i = \max\left\{ \| D_i \boldsymbol{l}_\sigma \| - \frac{1}{\beta}, 0 \right\} \frac{D_i \boldsymbol{l}_\sigma}{\| D_i \boldsymbol{l}_\sigma \|} \tag{9.57}$$

其中，$i = 1, 2, \cdots, n^2$，并且约定 $(0/0) = 0$。另外，对于确定的 $\boldsymbol{w}_i$，通过求解下面的二次表达式能够得出最优的 $\boldsymbol{l}_\sigma$。

$$\min_{\boldsymbol{l}_\sigma} \frac{\mu}{2} \| G_\sigma \boldsymbol{l}_\sigma - \boldsymbol{b} \|_2^2 + \frac{\alpha\beta}{2} \sum_{i=1}^{n^2} \| \boldsymbol{w}_i - D_i \boldsymbol{l}_\sigma \|_2^2 + (1-\alpha) \cdot \sum_{i=1}^{n^2} \| D_i \boldsymbol{l}_\sigma \|_2^2 \tag{9.58}$$

式（9.55）的封闭的解决方案如下：

$$\left(\frac{\mu}{2} G_\sigma^{\mathrm{T}} G_\sigma + \left(\frac{\alpha\beta}{2} + 1 - \alpha \right) D_i^{\mathrm{T}} D_i \right) \boldsymbol{l}_\sigma = \frac{\alpha\beta}{2} D_i^{\mathrm{T}} \boldsymbol{w}_i + \frac{\mu}{2} G_\sigma^{\mathrm{T}} \boldsymbol{b} \tag{9.59}$$

假设 $\boldsymbol{l}_\sigma$ 满足周期的边界条件，D_i 和 $G_\sigma^{\mathrm{T}} G_\sigma$ 就是全局块循环行列式。这样就能够利用二维的 DFT 代替复杂的矩阵运算，通过卷积定理可得 $\boldsymbol{l}_\sigma$ 为

$$\boldsymbol{l}_{\sigma}=F^{-1}\left\{\frac{\left(\frac{\alpha\beta}{2}\right)F(D_i)^*\circ F(\boldsymbol{w}_i)+\left(\frac{\mu}{2}\right)F(G_{\sigma})^*\circ F(\boldsymbol{b})}{\left(\frac{\alpha\beta}{2}\right)+(1-\alpha)F(D_i)+\left(\frac{\mu}{2}\right)F(G_{\sigma})^*\circ F(G_{\sigma})}\right\} \tag{9.60}$$

其中，*代表复共轭；∘代表分量方式的乘法，并且除法也是分量方式的。给定 $\boldsymbol{b}$、G_{σ}、α、β，通过 ADM 算法能够得到到 $\boldsymbol{l}_{\sigma}$，步骤如下：

（1）初始化 $\boldsymbol{b}=\boldsymbol{l}_{\sigma}$。

（2）对于确定的 $\boldsymbol{l}_{\sigma}$，通过式（9.57）迭代地计算 $\boldsymbol{w}_i$，对于确定的 $\boldsymbol{w}_i$ 通过式（9.60）计算 $\boldsymbol{l}_{\sigma}$，直到最小化惩罚函数达到收敛，最后得到解卷积图像 $\boldsymbol{l}_{\sigma}$。

9.4.4 图像重构与尺度选择

对于不同的模糊尺度，使用上述方法能够重构出 N 个候选的复原图像 $\{\boldsymbol{l}_{\sigma_1},\boldsymbol{l}_{\sigma_2},\cdots,\boldsymbol{l}_{\sigma_N}\}$。从 σ_1、σ_2 到 σ_N，利用步长 q 量化连续的模糊映射图到离散的模糊尺度，并与离焦尺度进行比较，可重构出全聚焦图像如下：

$$\boldsymbol{l}^*(x,y)=\sum_{(x,y)}\boldsymbol{l}_{\sigma^*(x,y)}(x,y) \tag{9.61}$$

其中，$\sigma^*(x,y)$ 是与 $\sigma(x,y)$ 相近的最大量化模糊尺度。由于 $\sigma^*(x,y)\leqslant\sigma(x,y)$，能够抑制由非规则性产生的振铃伪像[196]。

9.4.5 实验与分析

本节在 Pentium（R）Dual-Core 2.5GHz CPU、4GB 内存的硬件环境和 Windows 7、MATLAB R2010a 的软件环境条件下进行实验。首先使用仿真的图像定量地评估本节复原方法的性能，然后使用真实的图像表明方法的一般实用性。

1. 仿真图像的定量比较

本节利用 MATLAB 中 Barbara、Greens、Pepper、Cameraman、Coins 和 Liftingbody 共 6 幅图像作为参考图像，如图 6.4 所示。首先利用标准差（模糊尺度）为 4 的二维高斯函数对它们进行模糊；然后分别采用 DeconvTV[193]、FTVd[81]、TwIST[194]和本节复原方法对生成的图像进行复原，模糊尺度分别设为 2、4、6；最后利用 PSNR 和 SSIM 指标对所得复原图像进行比较，PSNR 和 SSIM 的平均值如表 9.1 所示。从表中可以看出本节复原方法要优于当前技术条件下的其他空间不变复原方法。

表 9.1　几种图像去模糊方法的性能比较

评价指标	PSNR			SSIM		
模糊尺度	2	4	6	2	4	6
TwIST	30.35	31.23	28.13	0.667	0.813	0.325
FTVd	30.34	31.29	28.21	0.671	0.817	0.351
DeconvTV	30.43	31.37	28.37	0.673	0.822	0.408
本节方法	30.79	31.56	28.68	0.684	0.826	0.439

2. 真实图像的去模糊实验

为了进一步验证本节方法的一般实用性，实验还对实际获取的空间变化模糊图像进行复原，并与合并的空间变化模糊复原方法（Bae 等的方法[188]和 Chan 等的方法[193]）进行比较，如图 9.14 所示。从实验结果可以看出，本节方法在空间变化的离焦去模糊方面，具有更好的细节保持能力，复原的全聚焦图像具有更好的视觉效果。

(a) 空间变化模糊图像

(b) 文献[188]和文献[193]复原结果

(c) 本节方法复原结果

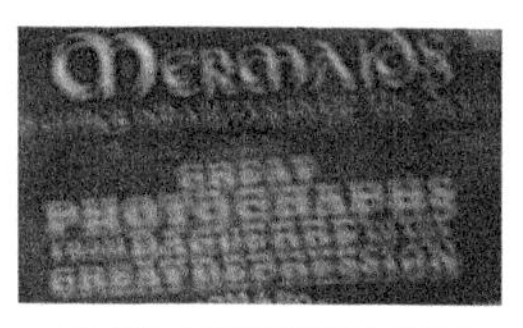

(d) 图(b)的局部放大效果

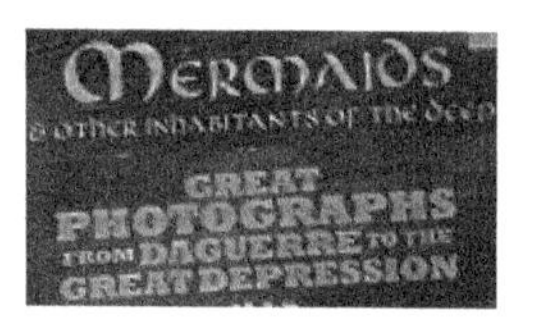

(e) 图(c)的局部放大效果

图 9.14　真实图像的空间变化去模糊的效果图

9.5　本 章 小 结

本章根据图像退化的一般模型，通过图像的底层理解将常见退化类型的机理和 PSF 分布的先验信息引入图像复原之中，分别提出了基于透明性的目标运动模糊图像复原方法、基于光流约束和光谱蒙板的空间变化运动模糊图像复原方法，以及基于模糊映射图和 $L_{1\text{-}2}$ 优化的空间变化离焦模糊图像复原方法，完成了实际应用中三种常见的空间变化模糊图像的复原，即静态背景中目标的运动模糊、复杂模式的空间变化运动模糊和空间变化的离焦模糊。基于仿真模糊图像和实际模糊图像的实验结果验证了本章方法的有效性和实用性，但应用条件比较严格，限制了这些方法的应用范围。

第 10 章　基于边缘分离的去振铃图像复原方法

图像的退化过程可视为一个 PSF 与输入（清晰）图像的卷积，反卷积（复原）是退化的逆过程。反卷积在恢复图像高频成分的同时，不可避免地会放大图像中的高频噪声，使复原结果偏离输入图像，这就需要在恢复图像更多细节和抑制噪声放大之间做出平衡。同时，退化过程中高频成分的丢失，直接导致复原图像中存在振铃效应，而边界截断和 PSF 估计误差的存在加重了振铃效应。振铃效应的存在混淆了图像的高频特征，干扰了复原图像中目标的识别和信息的提取，增加了后续处理的难度。

本章首先介绍了图像盲复原方法与振铃效应，然后针对迭代盲复原方法中由降晰函数估计不准和复原过程中噪声放大造成的振铃效应，提出了一种基于边缘分离的去振铃复原方法。

10.1　图像盲复原方法与振铃效应

在图像复原中，已知退化图像求解原清晰图像属于数学物理问题中的一类反问题。在数学上，当方程的唯一解存在且解连续依赖数据时，求解问题称为良态问题（well-posed problem），反之则为病态问题（ill-posed problem）。在 PSF $h(x,y)$ 已知情况下，

$$g(x,y)=h(x,y)*f(x,y)+n(x,y) \tag{10.1}$$

属于第一类 Fredholm 积分方程，其求解是一个病态问题，观测图像微小的扰动都可能导致复原图像产生很大的变动。由于退化图像中不可避免地存在噪声，反卷积过程中又会放大噪声，复原图像可能会偏离真实图像相当远。

苏联数学家 Tikhonov 详细研究了第一类方程求解的病态问题，提出了一套规整化理论。规整化的核心思想是利用解的先验知识构造附加约束或改变求解策略，使得反问题的解变得稳定和确定。现在，规整化的思想得到了推广并发展出多种多样的方法和技术[197]。

10.1.1　图像盲复原方法

实际问题中降晰函数多是未知的，式（10.1）是一个非线性反卷积问题，这甚

至已经超出 Fredholm 第一类方程讨论的范围。盲目反卷积的病态问题更难以处理，至今还没有一种恰当的理论来指导该问题的求解；不过，在研究实践中仍然发展出了一些有效的方法并成功应用于某些盲目反卷积问题。盲复原方法根据其具体实现方法可以分为两大类[74]：随机场方法[198, 199]和确定性方法[66, 200, 201]。

1. 随机场方法

随机场方法将观测到的图像假设成一个随机场，来估计原始图像为某随机过程的最可能实现。这些方法主要有线性最小均方误差法（linear minimum mean squares error，LMMSE）[198]、ML[199]、MAP[131]等。

随机场方法存在两个不足：①复原结果易受扰动和模型误差影响；②统计假设条件苛刻，将图像和噪声都视为不相关的均匀随机过程。

2. 确定性方法

确定性方法不依赖统计，而是通过最小化某一个残差范数来估计清晰图像。这类方法包括迭代盲复原方法（iterative blind deconvolution，IBD）[62]、全变分正则化方法（total variation regularization，TVR）[200]、非负有限支撑-递归逆滤波方法（non negativity and support constraint-recursive inverse filtering，NAS-RIF）[201]等。该类方法的共同特征是在一些约束条件下求解某范数的最小值，如目标图像的非负性，降晰函数的非负有限支撑性和归一化特性等。

10.1.2 振铃效应抑制及评价

在迭代盲复原过程中经过较高的迭代次数后，图像复原中强边缘附近存在明显的振荡波纹，称为振铃效应。振铃效应的存在混淆了图像的高频特征，破坏了基于残差的迭代盲复原方法的中止条件，使得算法难以收敛。另外，振铃效应也降低了复原图像的质量，干扰了图像中目标的识别和信息的提取，增加了复原图像后续处理的难度。因此，对于迭代盲复原算法，振铃效应是一个不能忽视的问题。

Lagendijk 等最早对振铃效应进行了研究[202]，认为振铃效应是线性空不变规整化方法在抑制噪声放大时的副产品。Tekalp 等从数学角度对振铃效应作了量化分析[203]，根据其产生原因将复原图像振铃效应划分为图像噪声滤波振铃、滤波器偏差振铃、图像边界截断振铃、PSF 估计误差振铃等四类。此外，根据振铃在复原图像中出现的位置，可将振铃分为边界振铃和边缘振铃（图 10.1）。边界振铃是在复原图像边界附近出现的一种寄生波纹。边缘振铃是出现在边缘尤其是强边缘附近的平坦区域，是与边缘平行的若干条纹；条纹的强度与边缘的梯度幅值成正比，且沿垂直离开边缘的方向减弱。

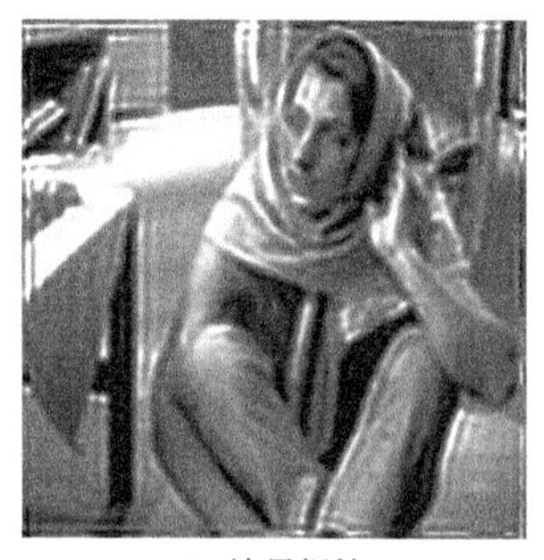
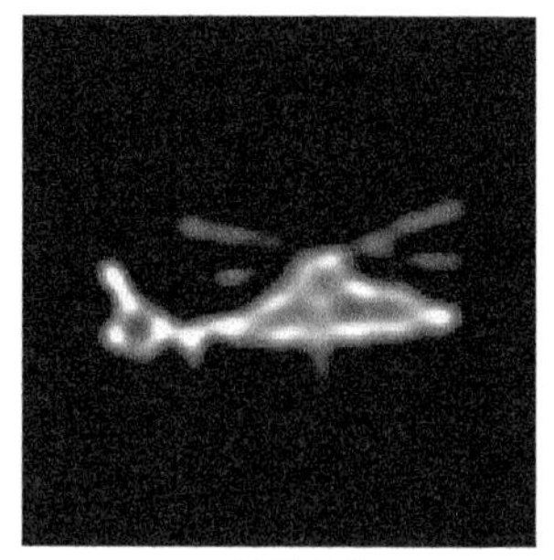

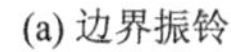
(a) 边界振铃　　(b) 边缘振铃

图 10.1　边界振铃与边缘振铃

图像质量评价的客观指标如 MSE、PSNR 等会把振铃波纹当作图像细节，导致评价结果与人的主观评价不相符。但设计一个与人的主观评价一致的客观评价指标并不是件容易的事。图像质量评价大体上可分为无参考方法和全参考方法。全参考方法需要一个参考的或无失真的原始图像，显然不适合盲复原图像的质量评价。而基于频率域振铃测度无法区分图像细节。由于压缩产生的振铃与复原产生的振铃在形状及分布上完全不同，针对图像压缩导致的振铃效应的评价方法也不适合复原图像的情况。为了准确评价振铃效应，左博新等分别使用 Gabor 滤波器评价边界振铃[204]，使用共生向量的方法评价边缘振铃，并将两种评价的加权平均值作为复原图像的整体振铃效应测度。陶小平等对比复原前后图像的梯度信息[205]，利用图像梯度结构相似度来衡量振铃效应。Balasubramanian 等以观测图像边缘的一个膨胀区域作为蒙板，并二值化复原前后图像在蒙板区域的边缘像素，以该区域边缘像素个数的相对改变量作为复原图像的振铃测度。

为了抑制复原图像中的振铃效应，提出了许多去振铃方法。根据去振铃方法和图像复原之间的关系，可将边缘振铃效应的抑制方法分为两类：一类是将去振铃融入复原过程中，如王永攀等[206]提出的将自然图像的梯度分布加入图像恢复约束中的振铃效应修正算法，Zhao 等[207]提出的通过空间权重矩阵构造局部约束的抑制振铃复原方法；另一类方法是对复原图像的振铃波纹进行后期处理，如徐宗琦等[208]提出的基于自适应 Fuzzy 滤波器的去振铃后处理方法和 Shen 等[209]在复原图像输出前通过分级选择（scale selection）抑制振铃波纹的方法等。

邹谋炎[4]认为边界振铃的出现是由边界截断造成的，可以使用循环边界或移位反射边界等方法，通过改善边界处的连续性来有效地抑制边界振铃。借用这一思想，本章认为边缘振铃产生的直接原因是图像中边缘尤其是强边缘的存在破坏了像素分布的连续性；进而提出了一种基于边缘分离的去振铃复原方法。首先将模糊图像中的强边缘提取出来，并对模糊图像强边缘区域进行平滑处理以得到去边缘模糊图像；然后利用估计的降晰函数对去边缘后的模糊图像进行迭代盲复原；最后将提取的增强后边缘加入复原后的去边缘图像中得到完整的复原图像。

10.2 基于边缘分离的去振铃复原算法

10.2.1 算法描述

本章提出的基于边缘分离的图像盲复原算法示意图如图 10.2 所示。该算法通过分离边缘区域同时兼顾了去边缘图像的振铃效应的抑制和边缘区域的独立增强；通过弱化边缘以实现振铃效应的抑制，通过边缘区域的增强和复原过程中选择性地去噪以提高复原图像的质量。在使用该算法复原彩色图像时，需将模糊图像从 RGB 空间转换到 YUV 空间，对其亮度分量进行边缘分离、复原和增强。

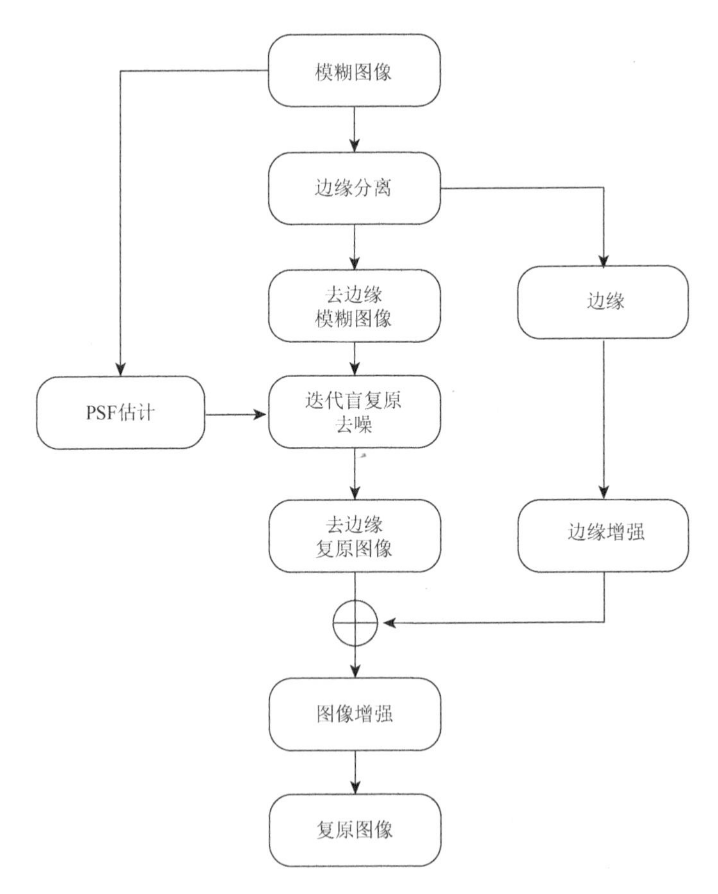

图 10.2 基于边缘分离的图像盲复原算法示意图

1. 降晰函数估计

退化图像盲复原的很多方法对参数的初始设置比较敏感，尤其是降晰函数的尺寸。不适当的尺寸估计将导致复原图像中存在严重的振铃效应；准确的起始降晰函数尺寸不仅能让迭代盲复原算法得到令人满意的复原结果，还能进一步提高算法收敛速度、减少计算量。

在估计 PSF 尺寸的过程中，为了降低运算的时间开销，仅选择模糊图像某一较小区域进行复原测试。该区域应同时包含边缘区域和非边缘区域，尺寸为 PSF 尺寸的 2 倍。由于选取的测试区域比较小，为了减少边界振铃在估计 PSF 过程中产生的误差，复原前对边界进行模糊化处理以降低边界振铃。模糊图像 PSF 尺寸的估计过程如下。

（1）在模糊图像上选择同时包含边缘区和非边缘区的小图像块 g_1 并模糊图像块边界。

（2）选择不同的 PSF 尺寸 l（$l=1,2,3,\cdots$），使用迭代盲反卷积算法对 g_1 进行复原，得到复原图像 $\hat{f}_l$。

（3）使用基于梯度的复原图像质量评价方法对复原图像 $\hat{f}_l$ 进行评价，得到质量评价值 Q_l。

（4）重复第（2）、第（3）步得到 PSF 取不同尺寸时图像质量评价曲线，如图 10.3 所示。Q_l 的最大值（图像质量最好）对应的 l 值就是估计到的 PSF 尺寸。

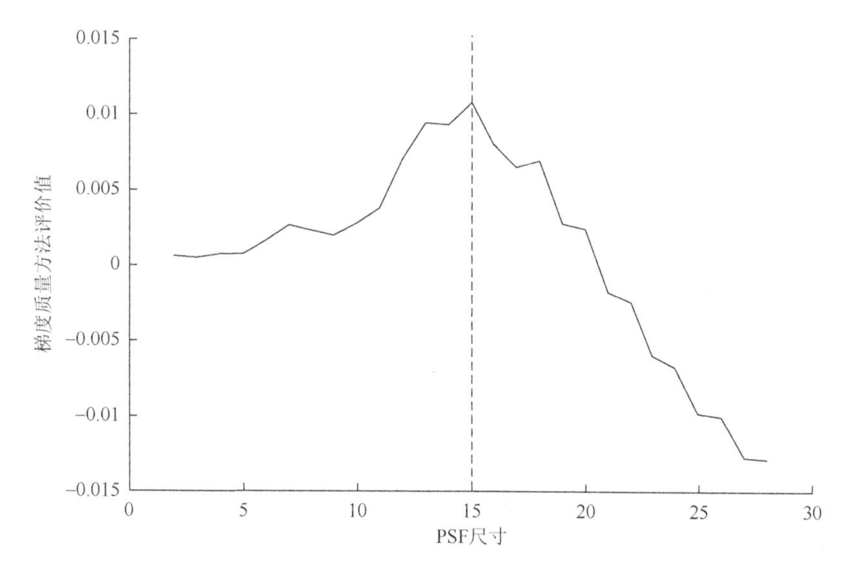

图 10.3 PSF 取不同尺寸时图像质量评价曲线

假设估计的降晰函数尺寸为$l_1 \times l_1$，则归一化后的起始降晰函数h^0可表示为

$$h^0 = \frac{1}{l_1 \times l_1}(1)_{l_1 \times l_1} \quad (10.2)$$

其中，$(1)_{l_1 \times l_1}$表示大小为$l_1 \times l_1$全 1 矩阵。

2. 边缘区域提取与平滑

边缘平滑区域的宽度由边缘的类型确定，该值最小为 3 像素；屋顶状边缘的平滑区域宽度最大值为“屋顶”宽度，阶跃状边缘的平滑区域宽度最大值为估计的降晰函数尺寸。若图像中同时存在屋顶状边缘和阶梯状边缘，边缘平滑区域的宽度取 3 与降晰函数尺寸的 1/2 的最大值，即 $S = \max(3, l_1/2)$。

通过 Canny 算法进行边缘检测，本章得到了一个与模糊图像g同样大小的二值边缘图像B（边缘位置像素值为 1，非边缘位置像素值为 0）。对边缘图像B进行膨胀操作得到边缘区域E_z，结构元素选择为矩形，大小为$S \times S$。边缘图像e中的像素值由式（10.3）得到：

$$e(i,j) = \begin{cases} g(i,j), & (i,j) \in E_z \\ 0, & 其他 \end{cases} \quad (10.3)$$

为减小模糊图像g中边缘区域像素值的跳变，需对边缘区域进行适当的平滑以使其梯度幅值减小。本章通过式（10.4）得到分离边缘后的模糊图像：

$$g'(i,j) = \begin{cases} \text{uniform\_filter}\{g(i,j)\}, & (i,j) \in E_z \\ g(i,j), & 其他 \end{cases} \quad (10.4)$$

3. 迭代盲复原中的噪声抑制

由于图像复原求解方程式不满足 Hadamard 正定条件，是一个病态的逆过程，复原图像对噪声非常敏感。为了去除模糊图像中的噪声和抑制迭代盲复原过程中的噪声放大，在迭代盲复原过程中本章仅对信噪比低于 45dB 时的图像进行选择性的去噪。

维纳滤波具有较强的去噪能力，但边缘和细节保护不好；另外，人眼对图像平坦区域中的噪声要比细节区域中的噪声更敏感。本章使用了基于维纳滤波和快速离散小波变换的联合去噪算法，仅对图像中的低频区域进行维纳滤波去噪。具体做法是，选择 db3 小波对图像进行二层小波分解得到第二层的二维小波分解低频系数，对该低频系数区域使用窗口为 3×3 的维纳滤波去噪，最后通过逆变换得到重构图像。该去噪方法可表示为

$$f' = W^{-1}\{\text{wiener}_l[W(f,2)]\} \quad (10.5)$$

其中，W、W^{-1} 分别表示离散小波变换、反变换；wiener_l 表示仅对低频区域进行维纳滤波；$W(f,2)$ 表示对图像 f 进行二层小波变换。

4. 加入边缘

为了使恢复后的图像有较强的边缘，本章选用了基于对比度拉伸的模糊边缘增强方法对分离的边缘区域进行增强。增强公式为

$$e'(i,j) = e(i,j)\cdot \exp\{\text{sign}(e(i,j) - e(i_0,j_0))\cdot \lambda \cdot \nabla e(i,j)\} \tag{10.6}$$

其中，$\text{sign}(\cdot)$ 为正负号函数，以保证比边缘 $e(i_0,j_0)$ 大的像素值得到放大，比边缘小的像素值被缩小；λ 为增强系数，具体取值由实验确定；$\nabla e(i,j)$ 表示位置 (i,j) 处的梯度幅值。

为了保证加入边缘后图像的平滑性，增强后的边缘区域的像素值必须在去边缘复原图像 f' 对应区域像素大小范围之内；因此，加入式（10.7）作为约束条件。

$$e'(i,j) = \begin{cases} \max(f'_{n_e}), & e'(i,j) \geqslant \max(f'_{n_e}) \\ \min(f'_{n_e}), & e'(i,j) \leqslant \min(f'_{n_e}) \\ e'(i,j), & \text{其他} \end{cases} \tag{10.7}$$

其中，f'_{n_e} 表示去边缘复原图像 f' 在边缘区域的像素值。

将增强后的边缘 e' 加入复原图像 f' 中得到复原图像：

$$\hat{f} = w\cdot f' + (1-w)\cdot e' \tag{10.8}$$

其中，$w \in [0,1]$ 是权重，实验中 $w = 0.5$。

5. 复原图像增强

为进一步提高复原图像的质量，可以根据需要对 $\hat{f}$ 进行图像增强。本章实验中，对灰度图像中的强边缘区域进行指数变换增强，非边缘区域进行直方图均衡变换增强。对于彩色图像，首先将图像转换到 YUV 空间，仅对亮度分量进行增强，增强方法与灰度图像的增强方法相同；增强后的图像变换回 RGB 空间存储和显示。

10.2.2　实验与分析

为了验证本章算法的有效性，对不同模糊类型的退化图像在 MATLAB R2009b 环境下进行仿真实验。为抑制边界振铃，复原前调用 MATLAB 内部函数 edgetaper 对模糊图像的边界进行处理。

本章实验中用到的参考（清晰）图像如图 10.4 所示，其中图 10.4（a）是作者自己产生的一个 128×128 的二值灰度图像，图 10.4（b）～10.4（d）是来源于

LIVE 图像库[210]的图像。为了衡量算法复原的效果，实验采用 PSNR、RM、FSIM 和自然图像质量评估（natural image quality evaluator，NIQE）[211]等图像质量评价指标对复原图像进行评价。RM 用于衡量复原图像中的振铃，数值越大，振铃现象越强。FSIM 用于评价两幅图像在特征结构上的相似程度，数值越接近 1 说明复原图像越接近参考图像，复原图像质量越好。NIQE 是基于自然图像统计特征的一种无参考型图像质量评价指标，描述了复原图像偏离自然图像统计特征的程度，数值越大则图像质量越差。

基于边缘分离的盲复原算法（EDIBD）

(a) EDBID　　(b) Lighthouse2　　(c) Monarch　　(d) Buildings

图 10.4　实验清晰参考图像

实验 10.1　不同噪声级别下的对比实验

首先做了在不同噪声级别下支持域为 5×5 的高斯模糊（$\sigma = 5$）的对比实验，结果见图 10.5 和表 10.1。图 10.5 中，从左至右对应的零均值高斯白噪声方差分别为 1×10^{-3}、1×10^{-2} 和 5×10^{-2}；第 1 行是不同噪声级别下的模糊图像，第 2～5 行是模糊图像的复原结果，对应的算法分别为 IBD 算法、盲复原后采用 Fuzzy 滤波[124]（fuzzy filtering，FF）去振铃算法、基于 TV 的规整化方法和本章提出的基于边缘分离的 IBD 算法（edge detached-IBD，ED-IBD），实验中每种算法都迭代 20 次。

从图 10.5 和表 10.1 中可以看出，当模糊图像的信噪比较高时，本章提出的 ED-IBD 算法相比其他复原算法最接近参考图像，复原效果也最好。随着信噪比的降低，各种算法复原的效果都逐步变差，尤其是 TV 算法对噪声最为敏感，当噪声方差上升到 5×10^{-2} 时已完全无法复原图像。Fuzzy 滤波去振铃算法虽然降低了振铃效应，但同时带来了图像质量的下降；而本章的 ED-IBD 算法由于能选择性地对模糊图像平坦区域去噪，复原效果明显好于其他算法。由于 NIQE 是基于自然图像统计特征的无参考型图像质量评价指标，在评价不具有自然图像统计特征的文字图像时，即使清晰图像其取值也很大。尽管如此，从 NIQE 数值上看，本章算法仍表现出了一定的微弱优势。另外，无论信噪比高低，本章算法复原图像的振铃测度值都低于其他三种算法，表现出了一定的振铃抑制作用。

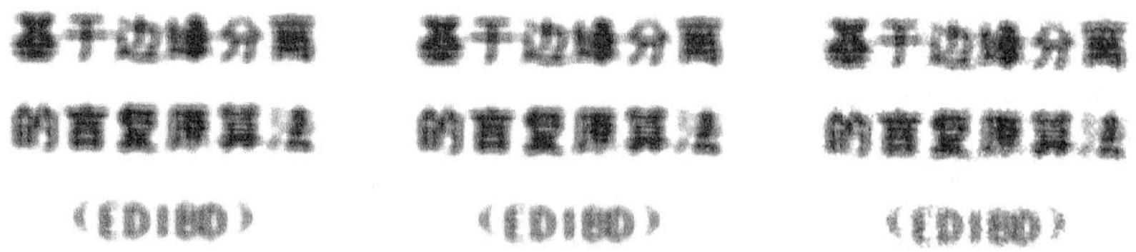

(a) 模糊图像（噪声方差为1×10^{-3}）(b) 模糊图像（噪声方差为1×10^{-2}）(c) 模糊图像（噪声方差为5×10^{-2}）

(d) 图像 (a) IBD复原结果　(e) 图像 (b) IBD复原结果　(f) 图像 (c) IBD复原结果

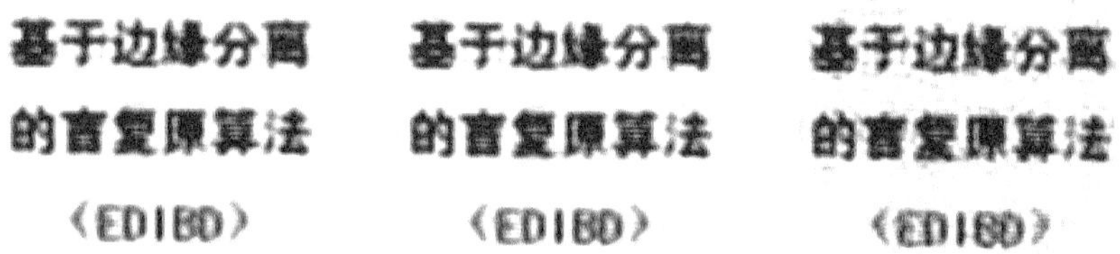

(g) 图像 (a) IBD + FF复原结果　(h) 图像 (b) IBD + FF复原结果　(i) 图像 (c) IBD + FF复原结果

(j) 图像 (a) TV复原结果　(k) 图像 (b) TV复原结果　(l) 图像 (c) TV复原结果

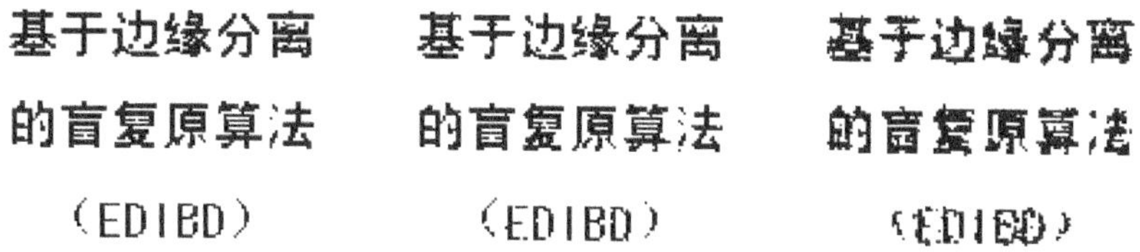

(m) 图像(a) ED-IBD复原结果　(n) 图像(b) ED-IBD复原结果　(o) 图像(c) ED-IBD复原结果

图 10.5　不同噪声级别下各种算法的复原结果

表 10.1　实验 10.1 中复原图像的质量评价

噪声级别	复原算法	图像质量指标			
		PSNR/dB	RM	FSIM	NIQE
1×10^{-3}	IBD	16.8355	0.1993	0.6311	39.7963
	IBD + FF	15.9443	0.1526	0.5830	39.7992
	TV	22.2441	0.2756	0.7031	39.7964
	ED-IBD	22.6994	0.1309	0.9790	39.7951
1×10^{-2}	IBD	16.6857	0.2103	0.6134	39.7968
	IBD + FF	15.4920	0.1585	0.5755	39.7994
	TV	16.1475	0.2695	0.5273	39.7977
	ED-IBD	19.5915	0.1300	0.9616	39.7952
5×10^{-2}	IBD	14.1567	0.2438	0.4843	39.7979
	IBD + FF	13.1326	0.1801	0.4984	39.8023
	TV	6.2671	0.9670	0.3076	39.8034
	ED-IBD	14.3123	0.1356	0.8694	39.7953

实验 10.2　复原降晰函数尺寸大于真实尺寸时的对比实验

如果复原时选用的降晰函数尺寸大于真实降晰函数尺寸，则复原图像中的振铃效应更为明显。为了进一步验证 ED-IBD 算法抑制振铃的效果，本章做了复原降晰函数尺寸比真实尺寸大 1 时的实验。模糊类型仍选择高斯模糊（$\sigma=5$），降晰函数尺寸为 7×7，噪声方差为 1×10^{-3}，复原降晰函数尺寸为 8×8，迭代次数仍为 20。实验结果见图 10.6 和表 10.2。为了便于观察，图 10.6 显示了复原图像的局部细节。第 1 行是模糊图像；第 2～5 行是复原图像，对应的复原算法分别为 IBD、IBD + FF、TV 和 ED-IBD 算法。表 10.2 中的统计数据基于整幅复原图像。

(a) Lighthouse2模糊图像

(b) Monarch模糊图像

(c) Buildings模糊图像

(d) Lighthouse2复原结果（IBD）

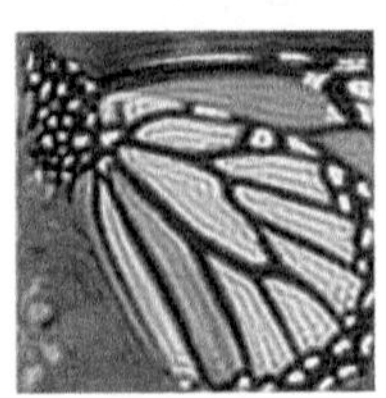
(e) Monarch复原结果（IBD）

(f) Buildings复原结果（IBD）

(g) Lighthouse2复原结果（IBD+FF）

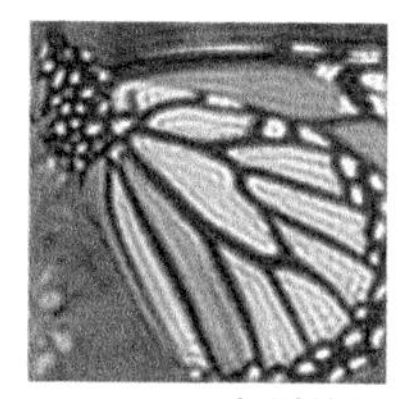

(h) Monarch复原结果（IBD+FF）

(i) Buildings复原结果（IBD+FF）

(j) Lighthouse2复原结果（TV）

(k) Monarch复原结果（TV）

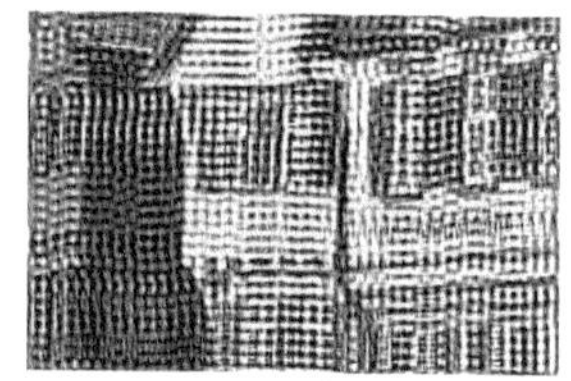

(l) Buildings复原结果（TV）

(m) Lighthouse2复原结果（ED-IBD）

(n) Monarch复原结果（ED-IBD）

(o) Buildings复原结果（ED-IBD）

图 10.6　复原 PSF 尺寸比真实尺寸大 1 时的不同算法的复原结果

表 10.2　实验 10.2 中复原图像的质量评价

图像	复原算法	图像质量指标			
		PSNR/dB	RM	FSIM	NIQE
Lighthouse2	IBD	32.2564	0.3627	0.8571	5.9642
	IBD + FF	33.1709	0.2106	0.7926	8.2372
	TV	27.7942	0.9084	0.4585	12.5919
	ED-IBD	34.6109	0.1512	0.9229	4.6700
Monarch	IBD	33.4393	0.2492	0.8888	5.3941
	IBD + FF	33.6916	0.1579	0.8426	6.4255
	TV	27.9604	0.9208	0.4539	11.6139
	ED-IBD	36.3235	0.1382	0.9400	4.8711
Buildings	IBD	29.8110	0.2215	0.8164	5.7631
	IBD + FF	30.0526	0.1787	0.7668	8.2535
	TV	27.6210	0.8801	0.4926	15.1869
	ED-IBD	33.6319	0.1120	0.8969	4.5952

从图 10.6 和表 10.2 中可以看出，TV 算法对降晰函数的尺寸最为敏感，复原效果也最差；IBD 算法复原的图像中振铃效应也很明显；IBD + FF 算法可以抑制部分振铃，但滤波后的图像质量有所下降。相比较而言，本章的 ED-IBD 算法对振铃效应有着确切的抑制作用，且得到的复原图像在视觉质量上也有很大的提高。

实验 10.3　模糊类型为散焦模糊时的对比实验

为了验证 ED-IBD 算法对不同模糊类型的有效性，做了模糊类型为散焦模糊时的对比实验。散焦半径为 3 像素，噪声方差为 2×10^{-2}，迭代 20 次时的复原结果见图 10.7 和表 10.3。图 10.7 显示了复原图像的局部细节，第 1 行是模糊图像，第 2～5 行是复原结果，对应的复原算法分别为 IBD、IBD + FF、TV 和 ED-IBD 算法。表 10.3 中的统计数据是基于整幅复原图像的。

(a) Lighthouse2模糊图像

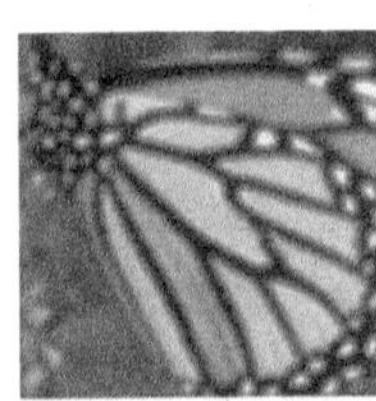
(b) Monarch模糊图像

(c) Buildings模糊图像

(d) Lighthouse2复原结果（IBD）

(e) Monarch复原结果（IBD）

(f) Buildings复原结果（IBD）

(g) Lighthouse2复原结果（IBD+FF）

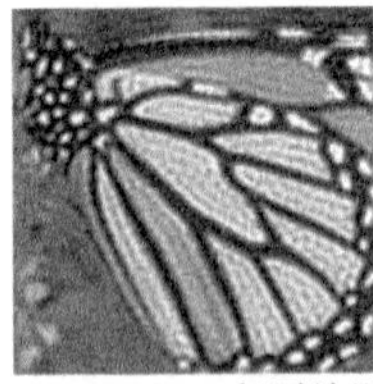
(h) Monarch复原结果（IBD+FF）

(i) Buildings复原结果（IBD+FF）

(j) Lighthouse2复原结果（TV）

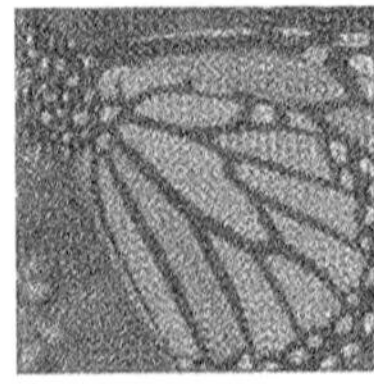
(k) Monarch复原结果（TV）

(l) Buildings复原结果（TV）

(m) Lighthouse2复原结果（ED-IBD）

(n) Monarch复原结果（ED-IBD）

(o) Buildings复原结果（ED-IBD）

图 10.7　模糊类型为散焦模糊时的不同算法的复原结果

表 10.3　实验 10.3 中复原图像的质量评价

图像	复原算法	图像质量指标			
		PSNR/dB	RM	FSIM	NIQE
Lighthouse2	IBD	23.7737	0.5235	0.8590	8.7011
	IBD + FF	24.1754	0.3259	0.8741	7.4765
	TV	21.5397	9.4310	0.6212	24.4339
	ED-IBD	25.9281	0.1664	0.9029	5.6786
Monarch	IBD	24.3020	0.4365	0.8884	7.5062
	IBD + FF	25.0553	0.3505	0.8913	6.7790
	TV	20.3294	0.9484	0.5623	25.5647
	ED-IBD	25.4164	0.1223	0.9033	5.0915
Buildings	IBD	26.1336	0.3278	0.8549	7.2159
	IBD + FF	26.4351	0.2265	0.8731	6.5616
	TV	21.5367	0.9483	0.7113	21.1232
	ED-IBD	25.9644	0.1380	0.8822	4.9596

从图 10.7 和表 10.3 中可以看出，由于对噪声的敏感，TV 算法复原后的图像仍包含很多的噪声，图像质量也是四种算法中最差的；而 ED-IBD 算法相比 IBD 算法对振铃效应的抑制非常明显，复原图像的质量也较高。由于 Fuzzy 滤波器不仅能抑制振铃还能去除部分噪声，所以，盲复原图像经 Fuzzy 滤波后振铃效应有所下降，图像质量也得到了提升；但相比而言，本章算法由于在迭代过程中选择性地去除噪声，有效地消除了噪声的影响，无论在振铃抑制还是在复原图像的质量方面都有更好的表现。

实验 10.4　真实模糊图像复原实验

为了进一步验证 ED-IBD 算法复原模糊图像的有效性，本章进行真实模糊图像的复原实验，模糊类型分别为散焦模糊（图 10.8（a））和湍流模糊（图 10.8（b））。图 10.8（a）来源于文献[209]，原始图像大小为 1124×752，辨识到的降晰函数尺寸为 7×7，由于已知模糊类型，将该降晰函数建模为散焦模糊函数（式（10.7）），由于原始图像尺寸较大，仅选择局部（大小为 380×250）进行了复原。图 10.8（b）来源于文献[212]，尺寸为 512×512，辨识到的降晰函数尺寸为 8×8，函数类型近似为高斯模糊函数（式（10.8））。图 10.9 是各种算法复原的结果，由于没有原始图像作为参考，图像质量评价仅选择 RM、NIQE 和基于梯度的复原图像质量评价（gradient-based restored image quality evaluation，GBRIQE）三种无参考型图像质量评价指标，评价结果见表 10.4。

(a) 散焦模糊图像stones

(b) 湍流退化图像leaves

图 10.8　模糊图像

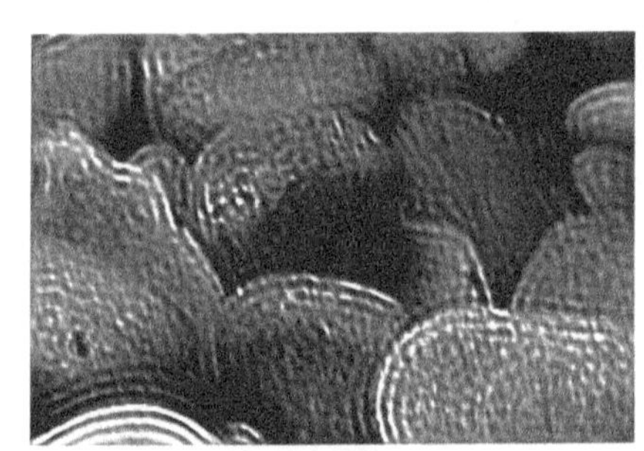

(a) stones复原结果（IBD）

(b) leaves复原结果（IBD）

(c) stones复原结果（IBD+FF）

(d) leaves复原结果（IBD+FF）

(e) stones复原结果（TV）　　(f) leaves复原结果（TV）

(g) stones复原结果（ED-IBD）　　(h) leaves复原结果（ED-IBD）

图 10.9　真实模糊图像各种算法的复原结果

表 10.4　实验 10.4 中复原图像的质量评价

图像	复原方法	复原图像质量指标		
		RM	NIQE	GBRIQE
stones	IBD	0.6798	0.6136	0.0062
	IBD + FF	0.5361	0.6986	0.0042
	TV	1.2190	0.2099	0.0239
	ED-IBD	0.3284	0.5508	0.0083
leaves	IBD	0.6716	0.7562	0.0041
	IBD + FF	0.4959	0.8362	0.0014
	TV	0.9336	0.3036	0.0247
	ED-IBD	0.0230	0.7554	0.0070

从图 10.9 和表 10.4 中可以看出，本章的复原算法复原后的图像，清晰度和对比度都得到了明显提高，而且振铃效应远小于其他算法。在无参考图像质量评价指标上，由于 NIQE 和 GBRIQE 将振铃视为纹理，造成了图 10.9（e)、图 10.9（f）的对应指标值与图像（几乎完全被振铃掩盖）真实视觉质量相距甚远，因此，这两种质量评价方法都不适合于振铃效应非常严重的图像。Fuzzy 滤波方法在降低

振铃的同时降低了图像的质量，对于这种振铃效应不是十分严重的图像，无参考评价方法的结果与视觉质量具有较好的一致性。

从三组仿真实验和一组真实模糊图像复原实验的结果中可以看出，和传统迭代复原算法及 TV 算法（基于 Fuzzy 滤波的后期去振铃算法）相比，本章算法抑制振铃效应和提高复原图像质量的能力都有提升，说明了本章算法的有效性和可行性。

10.3 本章小结

本章提出的基于边缘分离的模糊图像复原方法为抑制复原图像中的振铃效应提供了一种新的思路。该算法适用于原位模糊，如散焦模糊、高斯模糊等。实验结果表明，本章算法能很好地降低图像盲复原后存在的边缘振铃，振铃测度比传统迭代复原算法降低了 34%以上，比 TV 算法降低了 12.5%以上；图像的视觉质量和各种客观评价指标都得到了明显改善。

第 11 章 湍流退化图像偏移的畸变校正

湍流流场造成图像的像素偏移是指目标光线穿过流场后在成像系统焦平面上成像位置相对于无流场时成像位置的偏差[4]。日常生活中，透过火焰上方或灼热路面观察远处时，目标呈现出明显的“颤动”现象，这就是湍流造成图像像素偏移的直观表现。从表象上看，图像整体畸变呈混沌（chaotic）状，连续成像帧如舞动（dancing）般。相关研究指出，湍流效应引起的像素偏移具有随机性和高阶非线性，通常表现为单帧图像呈扭曲畸变效应，序列图像呈抖动效应。像素偏移不仅影响目标成像效果，还会导致后续的目标识别和跟踪误差。因此，像素偏移校正是湍流序列图像处理的一个关键问题，对光电系统的成像质量提高具有十分重要的实际意义。

针对湍流偏移在单帧成像中的扭曲畸变问题，本章将像素偏移分为整体运动和局部变化两类，提出了一种结合仿射变换和多层 B 样条配准的校正方法。在 Shimizu 等的算法基础上，引入配准的对称性，通过构造像素偏移模型的代价函数，将校正问题转化为最小化问题；针对非线性最优时计算量庞大的问题，通过 Hessian 矩阵近似和 L-BFGS 优化算法实现模型的快速求解。

11.1 湍流像素偏移与图像非刚性配准

一段时间内的大气湍流波动为不适定态，对湍流偏移建模较为困难。邹谋炎等[213]提出一种动态偏移场模型，用来描述随机抖动、透视形变和非线性失真。Micheli 等[214]将湍流像素偏移视为图像域随时间的形变积累，提出线性动态系统（linear dynamical systems，LDS）建模图像序列。目前，针对湍流引起的像素偏移问题，主要采用配准法捕捉形变量，然后通过补偿形变的方式得到像素的原始位置以实现图像校正。卢晓芬等[215]提出一种基于 Moravec 角点配准方法对高速流场下的图像畸变进行校正。该方法需要对图像提取足够多且分布均匀的特征点，对特征提取配准精度要求较高。但由于退化过程往往伴随图像模糊降质和噪声干扰，特征角点的精确提取效果受限。Gilles 等利用序列帧平均作为参考，采用大形变矩阵映射（large deformation diffeomorphic metric mapping，LDDMM）配准序列帧[151]，算法对参数设置敏感，且计算量庞大。Mao 等[216]将畸变帧看作任意扭曲图像，采用光流估计的形变配准法来校正湍流畸变。算法对帧率要求不高，低帧率下依然可行，但光流亮度守恒约束条件在噪声及亮度不均匀时并不适用。Shimizu 等[217]在研究热空气下图像序列的超分辨率重建过程中，提出一种基于 B 样条的非刚性配准方法。该方法利用 B 样条的良好局部形变效果，拟合成像结果中目标对原始位置的偏差，得到图像的形变矢量，通过配准和插值实现畸变的精确校正。

11.1.1 湍流像素偏移分析

湍流流场中介质密度、密度梯度以及流场结构（激波层、边界层）的变化，会引起光线的折射率改变，导致光线到达目标焦平面的位置出现偏差。根据光学系统的瞬时相位屏分析，利用瞬时相位屏法仿真得到的平行光波穿过湍流流场后的畸变波面图，如图 11.1 所示。可以看出，相对于平流场的波面，受湍流场影响的波面呈现出随机起伏，这就是目标图像产生像素偏移的重要原因。

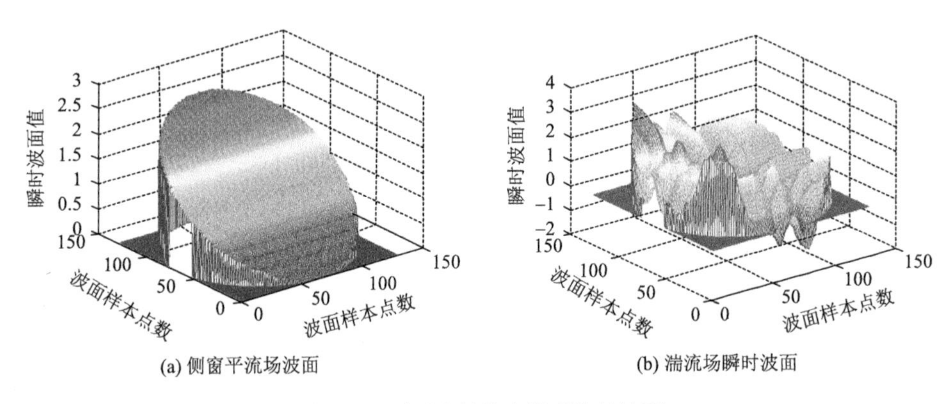

图 11.1　不同流场的光学系统前波面

湍流引起的像素偏移具有非线性和随机性。以实际湍流图像分析，图 11.2（a）和图 11.2（b）为相同场景下不同时间的两帧目标靶退化图像。图 11.2（c）和图 11.2（d）分别为背景 *X* 和 *Y* 方向的畸变云图；图 11.2（e）为湍流效应的总畸变云图。从运动矢量场（图 11.2（f））可以看出，图像帧之间存在整体右移，这是由成像系统和目标之间的相对运动导致的，与图像 *X* 方向的畸变云图反映一致。目标局部存在较明显的方向和幅值各异的局部偏移，可视为热空气导致光线传输偏差引起的扭曲形变，对应图像 *Y* 方向畸变云图的轻微局部凸显。

本章将湍流导致的图像畸变看作平移、仿射、偏扭、旋转等基本变形的综合作用结果。图 11.3 为像素偏移示意图。其中，空心点表示未偏移时的原始位置，实心点表示偏移后的位置，虚线表示未偏移时的总体形状，实线表示发生偏移后

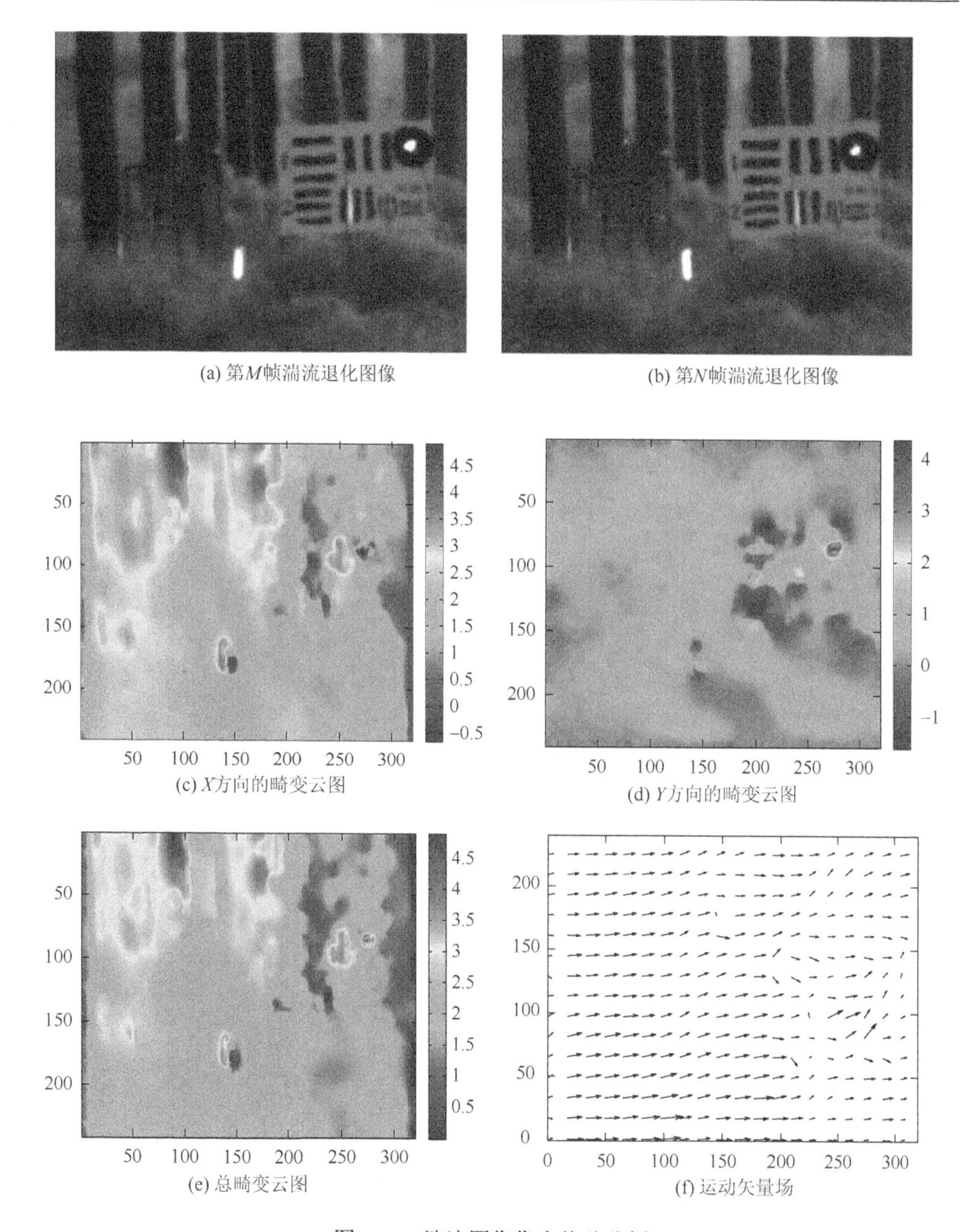

(a) 第M帧湍流退化图像　(b) 第N帧湍流退化图像

(c) X方向的畸变云图　(d) Y方向的畸变云图

(e) 总畸变云图　(f) 运动矢量场

图 11.2　湍流图像像素偏移分析

的总体形状。图中的坐标系表示单个像素点的偏移模型，偏移方向如箭头所示。图像的偏移模型简化表示为

$$(x', y') = (x, y) + (\Delta x, \Delta y) \tag{11.1}$$

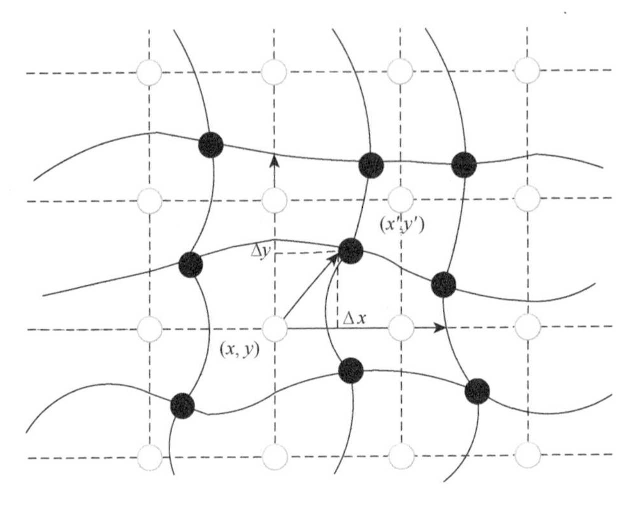

图 11.3　像素偏移示意图

11.1.2　图像非刚性配准

基于 B 样条的非刚性配准因其良好的局部变形效果，适合图形处理器（graphics processing unit，GPU）并行处理的特点，被广泛应用于图像弹性配准。基本思想是在二维图像上覆盖分布均匀的控制点网格；通过调整控制点的位置，将变形操作作用于物体所嵌入的网格空间。当调整控制点位置时，网格中空间被改变，则嵌入其中的物体也随之改变；非控制点的像素位置利用邻域内控制点 B 样条插值可得，从而模拟像素偏移导致的局部形变场。配准的过程就是寻找畸变图像与参考图像的最佳形变场。具体步骤如下。

首先，对于参考图像 R，建立与之大小相同的规则网格 $\varPhi$ 。$\varPhi$ 由相邻点横纵间隔为 h_x 和 h_y 的 $m\times n$ 个节点构成。节点为配准的控制点，初始位置记为 $\boldsymbol{x}_{0i}=(x_{0i},y_{0i})^{\mathrm{T}}$， $i=1,2,\cdots,m\times n$ 。

其次，根据非刚性形变对应关系，通过调整所有控制点的位置来计算参考图像 R 上任意点 $\boldsymbol{X}=(x,y)^{\mathrm{T}}$ 在畸变图像 G 上的对应位置，记为 $\boldsymbol{D}(\boldsymbol{X};\bar{\boldsymbol{P}})$，如式（11.2）所示：

$$\boldsymbol{D}(\boldsymbol{X};\bar{\boldsymbol{P}})=\boldsymbol{X}+\boldsymbol{A}(\boldsymbol{X})\bar{\boldsymbol{P}} \tag{11.2}$$

其中，$\bar{\boldsymbol{P}}$ 是所有控制点在 G 上的偏移量构成的形变矢量；$\boldsymbol{A}(\boldsymbol{X})\bar{\boldsymbol{P}}$ 代表 R 上任意点 $\boldsymbol{X}$ 的偏移量，是所有控制点位移量的线性组合；$\boldsymbol{A}(\boldsymbol{X})$ 是 $\boldsymbol{X}$ 的基函数矩阵。

对于 B 样条配准，$\boldsymbol{A}(\boldsymbol{X})$ 中的元素通过 B 样条函数的张量积计算，如式（11.3）所示：

$$\boldsymbol{A}(\boldsymbol{X})=\begin{bmatrix} c_1 & \cdots & c_{m\times n} & 0 & \cdots & 0 \\ 0 & \cdots & 0 & c_1 & \cdots & c_{m\times n} \end{bmatrix} \tag{11.3}$$

其中，$c_i = \beta\left(\dfrac{x - x_{0i}}{h_x}\right) / \beta\left(\dfrac{y - y_{0i}}{h_y}\right)$。

从 B 样条基函数的定义式（11.4）可以看出，每个点只受周围 4×4 邻域控制点的影响，具有极好的局部性。

$$\beta(t) = \begin{cases} \dfrac{2}{3} - \left(1 - \dfrac{|t|}{2}\right) t^2, & 0 \leqslant |t| \leqslant 1 \\ \dfrac{(2 - |t|)^3}{6}, & 1 < |t| < 2 \\ 0, & \text{否则} \end{cases} \tag{11.4}$$

取图像的灰度方差作为目标函数，通过最小化目标函数，解得形变矢量 $\bar{\boldsymbol{P}}$。即

$$C(\bar{\boldsymbol{P}}) = \frac{\min}{\boldsymbol{P}} \sum\nolimits_x \left| R(\boldsymbol{D}(\boldsymbol{X}; \bar{\boldsymbol{P}}) - G(\boldsymbol{X})) \right|^2 \tag{11.5}$$

11.2　基于仿射变换和 B 样条非刚性配准的偏移像素校正

校正是对图像进行后续分析和处理的基础，下面在分析图像畸变的全局和自由形变特点基础上，构建基于仿射变换和多层 B 样条配准的偏移校正方法。

11.2.1　像素偏移模型

湍流造成目标成像的像素偏移具有非线性和随机性的特点，加之实际中存在成像系统和目标相对运动造成的目标在视窗中的整体偏移，这在高/超声速飞行器搭载的成像系统中十分常见，这两部分叠加混合在一起，加重了目标图像的畸变程度。为了能够精确地实现校正，在此将图像序列中的像素偏移分为两部分，即局部形变和整体变换，如式（11.6）所示：

$$\boldsymbol{D}(x, y) = \boldsymbol{D}_{\text{local}}(x, y) + \boldsymbol{D}_{\text{global}}(x, y) \tag{11.6}$$

其中，$\boldsymbol{X} = (x, y)^{\mathrm{T}}$ 代表图像中任一点。为了校正湍流序列，采用配准估计偏移量，还原像素位置，使获取图像帧逐一对准，保证给定像素能在每帧图像的最相关位置对齐，从而将畸变序列校正为无畸变的序列。

11.2.2　配准流程分析

1. 整体变换

考虑到整体变换是描述目标的整体运动，利用二维仿射变换来描述近似三维

运动场（运动路径与成像平面并不平行），能够表示图像的平移、尺度、旋转变换和具有一定规则性的拉伸，计算简单而有效。仿射变换可以描述缩放、平移、旋转运动，具有 6 个参数，记为矢量 $\boldsymbol{a}$ 。对于图像上任意点 x ，其整体变换可记作 $\boldsymbol{D}_{\text{global}}(\boldsymbol{X};\boldsymbol{a})$ ，有

$$\boldsymbol{D}_{\text{global}}(\boldsymbol{X};\boldsymbol{a})=\begin{bmatrix} a_1 & a_2 \\ a_3 & a_4 \end{bmatrix}\boldsymbol{X}+\begin{bmatrix} a_5 \\ a_6 \end{bmatrix} \tag{11.7}$$

仿射变换计算时，采用首帧为参考图像，利用灰度差平方和作为配准度量进行全局运动偏移的估计。

2. 局部变换

刚性变换只能去除图像的整体运动，对于高阶非线性的局部像素偏移需要进行非刚性配准。理想情况下，配准时需要选择理想的无畸变图像做参考，理想的无畸变图像实际上很难获得。研究指出，湍流引起的局部像素偏移近似服从零均值的高斯分布[150]。对运动服从零均值高斯分布的序列进行帧平均，相当于原始图像的高斯卷积。因此，对去除整体运动的图像序列帧平均，所得图像可作为非刚性配准的参考图。

1）局部配准的影响因素

传统 B 样条配准法中控制点数目称为非刚性形变的自由度，网格的疏密程度在很大程度上决定局部形变的精确度。网格大小对非刚性配准的影响如图 11.4 所示。

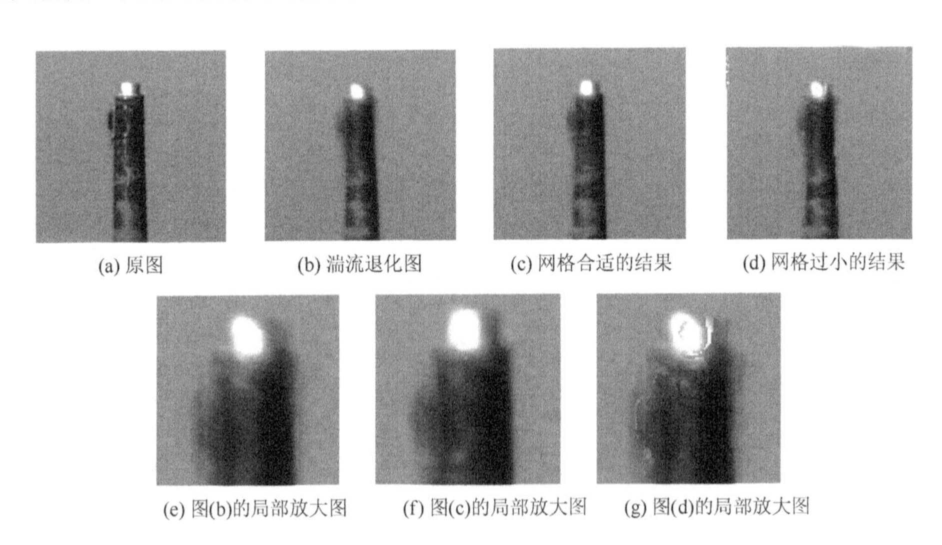

(a) 原图　(b) 湍流退化图　(c) 网格合适的结果　(d) 网格过小的结果

(e) 图(b)的局部放大图　(f) 图(c)的局部放大图　(g) 图(d)的局部放大图

图 11.4　网格大小对非刚性配准的影响

从图 11.4 可以看出，过小的控制点网格会导致配准失误。这是由于网格过小

时，控制点过密，配准容易陷入局部极值，使得某些局部形变无法得到最优值，配准精度降低。而网格过大，可视为全局弹性配准，难以达到精度。由此可知，控制点网格疏密程度决定局部形变精度。采用固定的控制点网格进行湍流图像配准，由于无法准确估计形变度，配准精度并不理想。

此外，网格的疏密也决定配准时的计算复杂度。假设图像大小为 320×240，间隔$[h_x, h_y]$为[16, 16]，该层就有 300 个控制点，需要上万次矩阵相乘。如果图像尺寸更大，则计算量更大。为了满足多分辨率配准精度的需要，多层 B 样条配准算法应运而生。多层 B 样条逐步细化控制点网格，通过由粗到细的配准提高精度，同时控制计算量[218]。但多层 B 样条在每层控制点密度一致，对湍流局部形变而言，若采用均一形变场往往会导致误配准和计算复杂。

为了提高配准精度，并尽可能避免更大的计算量，针对局部变换，在此提出图像多分辨率分块细化的形变场构建方法。

2）多层分块的形变加强

多层 B 样条配准算法对图像建立多分辨率图像金字塔（图 11.5），配准从低分辨率到高分辨率。具体是对图像进行降采样，分辨率逐层下降，每层的控制点数不变，间隔下降。形变场记为

$$\boldsymbol{A}(\boldsymbol{X})\vec{\boldsymbol{P}} = \boldsymbol{A}_1(\boldsymbol{X})\vec{\boldsymbol{P}}_1 + \cdots + \boldsymbol{A}_L(\boldsymbol{X})\vec{\boldsymbol{P}}_L \tag{11.8}$$

其中，L 是层数。每一层都是尺度和分辨率的组合。应注意普通的插值只在基函数在同一尺度时有把握。形变场看作不同分辨率和尺度的形变场集合。

多层分块的关键在于将每层图像分割成大小合适的区域，对配准结果进行判定，仅在需要调节的地方调节变换。为此，设定一个局部误配准测度，在没有配准的区域进一步调整形变场。

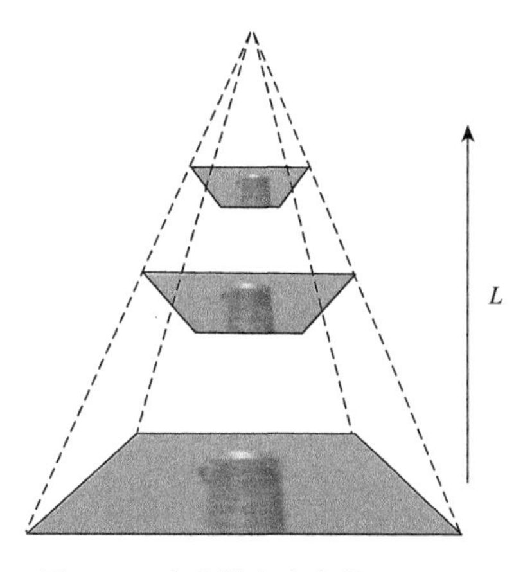

图 11.5　多分辨率金字塔（$L = 3$）

配准与该层对应的控制点网格相关。首次配准时，层数为 L，构造多层配准的代价函数。当从一层移动到下一层时，额外增加的函数集合（建立在规则网格上）被用来构建形变场。代价函数（灰度差）的梯度 $\boldsymbol{G}$ 通过有限差来评价。当代价函数的梯度幅值较小时，有两种可能：一是图像在当前层精确配准，二是代价函数在局部极小值图像非最优配准。无论哪种，区域细化都难以得到更好的结果，可忽略此情况。而当梯度幅值较大时，说明代价函数未处于全局最小值，存在误配准。在此，利用代价函数的梯度幅值判定当

前层中最可能误配准的区域，对梯度幅值按以控制点 $\boldsymbol{x}_i$ 为中心的区域的梯度幅值降序排列，当梯度值大于给定值时，选定该区域（大小为控制点间隔的 2 倍），并从幅值列中清除相邻位置，避免区域重叠。对当前层的感兴趣区域进一步细化，将控制点间隔对半得到细化网格。每层图像的细化流程如图 11.6 所示。

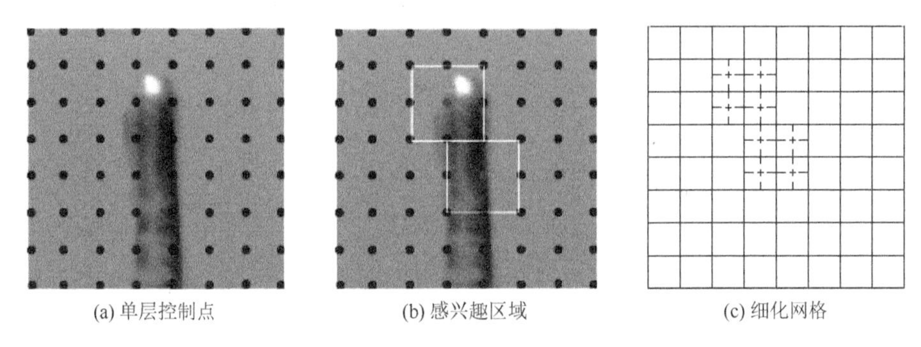

(a) 单层控制点　　(b) 感兴趣区域　　(c) 细化网格

图 11.6　单层图像的分块细化示意图

图 11.6 中黑点代表当前图像层的控制点，方框内为识别出的感兴趣区域。一旦识别出感兴趣区域，就需要增加控制点密度，利用 B 样条细分法获得细化网格上的控制点值。通过对每层网格点的调整，最后对每层的网格点的变化进行叠加得到最后网格点的变化情况，从而得到图像的精确局部形变，局部形变的过程如图 11.7 所示。

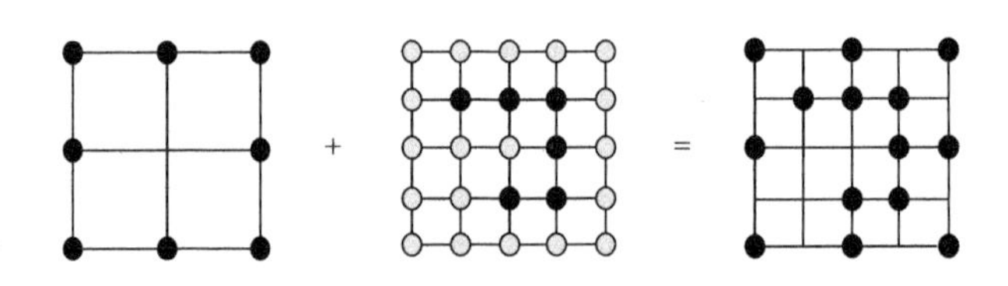

图 11.7　局部形变过程

11.2.3　模型的优化求解

1. 对称性约束的代价函数

考虑到配准的对称性，$\vec{\boldsymbol{P}}$ 代表 R 到 G 的正向偏移，$\overleftarrow{\boldsymbol{P}}$ 代表 G 到 R 的逆向偏移，如图 11.8 所示。有 $\vec{\boldsymbol{P}}=-\overleftarrow{\boldsymbol{P}}$，记 $\boldsymbol{P}=[\vec{\boldsymbol{P}}^{\mathrm{T}},\overleftarrow{\boldsymbol{P}}^{\mathrm{T}}]$。采用对称性代价函数，如式（11.9）所示：

$$C(\boldsymbol{P})=\sum_x\left|R(\boldsymbol{D}_{\text{local}}(\boldsymbol{X};\vec{\boldsymbol{P}}))-G(\boldsymbol{X})\right|^2+\sum_x\left|G(\boldsymbol{D}_{\text{local}}(\boldsymbol{X};\overleftarrow{\boldsymbol{P}}))-R(\boldsymbol{X})\right|^2+\gamma(\vec{\boldsymbol{P}}+\overleftarrow{\boldsymbol{P}})^{\mathrm{T}}(\vec{\boldsymbol{P}}+\overleftarrow{\boldsymbol{P}}) \tag{11.9}$$

其中，γ 是对称约束的相关系数。

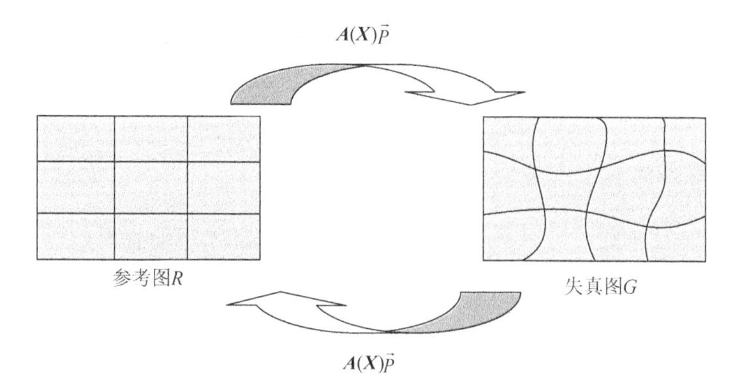

图 11.8　图像非刚性配准的对称性示意

2. 对称性约束的代价函数 L-BFGS 优化

代价函数最小化属于非线性最优解问题，$\boldsymbol{P}$ 的递推式如下：

$$\boldsymbol{P}^{i+1}=\boldsymbol{P}^{i}+\Delta\boldsymbol{P}=\boldsymbol{P}^{i}+\boldsymbol{H}^{-1}\boldsymbol{b} \tag{11.10}$$

且

$$\boldsymbol{H}=\begin{bmatrix}\vec{\boldsymbol{H}}+\gamma\boldsymbol{I} & \gamma\boldsymbol{I}\\ \gamma\boldsymbol{I} & \overleftarrow{\boldsymbol{H}}+\gamma\boldsymbol{I}\end{bmatrix} \tag{11.11a}$$

$$\boldsymbol{b}^{\mathrm{T}}=[(\vec{\boldsymbol{b}}+\vec{\boldsymbol{P}}^{i}+\overleftarrow{\boldsymbol{P}}^{i})^{\mathrm{T}},(\overleftarrow{\boldsymbol{b}}+\vec{\boldsymbol{P}}^{i}+\overleftarrow{\boldsymbol{P}}^{i})^{\mathrm{T}}] \tag{11.11b}$$

$$\vec{\boldsymbol{H}}=\sum_{x}\vec{\boldsymbol{d}}(\boldsymbol{X})\left[\vec{\boldsymbol{d}}(\boldsymbol{X})\right]^{\mathrm{T}},\quad \overleftarrow{\boldsymbol{H}}=\sum_{x}\overleftarrow{\boldsymbol{d}}(\boldsymbol{X})\left[\overleftarrow{\boldsymbol{d}}(\boldsymbol{X})\right]^{\mathrm{T}} \tag{11.12}$$

$$\vec{\boldsymbol{b}}=\sum_{x}\vec{\boldsymbol{d}}(\boldsymbol{X})[R(\boldsymbol{D}_{\mathrm{local}}(\boldsymbol{X};\vec{\boldsymbol{P}}))-G(\boldsymbol{X})] \tag{11.13a}$$

$$\overleftarrow{\boldsymbol{b}}=\sum_{x}\overleftarrow{\boldsymbol{d}}(\boldsymbol{X})[G(\boldsymbol{D}_{\mathrm{local}}(\boldsymbol{X};\overleftarrow{\boldsymbol{P}}))-R(\boldsymbol{X})] \tag{11.13b}$$

$$\left[\vec{\boldsymbol{b}}(\boldsymbol{X})\right]^{\mathrm{T}}=\frac{\partial R(\boldsymbol{D}_{\mathrm{local}}(\boldsymbol{X};\vec{\boldsymbol{P}}))}{\partial\boldsymbol{D}_{\mathrm{local}}}\boldsymbol{A}(\boldsymbol{X}) \tag{11.14a}$$

$$\left[\overleftarrow{\boldsymbol{b}}(\boldsymbol{X})\right]^{\mathrm{T}}=\frac{\partial G(\boldsymbol{D}_{\mathrm{local}}(\boldsymbol{X};\overleftarrow{\boldsymbol{P}}))}{\partial\boldsymbol{D}_{\mathrm{local}}}\boldsymbol{A}(\boldsymbol{X}) \tag{11.14b}$$

其中，i 代表迭代次数。采用传统牛顿下降法求解时，需要计算并存储 Hessian 矩阵。

假设图像大小为 320×240，间隔 $h_x=h_y=16$。忽略局部细化增加的控制点数，控制点至少为 300 个。$\vec{\boldsymbol{P}}=[\Delta\hat{\boldsymbol{x}}_1,K,\Delta\hat{\boldsymbol{x}}_{\boldsymbol{n}},K,\Delta\hat{\boldsymbol{y}}_1,K,\Delta\hat{\boldsymbol{y}}_{\boldsymbol{n}},K]^{\mathrm{T}}$，向量 $\boldsymbol{P}$ 的大小为 600×1。$\boldsymbol{d}(\boldsymbol{X})$ 的向量数同 $\boldsymbol{P}$，$\vec{\boldsymbol{d}}(\boldsymbol{X})[\vec{\boldsymbol{d}}(\boldsymbol{X})]^{\mathrm{T}}$ 需要 360000 次乘法。如果图像尺寸

更大，则计算量更大。由于多层控制点数目多，直接计算时内存和时间消耗非常大，为了解决计算量问题，利用参数矩阵和梯度矩阵对 Hessian 矩阵近似。参考图 R 中偏移处的梯度可以表示为

$$\frac{\partial R(\boldsymbol{D}_{\mathrm{local}}(\boldsymbol{X};\bar{\boldsymbol{P}}))}{\partial \boldsymbol{D}_{\mathrm{local}}}=[\boldsymbol{r}_x(\boldsymbol{D}_{\mathrm{local}}),\boldsymbol{r}_y(\boldsymbol{D}_{\mathrm{local}})] \tag{11.15}$$

定义 B 样条的基本向量矩阵 $\boldsymbol{C}_x=\boldsymbol{c}_x\boldsymbol{c}_x^{\mathrm{T}}=[c_1,\cdots,c_{m\times n}]^{\mathrm{T}}[c_1,\cdots,c_{m\times n}]$，可以得到

$$\bar{\boldsymbol{H}}_x=\begin{bmatrix}\boldsymbol{r}_x(\boldsymbol{D}_{\mathrm{local}})^2\boldsymbol{C}_x & \boldsymbol{r}_x(\boldsymbol{D}_{\mathrm{local}})\boldsymbol{r}_y(\boldsymbol{D}_{\mathrm{local}})\boldsymbol{C}_x\\ \boldsymbol{r}_x(\boldsymbol{D}_{\mathrm{local}})\boldsymbol{r}_y(\boldsymbol{D}_{\mathrm{local}})\boldsymbol{C}_x & \boldsymbol{r}_y(\boldsymbol{D}_{\mathrm{local}})^2\boldsymbol{C}_x\end{bmatrix} \tag{11.16}$$

$$\bar{\boldsymbol{H}}=\sum_x\bar{\boldsymbol{H}}_x \tag{11.17}$$

$\bar{\boldsymbol{H}}$ 如式（11.17）所示，$\bar{\boldsymbol{H}}$ 也如此。由 B 样条中的定义看出，每个像素只受周围 4×4 控制点的影响。对于 x，基础向量 $\boldsymbol{c}_x$ 最多包含 16 个非零输入，则矩阵 $\boldsymbol{C}_x$ 有 256 个非零输入。其中，由于 $\boldsymbol{C}_x$ 的对称性有（15 + 256）/2≈136 个唯一值。每个 $\boldsymbol{H}_x$ 矩阵包括 1024 个非零输入（32×2，$\boldsymbol{C}_x$ 为 16×16），需要 680 次乘法（其中计算 $\boldsymbol{C}_x$ 需要 136 次，计算 $\boldsymbol{H}_x$ 需要 544 次：$\boldsymbol{H}_x$ 对称有 528 个向量，$\boldsymbol{r}_x$ 和 $\boldsymbol{r}_y$ 均为 16×1，所以仅需 16 次乘法得到 $\boldsymbol{C}_x$ 前乘矩阵），该计算量与控制点数和图像尺寸无关。

为了解决代价函数最小化的计算量问题，采用有限内存拟牛顿算法 L-BFGS[219] 进行优化求解。配准优化时，取单位矩阵为初始正定矩阵，L-BFGS 仅存储最近 m 次更新的权重矢量 $\boldsymbol{c}_x=[c_1,\cdots,c_{m\times n}]^{\mathrm{T}}$ 和代价函数的梯度矩阵 $\boldsymbol{G}=\nabla C(\boldsymbol{p})$，利用修正公式迭代至小于设定的误差精度就得到 Hessian 矩阵的逆近似。L-BFGS 算法具有全局收敛性和超线性收敛性，时间消耗大大降低[220]。

11.2.4 实验与分析

为了验证方法的有效性，设计了两组实验。所有程序运行在 Intel Core 2.8GHz 处理器、2GB 内存配置下，采用 MATLAB 2010 编程。

实验 11.1 仿真图像的畸变校正

图 11.9（a）和图 11.10（a）是两幅不同的参考图像，大小均为 256×256。利用仿真软件生成各 50 帧畸变图像序列。为了捕捉局部形变，层数设为 3；B 样条配准时初始网格间隔[h_x, h_y]设为[16, 16]；对称约束系数 γ 设定为 5000；分块的梯度阈值设为 0.1；L-BFGS 优化的误差精度设为 10^{-4}，m 为 5。两组序列各仅列举一帧畸变图像，并分别给出传统 B 样条配准结果（图 11.9（d）和图 11.10（d））和本节算法结果（图 11.9（e）和图 11.10（e））的校正结果对比。

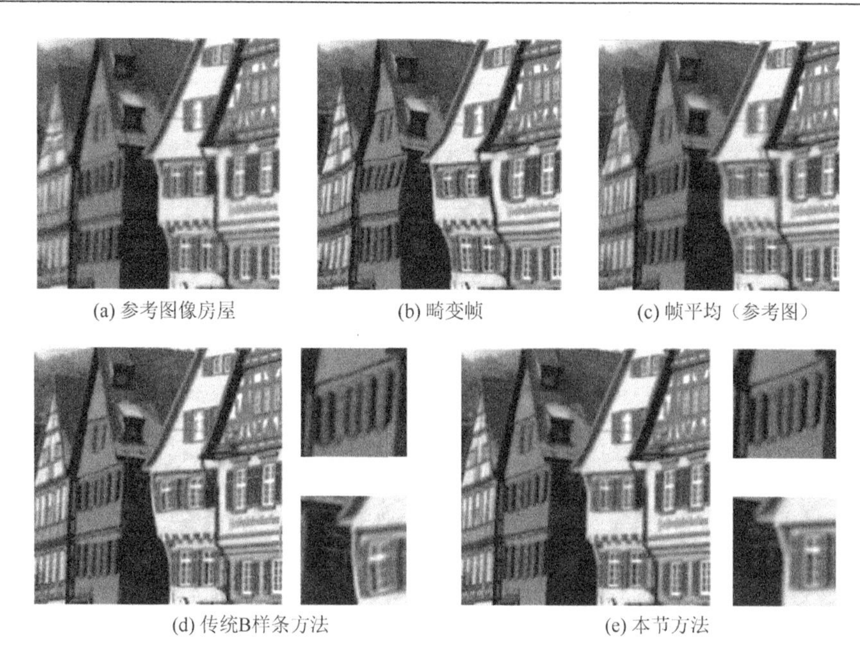

(a) 参考图像房屋　(b) 畸变帧　(c) 帧平均（参考图）

(d) 传统B样条方法　(e) 本节方法

图 11.9　参考图像为房屋的实验结果

(a) 参考图像楼群　(b) 畸变帧　(c) 帧平均（参考图）

(d) 传统B样条方法　(e) 本节方法

图 11.10　参考图像为楼群的实验结果

图 11.9（b）和图 11.10（b）分别为是两组畸变帧的平均图像，平均后的图像虽然较原始图像模糊，但帧平均（图 11.9（c）和图 11.10（c））相当于均值滤波，使扭曲变形得到一定抑制，适合作配准的参考图。对于畸变帧图 11.9（b）和图 11.10（b），传统 B 样条方法的校正结果如图 11.9（d）和图 11.10（d）所示，本节校正结果分别如图 11.9（e）和图 11.10（e）所示。与畸变图像相比，像素偏移现象均得到校正；但对于灰度变化频繁的区域（如窗框、道路），传统 B 样条采用固定的控制点网格，校正结果中仍存在局部扭曲。本节方法采用图像多层结构，并对配准不高的区域二次细化，使得校正的结果更平整，直观表明分块加强的有效性。在时间复杂度方面，局部配准计算量较大，耗时长，这与 B 样条拟合的复杂度和优化算法相关。本节采用多层分块配准，减小了不必要的网格细化，利用 L-BFGS 算法，避免牛顿法直接求解矩阵，在复杂度和配准精度间实现平衡。

为了更直观地对比本节算法和传统 B 样条非刚性配准的校正精度，针对仿真图像实验，将原始图像图 11.9（a）和图 11.10（a）作为参考，记为 R；对校正前后的图像序列进行帧平均，结果分别记为 M_1 和 M_2。利用校正前后的平均图像 M_1、M_2 分别与原始图像 R 比较，将图像规整化为[0, 1]，选用 SSD、归一化互信息（normalized mutual information，NMI）作为相似性评价标准。SSD 和 NMI 都是从统计学角度度量待对比图像对应像素间存在的误差。其中 SSD 是图像间灰度逼近程度的全局化度量，而 NMI 用来描述图像的互包含度量。两幅图像相似度越接近，SSD 越小，NMI 越大。表 11.1 为传统 B 样条和本节算法的校正精度和平均单帧运行时间对比。可以看出，两种算法对图像畸变现象均有改善，但本节算法相比传统 B 样条的校正结果更接近原始图像。传统算法采用牛顿最速下降优化寻求函数最小值，单帧的运行时间约 10min，而本节算法利用 L-BFGS 算法近似 Hessian 矩阵，在运行时间上明显低于传统牛顿最速下降法。

表 11.1　畸变图像校正结果的客观评价

序列	校正前		传统 B 样条非刚性配准			仿射变换 + B 样条非刚性配准		
	SSD	NMI	SSD	NMI	运行时间/s	SSD	NMI	运行时间/s
图 11.9（a）	0.0398	0.3202	0.0025	0.3520	616.78	0.0011	0.4057	34.59
图 11.10（a）	0.0283	0.4010	0.0014	0.4301	575.12	0.0009	0.5273	33.35

实验 11.2　真实图像序列的校正复原

采用实际拍摄的红外湍流序列对本节算法进行验证，分别在上午和下午拍摄两组图像。每组 100 帧，大小为 320×240。两组序列随机抽取图像 3 帧。由于下午地表热辐射强度大，获取的图像受热空气湍流影响较上午大。退化序列如图 11.11（a）和图 11.11（b）所示，图 11.11（a）为上午获得的湍流帧，图 11.11（b）为下午获得的湍流帧。校正结果如图 11.11（c）和图 11.11（d）所示，图 11.11（c）对应图 11.11（a）的轻微湍流下的校正结果，图 11.11（d）对应图 11.11（b）的强湍流下的校正结果。从图 11.11 可以看出，受到湍流模糊影响，湍流退化图像中目标靶和背景树木出现弯曲现象。在轻微湍流时，校正后目标基本恢复直线。在强湍流时，本节算法仍然能起到一定的校正作用。

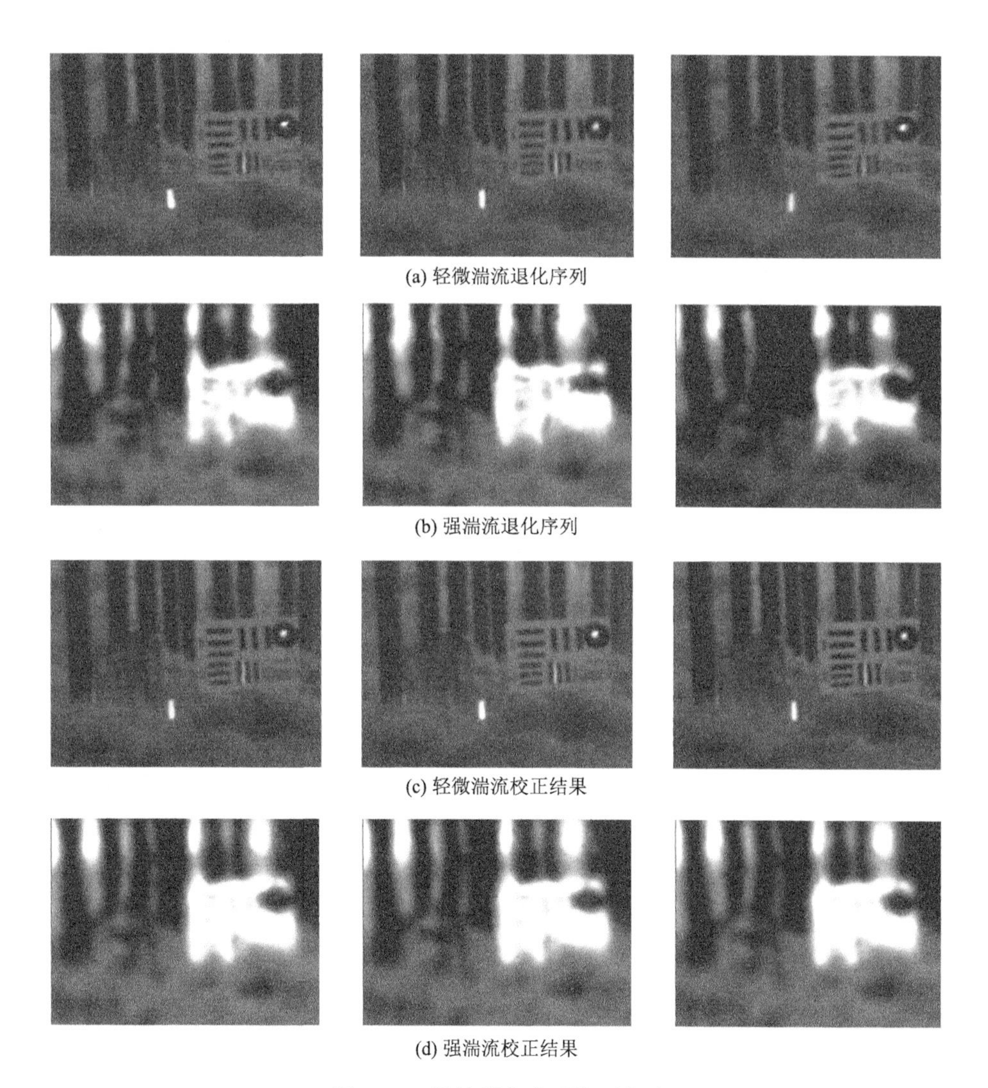

(a) 轻微湍流退化序列

(b) 强湍流退化序列

(c) 轻微湍流校正结果

(d) 强湍流校正结果

图 11.11　湍流退化序列校正实验

由于湍流退化问题的病态性，在无法获得原始清晰图像的情况下，采用主观观察和帧间光流矢量来判定校正效果。对校正前后的序列相邻帧进行光流计算，得到如图 11.12 所示的畸变矢量图。可以看出，配准后，湍流畸变矢量的最大幅值减小（弱湍流时从 3 像素降为 0，强湍流时从最大 8 像素降至 2 像素），证明配准后图像帧的像素偏移减弱甚至完全消失（弱湍流时）。综上分析，证明了本节算法能实现存在整体运动和局部形变的退化图像的有效校正。

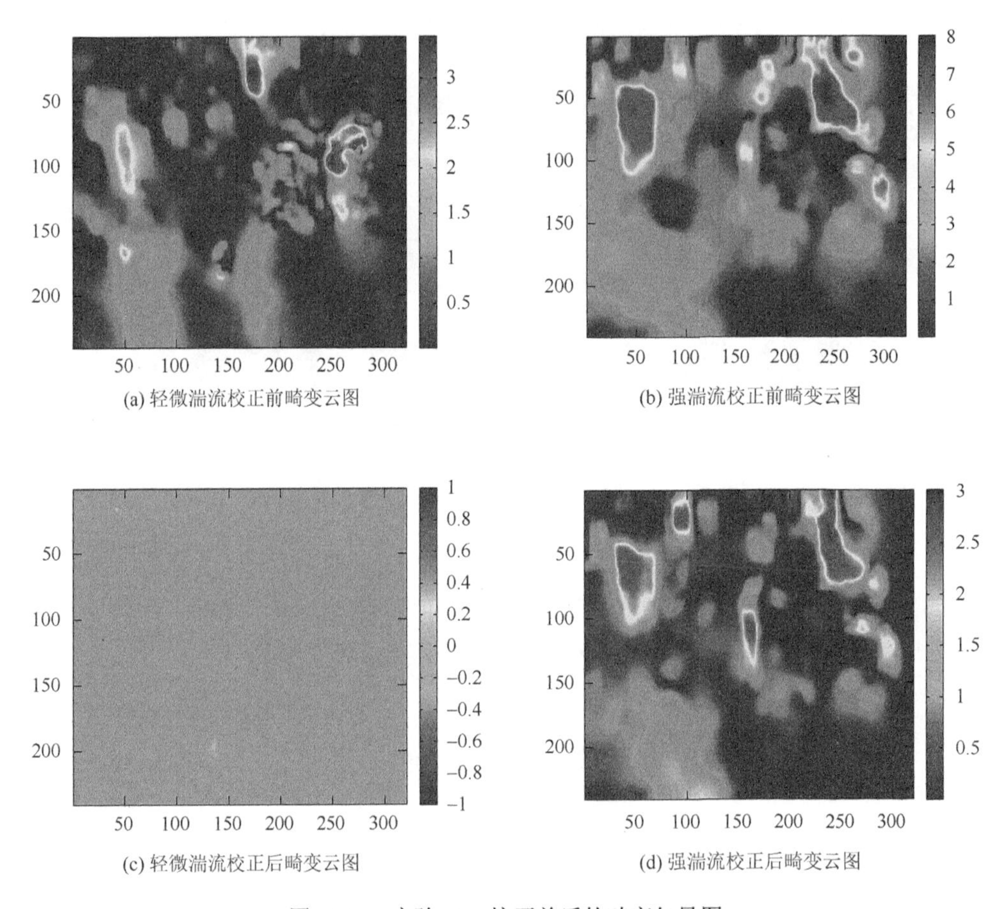

(a) 轻微湍流校正前畸变云图　(b) 强湍流校正前畸变云图

(c) 轻微湍流校正后畸变云图　(d) 强湍流校正后畸变云图

图 11.12　实验 11.2 校正前后的畸变矢量图

实验 11.3　水下湍流的畸变校正

与大气湍流成像类似，水下成像也存在光线折射率变化导致目标图像偏移退化的现象。受到传输介质和水面波动的影响，水下湍流的像素偏移更加随机、复杂，图像偏移扭曲更加明显。图 11.13 中的两行图像给出的是本节算法对水下退化图像的校正结果，验证了算法的有效性。

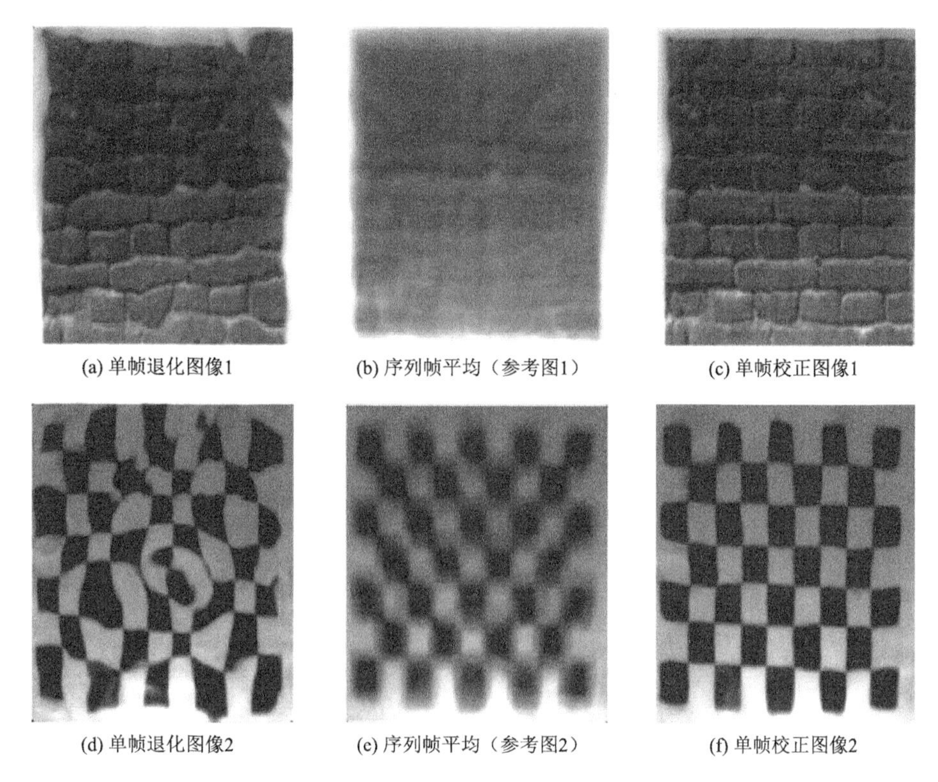

(a) 单帧退化图像1　(b) 序列帧平均（参考图1）　(c) 单帧校正图像1

(d) 单帧退化图像2　(c) 序列帧平均（参考图2）　(f) 单帧校正图像2

图 11.13　水下湍流成像的畸变校正结果

11.3　本 章 小 结

图像畸变会导致图像对空间方位的错误表达；图像间存在复杂的非线性关系，求解准确的校正函数是不可能实现的。针对湍流引起成像畸变的问题，分析图像畸变的全局和自由形变的特点，提出了一种基于仿射变换和 B 样条非刚性配准的偏移校正方法。首先，采用仿射变换去除序列中可能存在的整体几何畸变。然后，通过对湍流影响明显的区域进行控制点网格分层加密，采用 B 样条拟合局部形变。最后利用 L-BFGS 算法来优化配准代价函数，避免了大量的矩阵计算。实验证明了本章方法的有效性，在模糊条件下仍能得到较好的校正结果，将其用于存在较大扭曲的畸变图像（如水下图像），校正的结果也是令人满意的。

第 12 章　湍流退化序列的抖动稳像和运动检测

从序列中的单帧图像来看，湍流造成的图像偏移呈扭曲状，可通过配准插值实现扭曲校正。从整个图像序列来看，湍流造成的抖动失真可看作图像偏移的高频变化。湍流图像序列的抖动不仅影响图像成像质量，而且影响主观感知效果，导致人们在观察目标时产生不好的视觉体验，甚至干扰成像场景中实际运动目标的辨识。

对于序列图像的抖动校正通常采用电子稳像技术，即通过估计序列帧之间的运动量，采用运动补偿方式来减轻图像帧之间的抖动效应。不同于视频图像帧的随机晃动，大气湍流波动具有对称性和局部重复性，序列图像的局部像素偏移呈现高斯分布特点[221]。

本章在低秩稀疏分解模型的基础上，将湍流偏移的先验信息引入序列图像。针对湍流序列存在像素抖动和噪声干扰的问题，本章提出一种基于矩阵低秩稀疏分解的退化序列稳像方法；对于多帧图像的复原，在稳像基础上对比了具有代表性的幸运区域法和多帧盲解卷积法；针对含运动目标的湍流退化图像，在低秩稀疏分解的基础上，结合前景提取和背景建模的检测融合策略，提出一种运动目标和湍流分离的检测方法；并分别给出相关的实验和分析，验证所提方法的有效性。

12.1　序列的退化模型和序列中的运动检测

本节拟通过对湍流序列退化模型和图像序列中运动监测的相关问题进行探讨，以便为退化序列的稳像方法等的建立奠定基础。

12.1.1　序列的退化模型

通常情况下，湍流图像往往存在模糊和噪声的双重影响。在一定时间内，湍流序列图像表现为三个方面与时间相关的退化：模糊、噪声和像素偏移。因此，湍流序列的退化模型可简化表示为

$$g_k(x) = \phi_k(f(x) \otimes h_k) + n_k(x) \tag{12.1}$$

其中，$\otimes$ 是二维卷积运算；$k = 1,2,\cdots,N$ 代表序列帧；h_k 表示第 k 帧的 PSF；f 和 g_k 分别代表理想清晰图像和第 k 帧观测图像；ϕ_k 表示湍流形变函数；n_k 代表第 k 帧的加性噪声分布。

像素偏移校正仅使模糊函数和噪声分布发生平移，并不影响模糊核的形状。为了从大气湍流序列中恢复出理想图像，需先对退化序列进行图像对齐，校正湍流形变，再去除成像模糊和噪声，以获得清晰结果。

12.1.2　序列中的运动检测

目标观测过程中，运动信息比静止信息更易引起观测者的注意。运动检测是指将序列图像中的变化区域从背景中分割出来，是目标跟踪、识别应用的基础。目前，运动检测技术的研究成果十分丰硕，许多算法达到 state-of-art 的检测效果，并已逐步进入实际应用阶段。下面对几种主要的传统检测方法进行简要介绍。

1. *光流法*

光流的概念最初是由 Gibson 于 1950 年提出来的，而光流场的计算是由 Horn 和 Schunck 于 1981 年提出的[222]。其基本思路是根据序列图像的像素随时间的改变以及像素之间的相关性，结合时间变化进行动态分析，确定是否存在运动的目标。目前使用最为普遍的是 Horn & Schunck 方法，假设光流在目标图像中光滑变化，同时将光流进行离散表示，即目标运动同时满足全局平滑和约束方程。根据计算方法的不同，应用较为广泛的光流法有能量法、相位法、微分法（梯度法）、块匹配法和小波法等。光流法适用性强，对于静态和动态背景均能起到较好的效果，但算法复杂，实际使用过程中用时较多，且对硬件设施有很高的要求。

2. *像素差分法*

像素差分法根据差分形式的不同，主要包括帧间差分（frames difference）法、背景差分（background subtraction，BGS）法、水平集法等。帧间差分法对目标相邻图像帧进行差分，根据差分值判断目标的运行信息，属于动态边缘提取计算。在实际检测过程中，当目标出现重叠时，帧间差分法很难利用相邻帧的信息获得目标的重叠运动，造成空洞和伪目标等问题。背景差分法通过比对观测背景与目标图像，获得运动目标，是一种传统的经典算法，算法简单，运算速度快，且定位精确，其中最为关键的是背景建模。由于观测场景无法预判，而且受实时变化、光照变化和成像抖动等因素影响，背景信息很难准确获得。

近来，对于压缩感知和稀疏理论的研究较为广泛，学者开始利用稀疏表示和字典学习理论进行目标运动的检测，并提出了不同的 RPCA 模型[223]。将观测图像序列表示为列向量，对每一帧图像进行分析，把图像的静态信息与动态信息分离，利用数学方法将静态信息与动态信息分别表示为背景矩阵和前景矩阵，并对目标运动信息进行精确判断。

上述各类运动目标检测算法各有长处和不足。在处理方式上，运动检测算法的发展呈现如下特点。

（1）传统检测算法的不断改进。针对传统检测方法的不足，一方面提出一些改进方法使之更鲁棒，更实用；另一方面将不同的方法结合起来，克服单个方法的缺点，使其优点互补。

（2）新颖检测算法的不断出现，如运动轨迹法、立体视觉法。

（3）算法设计着眼于检测的稳定性、准确性和实时性。

12.2 基于低秩稀疏分解的湍流序列稳像和复原

从图像连续帧之间的相似性考虑，退化图像序列的灰度变化较为平缓，而每帧图像的湍流运动和噪声分布是随机的，因此湍流图像可看作低秩的场景部分和稀疏的湍流噪声部分的叠加。像素偏移的校正问题就转化为湍流图像的低秩矩阵分解问题。

12.2.1 湍流序列的低秩稀疏分解

对于湍流图像序列 $\{I_1,I_2,\cdots,I_n\}$，图像大小均为 $w\times h$，将每帧图像排列为一个 $(w\times h)\times 1$ 列向量，记为 $\mathrm{vec}(I_i),i=1,2,\cdots,N$，则整个序列组成的矩阵可表示为 $\boldsymbol{D}=\{\mathrm{vec}(I_1)|\cdots|\mathrm{vec}(I_n)\}\in\mathbf{R}^{(w\times h)\times n}$。研究发现，大气湍流波动具有单峰性、对称性和局部重复性，且湍流引起的序列局部像素偏移符合零均值高斯分布的特点。因此，湍流分量可以采用 Frobenius 范数表示。湍流序列的低秩分解表示如下：

$$\min_{\boldsymbol{A},\boldsymbol{E}} \mathrm{rank}(\boldsymbol{A}) \quad \text{s.t.}\ \boldsymbol{D}=\boldsymbol{A}+\boldsymbol{E},\ \|\boldsymbol{E}\|_F\leqslant\sigma \tag{12.2}$$

其中，$\boldsymbol{D}$、$\boldsymbol{A}$、$\boldsymbol{E}$ 分别表示观测的图像序列矩阵、稳像矩阵和湍流造成的误差矩阵；σ 代表整个序列中所有偏移像素的最大总方差，是对湍流先验知识的反映。在拉格朗日乘子算法的框架下，式（12.2）可凸优化为

$$\min_{\boldsymbol{A},\boldsymbol{E}} \|\boldsymbol{A}\|_* + \gamma\|\boldsymbol{E}\|_F^2 \quad \text{s.t.}\ \boldsymbol{D}=\boldsymbol{A}+\boldsymbol{E} \tag{12.3}$$

其中，γ 是正则参数，用以平衡 $\boldsymbol{A}$ 和 $\boldsymbol{E}$ 两个分量的大小。式（12.3）的解可通过求解如下拉格朗日方程的最优解获得

$$L(\boldsymbol{A},\boldsymbol{E},\boldsymbol{Y},\mu)=\|\boldsymbol{A}\|_*+\gamma\|\boldsymbol{E}\|_F^2+\mathrm{tr}[\boldsymbol{Y}^{\mathrm{T}}(\boldsymbol{D}-\boldsymbol{A}-\boldsymbol{E})]+\frac{\mu}{2}\|\boldsymbol{D}-\boldsymbol{A}-\boldsymbol{E}\|_F^2 \tag{12.4}$$

其中，$\boldsymbol{Y}\in\mathbf{R}^{M\times T}$ 是拉格朗日乘子；$\mathrm{tr}(\cdot)$ 表示矩阵的迹；$\mu>0$ 是惩罚因子。

12.2.2 模型的优化求解

目前求解式（12.4）的算法众多，如迭代阈值（iterative threshold，IT）算法、加速近似梯度（accelerated proximal gradient，APG）算法、增广拉格朗日乘子（augmented Lagrange multipliers，ALM）法、Bregman 迭代算法等。为了提高计算速度，此处采用非精确增广拉格朗日乘子算法（inexact augmented Lagrange multiple，IALM）。该算法无须求解 ***A*** 和 ***E*** 迭代最小的精确解，所需的存储空间较低。具体过程如算法 12.1 所示。

算法 12.1　基于 IALM 算法的湍流序列低秩矩阵恢复

输入：观测序列矩阵 ***D***，正则参数 γ ，允许误差 ε 。

初始化参数：$\boldsymbol{A}=\boldsymbol{E}=\text{zero}(w\times h,n)$ ，$\boldsymbol{Y}=\boldsymbol{D}/\|\boldsymbol{D}\|_2$ ，$\mu=2000/\text{sqrt}(\text{size}(\boldsymbol{D},1))$ ，$\mu_{\max}=10^5$ ，$\rho=1.25$。

迭代步骤：

Step1. 固定其他变量，更新 ***A***。

$$\boldsymbol{A}=\arg\min_{\boldsymbol{A}} L(\boldsymbol{A},\boldsymbol{E},\boldsymbol{Y})=\arg\min_{\boldsymbol{A}}\frac{1}{\mu}\|\boldsymbol{A}\|_*+\frac{1}{2}\left\|\boldsymbol{A}-\left(\boldsymbol{D}-\boldsymbol{E}+\frac{1}{\mu}\boldsymbol{Y}\right)\right\|_F^2$$

Step2. 固定其他变量，更新 ***E***。

$$\boldsymbol{E}=\arg\min_{\boldsymbol{E}}\left\|\boldsymbol{E}-\left(1+\frac{2\lambda}{\mu}\right)^{-1}\left(\boldsymbol{D}-\boldsymbol{A}+\frac{1}{\mu}\boldsymbol{Y}\right)\right\|_F^2$$

Step3.　更新拉格朗日乘子。

$$\boldsymbol{Y}=\boldsymbol{Y}+\mu(\boldsymbol{D}-\boldsymbol{A}-\boldsymbol{E})$$

Step4. 更新参数。

$$\mu=\min(\rho\mu,\mu_{\max})$$

迭代收敛条件：$\|\boldsymbol{D}-\boldsymbol{A}-\boldsymbol{E}\|_F^2/\|\boldsymbol{D}\|_F^2\leqslant\varepsilon$ 。

输出：稳像矩阵 ***A***，湍流偏移 ***E***。

算法 12.1 中 γ 的值越大，***E*** 的稀疏性越小，稳像 ***A*** 的湍流程度越明显。实际中根据湍流强度设置 γ ，取值范围一般在[2.0, 5.0]。迭代的 Step1 可以通过引理 12.1 求解。

引理 12.1　对于任意矩阵 $\boldsymbol{A}\in\mathbf{R}^{m\times n}$ 且秩为 r ，式（12.5）最小二乘问题存在唯一的解析解：

$$\arg\min_{A} \mu\|A\|_* + \frac{1}{2}\|A - Y\|_F^2 \tag{12.5}$$

其解析解可通过奇异值截取（singular value thresholding）算法获得，如下：

$$A = \mathrm{SVT}_\mu(A) = U\mathrm{diag}[(\sigma - \mu)_+]V^{\mathrm{T}}$$
$$(\sigma - \mu)_+ = \begin{cases} \sigma - \mu, & \sigma > \mu \\ 0, & \text{其他} \end{cases} \tag{12.6}$$

其中，$U \in \mathbf{R}^{m\times r}$，$V \in \mathbf{R}^{n\times r}$ 和 $\sigma \in \mathbf{R}^{r\times 1}$ 可由矩阵 A 的奇异值分解得。

算法 12.1 中迭代的 Step2 可通过式（12.7）最小化求解：

$$E = \left(\frac{2\lambda}{\mu} + 1\right)^{-1}\left(\frac{1}{\mu}Y + D - A\right) \tag{12.7}$$

12.2.3 序列图像复原

湍流条件下大气折射率与成像设备和目标场景间的空气温度、气压、湿度以及风动条件等有关，模糊核往往随时间变化，湍流去模糊问题隶属于盲复原范畴。本节考虑静态场景下的湍流退化序列图像，对稳像后的序列采用基于多帧解卷积的方法实现图像复原。

稳像后，湍流引起的帧间像素偏移被校正。模糊过程设为空不变模糊，此时多幅图像的降质模型可表示为

$$g_k = f \otimes h_k + \varepsilon_k, \quad \forall k \in \{1, 2, \cdots, n\} \tag{12.8}$$

其中，f 为真实的清晰图像；$g_k \in \{I_{f1}, I_{f2}, \cdots, I_{fn}\}$ 为降质图像；h_k 为第 k 帧的模糊核；$\otimes$ 表示与多帧图像卷积；ε_k 为生成稳像 g_k 时引入的误差部分。多帧复原的目的就是根据一组降质序列图像 $\{g_k\}_{k=1}^n$，借助序列中丰富的时空信息，尽可能减少用户参与或者参数调节，力求恢复出最接近原始清晰图像 f 的估计图像。

由于图像复原的病态性，通常对式（12.8）中的模糊核和原始图像增加一些约束，得到多幅图像复原的正则化模型：

$$\sum_{k=1}^{n}\|f * h_k - g_k\|^2 + R_1(f) + R_2(\{h_k\}) \tag{12.9}$$

式中，第一项衡量估计图像和原始图像 f 的相似程度；$R_1(f)$、$R_2(\{h_k\})$ 分别是图像和模糊核的正则化项。

通过对模型迭代优化，可获得模糊核和原始图像的估计。根据正则化项的不同，衍生出不同的盲复原算法。这里我们直接采用 Šroubek 等提出的交替最小化的快速鲁棒盲复原算法[224]。该方法假设模糊核为空间不变的，考虑到实际复原时

模糊核的尺寸通常是非精确已知的，对两帧图像构造“交叉核”惩罚函数。该惩罚函数依赖于互质假设，即模糊核共享一个常数标量。

$$R(h_i,h_j)=\left\|g_i * h_j - g_j * h_i\right\|_2^2 \tag{12.10}$$

当误差水平 ε_k 低且模糊核的标量估计准确时，R 趋于 0。当迭代估计时，采用 ALM 算法收敛速度快，复原速度在同类方法中优势明显。此外，初始模糊核尺度过大对复原影响并不明显，鲁棒性好。一旦模糊核被估计，可采用非盲解卷积获得清晰图像 x。采用 Šroubek 等的算法时，只需要根据实际图像尺寸设定模糊核的大小，其余参数采用默认参数设置。

12.2.4　实验与分析

本节在 Pentium（R）Dual-Core 2.1GHz CPU、RAM 8GB 的硬件环境下，利用 MATLAB R2010a 编程实验。

实验 12.1　仿真图像

为了说明本章算法的有效性和优越性，我们将其与 11.2 节的像素校正算法进行对比实验。退化序列由原始清晰的海事卫星图像通过仿真软件生成，共 20 帧。图像序列呈现高频抖动，单帧中目标存在局部像素偏移，如图 12.1（a）所示。本章算法中低秩分解时设 $\gamma = 2.0$，$\varepsilon = 10^{-3}$。图 12.1（b）是 12.1（a）中对应帧采用低秩矩阵恢复的湍流稳像结果，湍流图像被分解为稳像部分和湍流部分。

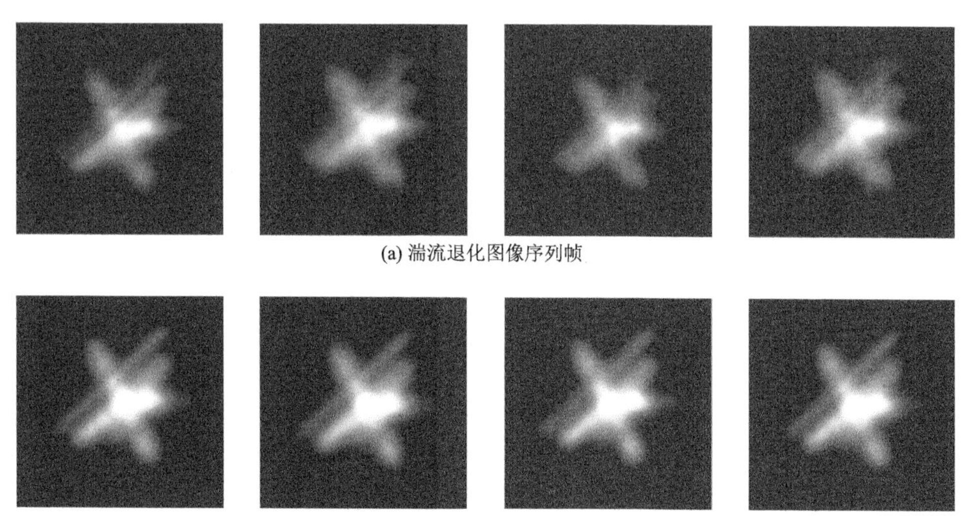

(a) 湍流退化图像序列帧

(b) 低秩稳像部分

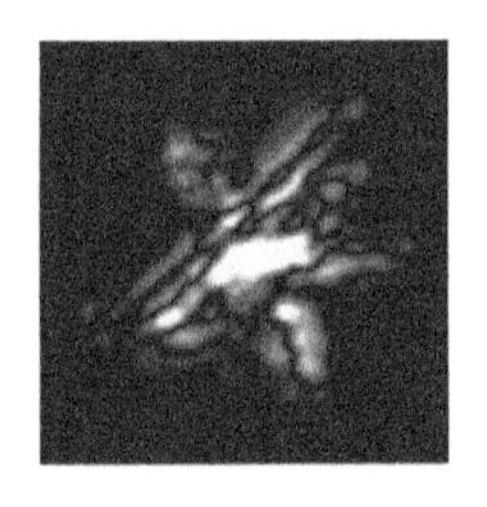 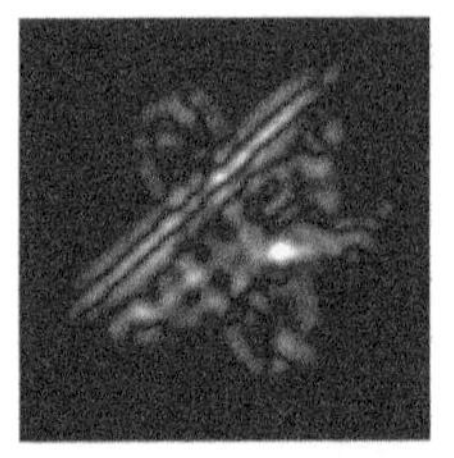 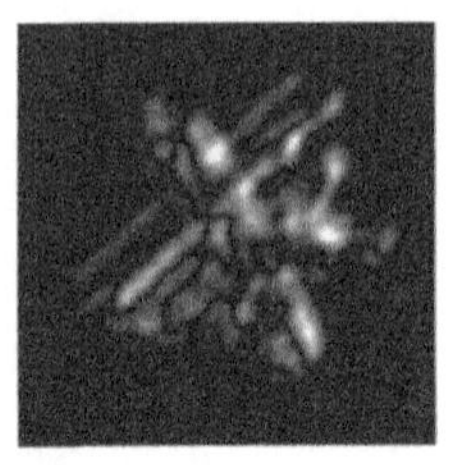 

(c) 稀疏湍流部分

图 12.1　湍流图像的低秩稀疏分解

从图 12.1 可以看出，经过低秩稀疏分解，受湍流影响的像素偏移部分和图像目标被分离。从视觉效果上，每组序列的稳像结果基本上呈对齐状态，像素偏移得到很好的校正。为了证明低秩稀疏分解稳像算法的优越性，将其与第 11 章提出的 B 样条非刚性配准法进行对比，结果如图 12.2 所示。将图像规整化为[0, 1]，采用 SSD、NMI 和运行时间为客观评价测度，不同算法的序列图像的对准结果如表 12.1 所示。

(a) 地面实测图像

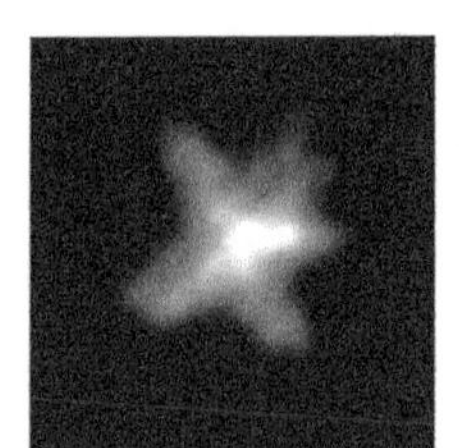

(b) 退化帧图像

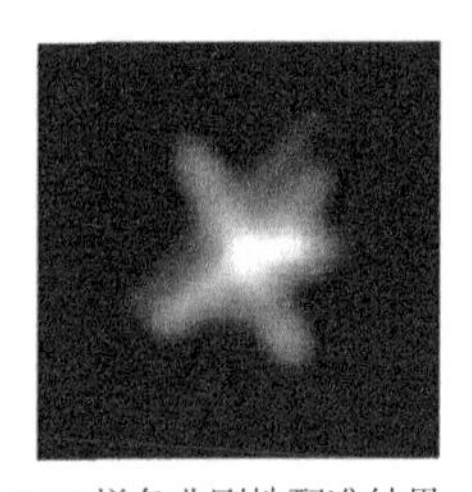

(c) B样条非刚性配准结果

(d) 低秩稳像结果

图 12.2　湍流图像的对准结果对比

表 12.1　不同算法的对准结果性能对比

算法	SSD	NMI	运行时间/s
退化帧	0.0368	0.0713	—
B 样条非刚性配准法	0.0028	0.8701	27.88
低秩稀疏分解法	0.0025	0.8835	1.83

从表 12.1 中数据可以看出，低秩稀疏分解法与 B 样条非刚性配准法的性能相近，略优。但采用 B 样条非刚性配准法时，一帧 180×180 的图像耗时达 27.88s；而低秩稀疏分解采用 IALM 算法运动时间仅为 1.83s，实时性提升明显。

对于序列稳像，分别采用基于图像区域融合的复原方法和多帧盲解卷积法进行对比，结果如图 12.3 所示。其中，解卷积时设定初始模糊核大小为[21, 21]。

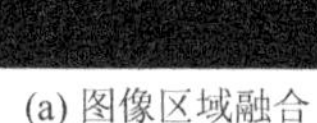

(a) 图像区域融合

(b) 多帧盲解卷积

图 12.3　序列稳像的复原方法结果对比

本章算法在解卷积前对序列进行稳像，使得同一位置上的像素在整个序列的相关性增强，复原后卫星的细节纹理明显、边缘清晰。利用 PSNR 和 SSIM 对复原前后结果进行比较，平均值如表 12.2 所示。表中数据对比说明本章算法在性能上具有明显的优越性。

表 12.2　湍流退化图像复原结果比较

参数	退化图像	图像区域融合	多帧盲解卷积
PSNR/dB	14.5373	18.0535	21.9796
SSIM	0.5383	0.7583	0.8179

实验 12.2　真实红外湍流图像

下面以中等湍流下拍摄的红外图像为例。图 12.4（a）、图 12.5（a）为退化帧，各序列为 180 帧（这里仅显示 4 帧，其余略），大小均为 256×256。采用本章算法复原图像，经低秩稀疏分解后的稳像和湍流偏移部分分别如图 12.4（b）和图 12.5（b）所示。最终复原结果如图 12.4（c）和图 12.5（c）所示。可以看出，经过低秩稀疏分解，帧间的湍流偏移像素校正准确，最终复原结果的视觉效果都比较清晰。

(a) 退化帧

(b) 低秩稀疏分解结果（前一行是低秩部分，后一行是稀疏部分）

(c)多帧复原结果

图 12.4　湍流退化序列 1 的稳像和复原结果

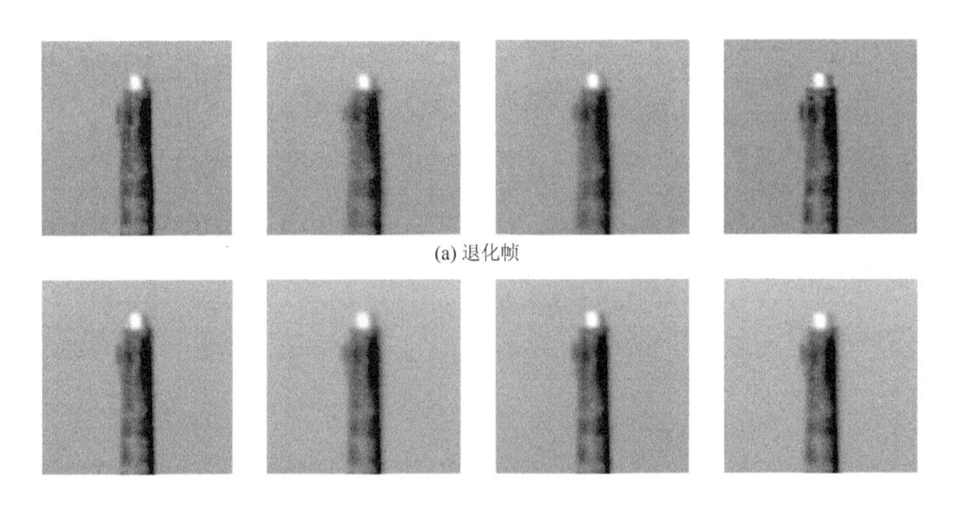

(a) 退化帧

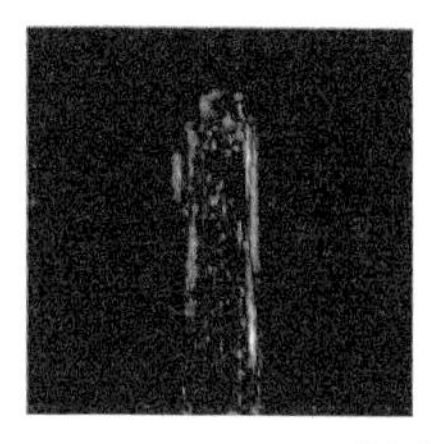

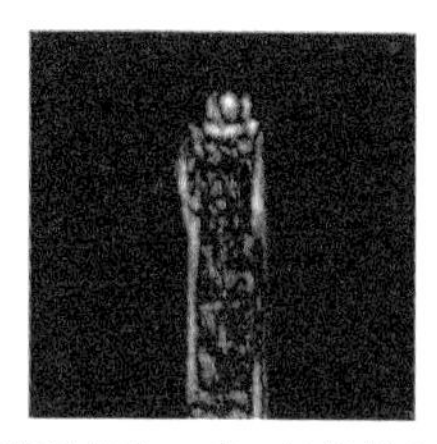

(b) 低秩稀疏分解结果（前一行是低秩部分，后一行是稀疏部分）

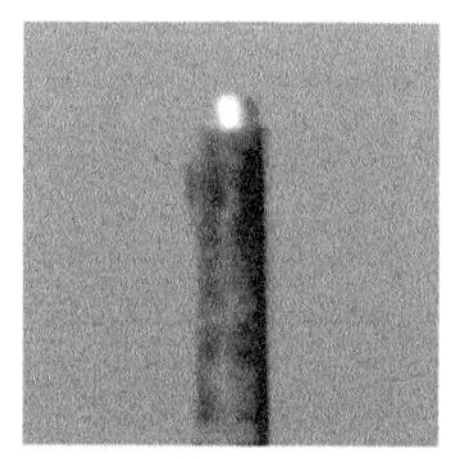

(c) 多帧复原结果

图 12.5　湍流退化序列 2 的稳像和复原结果

12.3　湍流退化视频的运动目标检测

考虑人眼对运动目标的视觉敏感性，针对存在运动目标的序列图像，提出一种结合低秩稀疏分解和混合高斯模糊的湍流图像运动检测方法。无须去模糊处理也能清晰分割出背景和目标。

这里先回顾 12.2 节提出的低秩稀疏分解的湍流序列稳像算法，将背景运动看作湍流运动的一部分，经过分解获得低秩稳像部分和稀疏运动部分。对于含有运动目标的序列图像，分解所得稳像部分包括背景和部分运动目标像素，稀疏部分为受湍流影响的运动像素和随机噪声，如图 12.6 所示。因此，为了准确定位运动目标，需采用不同方法对这两部分分别进行目标检测。

(a) 输入图像

=

(b) 低秩部分

+

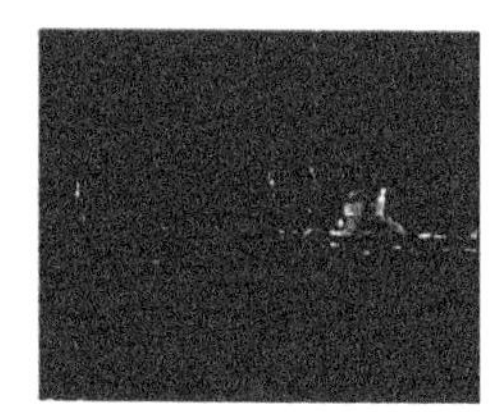

(c) 稀疏部分

图 12.6　湍流退化视频帧的低秩稀疏分解

12.3.1　自适应阈值的稀疏目标提取

对于每帧的稀疏部分（记为 $\boldsymbol{p}_i$）采用自适应阈值分割图像，以剔除细微偏移量和噪声的干扰。阈值 T_i 与稀疏部分的灰度均值有关，设为

$$T_i = \max(\text{median}(\boldsymbol{p}_i), \varepsilon) \tag{12.11}$$

其中，median(·) 为向量均值函数；ε 为常量。

每帧稀疏部分的像素值大于阈值为前景。稀疏块分割后的前景目标区域会在一定程度上存在内部空洞，即目标区域的提取有漏检现象。鉴于此，需进一步对提取出标定前景运动目标的稀疏块掩模区域进行空洞检测和填充。由于稀疏块掩模为二值型数据，对于目标区域内的空洞可以通过 8 连通区域检测；然后填充空洞区域以恢复目标区域的掩模，达到提取完整运动目标的效果。整个提取过程如图 12.7 所示，可以看出填充后丢失的目标域得到较好的修复。

(a) 阈值分割

(b) 空洞填充

图 12.7　稀疏部分的目标提取

12.3.2　高斯模型的前景提取

背景减除法中，选择合适的背景模型和更新策略对检测的影响十分重要。在此采用混合高斯模型和单高斯模型结合，对低秩部分进行目标检测。

1. 混合高斯背景模型

K 个高斯分布生成背景模型，将每帧新的像素值 $I_t(x,y)$ 与 K 个分布依次进行匹配。若条件满足，说明与第 i 个分布匹配，被认定为背景点，否则认定为前景点。第 t 帧中像素点 (x,y) 为前景的布尔值记为 $f_{\text{GMM}}(x,y,t)$，即

$$f_{\text{GMM}}(x,y,t) = \begin{cases} 1, & |I_t(x,y) - \mu_{i,t}| - 2.5\sigma_{i,t} > 0 \\ 0, & \text{否则} \end{cases} \tag{12.12}$$

其中，$\mu_{i,t}$、$\sigma_{i,t}$ 分别是第 i 个高斯分布的均值和标准差。

2. 模型初始化和更新策略

利用初始一段时间内视频帧的低秩部分，建立高斯数为 K 的混合高斯背景模型。同时初始化前景模型为空。

更新时，采用保守更新策略[225]，即混合高斯分布的参数更新时仅涉及背景区域像素。按式（12.13）～式（12.15）更新：

$$\mu_t = (1-\alpha)M\mu_{t-1} + \alpha M I_t \tag{12.13}$$

$$\sigma_t^2 = (1-\alpha)M\sigma_{t-1}^2 + M\alpha(I_t - \mu)^{\mathrm{T}}\alpha(I_t - \mu) \tag{12.14}$$

$$\omega_{i,t} = (1-\alpha)\omega_{i,t-1} + \alpha M \tag{12.15}$$

其中，α 为权值的学习速率；M 为背景掩模，在背景匹配的区域内取 1，其余取 0。

12.3.3　检测区域的融合判定

基于阈值分割的目标提取计算简单，但由于分割是在稀疏部分基础上进行的，受到湍流运动的稀疏性影响，容易存在误检测问题；基于背景减除法的前景检测法能够获得空间连续的结果，但对噪声敏感。为获得更准确、更完整的目标区域，对低秩和稀疏部分检测区域进行融合判定。将分解的稀疏部分记作 $f_{\mathrm{S}}(x,y,t)$，经过阈值分割和填充的结果记为 $f_{\mathrm{T}}(x,y,t)$，表示第 t 帧 (x,y) 处为前景的布尔值。对低秩部分进行混合高斯检测的结果记作 $f_{\mathrm{GMM}}(x,y,t)$。采用融合规则对检测结果进行判定，具体如下。

（1）属于稀疏部分 $f_{\mathrm{S}}(x,y,t)$，但低秩背景减除法检测为背景的区域，被判定为湍流部分。

（2）同时被稀疏的阈值分割和低秩的 GMM 背景减除法同时提取的前景区域，被判定为运动目标，记为 f_{moving}。即

$$f_{\mathrm{moving}}(x,y,t) = \begin{cases} 1, & f_{\mathrm{T}}(x,y,t) = 1 \text{ 且 } f_{\mathrm{GMM}}(x,y,t) = 1 \\ 0, & \text{否则} \end{cases} \tag{12.16}$$

（3）稀疏阈值分割检测为前景，但低秩背景减除法检测为背景的区域，判定为湍流分量对目标的干扰部分。

为使最终获得的目标尽量无噪点干扰，在不影响查全率的前提下对处理后的结果作适当的区域滤波。图 12.8 为融合高斯建模和稀疏阈值的前景检测。最终判定该输入帧中有一行驶车辆（运动目标）和湍流噪声干扰。

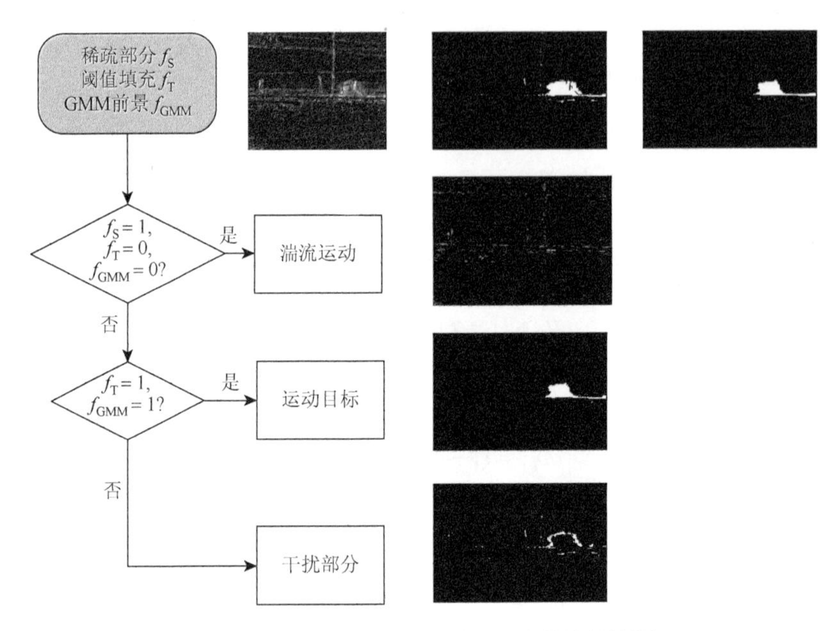

图 12.8　融合高斯建模和稀疏阈值的前景检测

12.3.4　实验与分析

为验证本章方法的有效性，在软硬件环境为双 Pentium（R）Dual-Core 2.1GHz CPU、RAM 8GB、MATLAB 2010a 的条件下编程实验。

图像序列均为远距离拍摄（5～15km）的红外图像，每帧分辨率均为 360×240。序列中涵盖了运动目标的不同情况，具体如下。

序列 1 记录了道路上车辆和行人通行的情景。其中出现多辆大小不等的车辆，存在车辆遮挡、快速行驶等现象。

序列 2 记录了单个船只在河流中直线行驶的场景。受较强的大气湍流影响，整个场景呈现严重模糊和连续抖动。

对比算法为自适应的混合高斯建模法[226]。为获得尽可能稳定的场景和完整的目标，避免过度平滑，本章方法在分解时根据经验设置正则参数。考虑到湍流强度的不同，序列 1 中正则参数γ设为 20，序列 2 中设为 5.0。采用 IALM 算法求解低秩模型，设迭代允许误差$\varepsilon=10^{-3}$，最大迭代次数为 1000。混合高斯模型的学习速率根据经验值设为 0.004。为适应快速变化的前景，单高斯模型的学习速率设置较高值。每组序列仅列出部分帧、对应的 ground-truth 和各算法作用的检测结果，如图 12.9 所示。

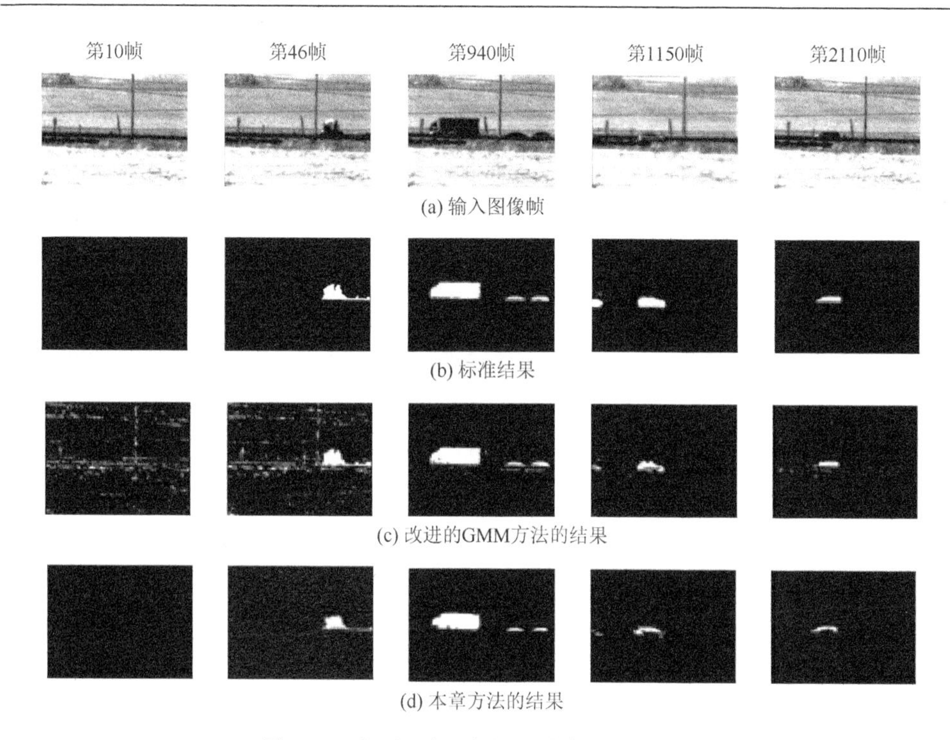

(a) 输入图像帧

(b) 标准结果

(c) 改进的GMM方法的结果

(d) 本章方法的结果

图 12.9　序列 1 中目标检测的实验结果对比

在轻微湍流情况下，湍流的存在使整个场景呈现不规则抖动，GMM 初始化背景模型时选择初始一段时间内的连续帧，使得背景建模不能适应整体抖动，提取前景中包含许多受湍流偏移干扰的微小区域，如图 12.9（c）所示。随着背景模型的适应更新，误检区域逐渐消失，改进的 GMM 方法能够较好地实现目标主要区域的检测。本章方法通过低秩稀疏分解并融合背景减除和前景稀疏的特点，能够去除湍流抖动所产生的干扰，同时需要注意，采用稀疏的阈值分割和融合的“并”规则，不能足够精确地区分与背景灰度相似的前景区域，使得检测结果中发生部分漏检的现象，如图 12.9（d）中道路和小车底部区域较为相似而出现漏检。图 12.10 所处的远距离场景受强湍流影响，导致改进的 GMM 方法在背景减除时结果出现较大误差。本章方法对于模糊图像有较强的适应能力，虽存在少量误检，检测结果仍接近 ground-truth。

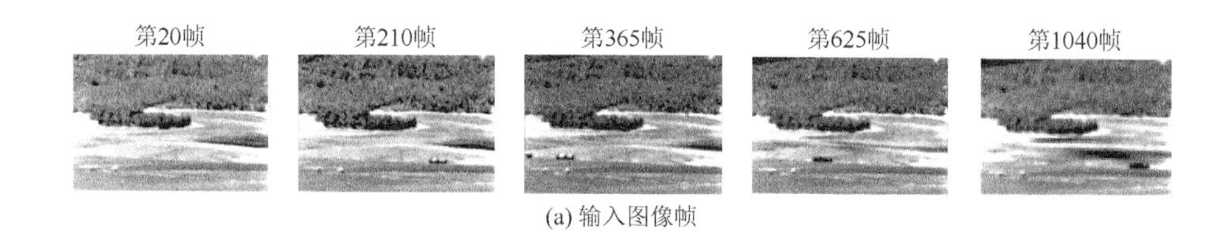

(a) 输入图像帧

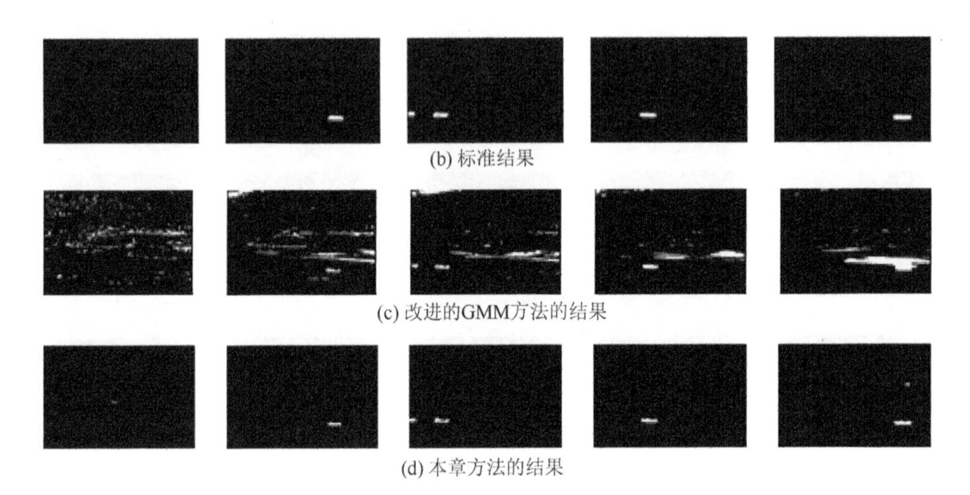

(b) 标准结果

(c) 改进的GMM方法的结果

(d) 本章方法的结果

图 12.10 序列 2 中目标检测的实验结果对比

为更清晰地对比算法的检测性能，分别统计出每组序列中被正确标记的前景像素点数 TP（true positive）、被正确标记的背景像素点数 TN（true negative）、被错误标记为前景的背景像素点数 FP（false positive）和被错误标记为背景的前景像素点数 FN（false negative）。选取如式（12.17）～式（12.19）的误检率（false positive rate，FPR）、漏检率（false negative rate，FNR）和 F-Measure 来衡量目标区域提取效果的优劣。检测结果性能对比如表 12.3 所示。

$$\mathrm{FPR} = \frac{\mathrm{FP}}{\mathrm{TP} + \mathrm{FP}} \tag{12.17}$$

$$\mathrm{FNR} = \frac{\mathrm{FN}}{\mathrm{TP} + \mathrm{FN}} \tag{12.18}$$

$$\text{F-Measure} = \frac{2 \times \mathrm{Precision} \times \mathrm{Recall}}{\mathrm{Precision} + \mathrm{Recall}} \tag{12.19a}$$

$$\mathrm{Recall} = \frac{\mathrm{TP}}{\mathrm{TP} + \mathrm{FN}} \tag{12.19b}$$

$$\mathrm{Precision} = \frac{\mathrm{TP}}{\mathrm{TP} + \mathrm{FP}} \tag{12.19c}$$

其中，Recall 为查全率；Precision 为查准率；F-Measure 是这两者的调和平均，用于综合反映整体性能。

表 12.3　不同方法检测结果的性能对比

方法	序列 1			序列 2		
	FPR	FNR	F-Measure	FPR	FNR	F-Measure
改进的GMM方法	0.2556	0.0333	0.7405	0.9649	0.1619	0.0673
本章方法	0.0423	0.4214	0.7213	0.1551	0.1874	0.8284

对于序列 1，本章方法得到的误检率明显低于改进的GMM方法；改进的GMM方法的漏检率较低，但误检率较高，目标提取的精准程度一般。对于序列 2 而言，本章方法取得了较低的误检率和较高的 F-Measure，目标提取的性能优于改进的 GMM 方法，实验证明本章方法对运动目标检测的有效性。

12.4　本 章 小 结

本章利用湍流下场景的近似性和偏移像素的稀疏性，提出了一种基于低秩稀疏分解的多帧盲复原算法。低秩分解过程无须考虑湍流运动的数学建模，能够在去除偏移和噪声的同时实现稳像，运行速度快。在此基础上，针对湍流序列中运动目标的检测问题，提出一种基于低秩分解和检测融合的目标提取方法。对湍流序列的低秩和稀疏部分分别采用背景建模和阈值分割检测目标，通过决策提取准确的目标区域。算法在分解时时间消耗较短，最终检测的准确率较高，无须复原清晰图像就可区分运动物体。实践证明复原时使用序列图像能够更好地确定目标的偏移，消除图像的抖动效应，实现稳定复原。

第五篇　图像复原性能验证与图像质量评价

从反映人眼的主观感知出发，借助于某些数学模型，通过对图像进行特性分析评估出图像优劣（图像失真程度）的（客观）图像质量评价是图像处理的基本技术之一。随着人工智能及智能信息处理技术的进步，根据人类视觉特性建立智能化的图像质量自动评价模型，进一步完善图像质量评价的指标体系已经成为图像质量评价技术研究的热点课题。

本篇介绍视觉认知的过程和特性，探讨基于 HVS 的仿生学图像质量评价方法，利用生物视觉标准模型特征和 LS-SVM 回归方法，提出一种基于生物视觉标准模型的无参考型图像质量评价方法。

本书第一篇至第五篇（本篇）内容，构成了比较系统的智能化图像复原理论，实现了图像复原理论与技术研究的完整性和系统性。

第 13 章　图像复原性能验证与图像质量的智能评价

随着传感器技术和网络多媒体技术的迅猛发展，图像信息的应用越来越广泛。面对浩如烟海的图像信息，人眼已很难满足实际的应用需求。根据 HVS 的特性建立图像质量的自动评价模型，然后让机器代替人来监控图像信息，将是一项非常有意义的工作[135]。另外，图像质量评价（image quality assessment，IQA）和图像复原也是一对密切相关的问题，图像复原是不断优化图像质量的过程，如果能够成功解决 IQA 的难题，那么图像复原难题也就迎刃而解。但是视觉质量评价是不确定的过程，很难用确定的函数或模型进行定量描述。目前的很多质量评价指标（如 MSE 和 PSNR）由于没有考虑 HVS 的特性，与人眼的视觉评价结果不一致，并不能有效地完成 IQA。

在 IQA 方法中，HVS 的生理学和心理学研究是至关重要的。如果 HVS 中的所有相关功能都能被精确地模拟，那么就很有可能实现图像质量的精确预测，但由于 HVS 非常复杂，目前存在的视觉模型仅仅对 HVS 进行简单的模拟，因此存在一定的局限性。另外，IQA 方法的建模和参数的确定也是一个抽象的过程，很难与实际的认知过程相对应[95]。因此，从仿生学的角度出发，运用 HVS 认知过程和特性方面的最新研究成果，设计更有效的 IQA 方法是一个重要的研究方向，也是解决 IQA 难题的基本思路[227]。

本章首先介绍了视觉认知的过程和特性，然后研究了基于 HVS 的仿生学 IQA 方法，最后提出了一种基于生物视觉标准模型的无参考型 IQA 方法，并通过实验验证了本章方法的有效性，为复原方法的定性和定量评估提供了依据。

13.1　视觉认知的过程和特性

HVS 获取外界图像/视频信息的过程中，光辐射刺激人眼引起复杂的生理和心理变化，这种感觉就是视觉。生理学上，通常将视觉分为感知觉和认知觉。感知觉是视觉信息数据的感知、采集、转换和变换；认知觉是对视觉信息内容的处理和推理，处理包括对感兴趣信息的提取和求解等，推理则主要是根据记忆的和新获取的信息与知识所进行的高层次逻辑推理等智能活动。HVS 激励非常复杂，研究 HVS 特性对于图像/视频处理具有重要的指导意义，主要包括光学、色度学、视觉生理学、视觉心理学、解剖学、神经科学和认知科学等许多科学领域。

13.1.1 视网膜的信息认知过程

视网膜是感光机制的主要执行者，它是视觉系统中采集影像的部件，其上分布着许多感光细胞。根据感光细胞的形状，可将其分为杆状细胞（感觉明暗）和锥状细胞（感觉色彩），这些细胞将晶状体聚焦的光信号转化为电信号，并由神经细胞送往大脑。目前的研究结果表明，感光细胞在视网膜表面并不是均匀分布的，中央凹位置处感光细胞最密集、视觉敏锐度最高，离中央凹越远，感光细胞越少，影像越不清晰。在不同的视野范围内，视网膜中央凹区、近中央凹区和周边区的视觉分辨率特性分别如下。

（1）中央凹区：视野＜1°，高视觉分辨率，直接辨识信息。

（2）近中央凹区：视野为 1°～5°，低分辨率，信息的辨识需要下一步的眼动。

（3）周边区（远中央凹区）：视野＞5°，几乎没有分辨能力，信息的辨识需要头部的运动。

视觉中枢对视觉通路中的信息进行处理、分析和整合，形成视觉。视觉包括视感觉和视知觉两个过程。视感觉是视觉感官对物体个别属性的反映，是一种简单的心理现象。视知觉是人脑对作用于视觉感官的物体的整体反映。通过视感觉，可以感知物体的属性，通过视知觉，才能得到物体的完整映像，从而对其进行理解。视感觉是视知觉的基础，视知觉是视感觉的深入，视觉认知就是由视感觉到视知觉的递进过程。

从图像输入到景物描述，需要经过一系列信息处理和理解的过程，从本质上认识这个过程是揭开视觉之谜的关键，但目前对此还远未研究清楚。因此，研究 HVS 如何感知和认知外界的视觉刺激，并对该过程进行建模使计算机拥有人的观察和理解能力，还需要经过长期艰辛的努力。

13.1.2 视觉认知的生理学特性

1. 可见光视觉

在可见光的照射下，景物由于反射光谱中的某些成分而吸收其余部分，从而引起人眼的彩色感觉。实验发现，人眼对光的敏感程度与波长和光辐射功率有关。可见光的波长范围为 380～780nm，超出这个范围，无论怎样增加光的辐射频率，人眼都感觉不到，可用光谱效率函数衡量人眼对不同波长的光的敏感程度。视感觉一般分为明视觉和暗视觉，明视觉也称为日间视觉，是指人眼在白天对光的敏感程度，即视网膜中的锥状细胞对光的响应；暗视觉也称为夜间视觉，是人眼在夜晚或微弱光线下对光的敏感程度，即视网膜的杆状细胞对光的响应[228]。

2. 亮度视觉

亮度视觉也称为明暗视觉，指人眼对于物体辐射光或反射光的亮度感受。与亮度感受有关的主要参数有光强、光通量、发光效率、照度和亮度。光强是发光强度的简称，单位为cd（坎德拉），它与光谱效率函数$V(\lambda)$有如下关系[228]：

$$I_v = 683V(\lambda)\cdot I_e \tag{13.1}$$

其中，I_e为波长为λ的单色光在人眼观察方向上的辐射强度，单位为W/sr（瓦/球面度）。

光通量是人眼感觉度量的光辐射功率，即人眼所能感受到的那部分光的辐射功率，单位为lm（流明）。发光效率是每瓦消耗功率所发出的光通量。照度表示被照亮的物体在单位面积上所接收的光通量，单位为lx（勒克斯）。亮度表示发光面在不同位置和不同方向上的发光特性，单位为nt（尼特或cd/m^2）。

3. 对比度视觉

在不同的亮度环境下，人眼对于相同亮度所产生的亮度感觉是不相同的，例如，白天和黑夜，人眼对相同光源产生的相对亮度感觉有很大差异。人眼对亮度变化过程敏感，在比较两个不同的亮度时，有很好的判断力，在不同亮度的背景下，人眼能观察到的最小亮度差别也不同。人眼分辨亮度的能力与背景亮度B_Φ有关，因此可定义对比度C为[228]

$$C = \frac{B_{\max} + B_\Phi}{B_{\min} + B_\Phi} \tag{13.2}$$

其中，$B_{\max}$和$B_{\min}$表示前景图像的最大和最小亮度。亮度和对比度之间的关系不是线性的，在理想亮度附近，对比度可以达到最大值；当光照亮度太小时，由于最大亮度过小，对比度会降低；当光照亮度过大时，背景亮度B_Φ过大，也会导致对比度降低。

根据人眼感知亮度明暗的相对性以及察觉亮度变化能力的有限性，在设计图像/视频可视化系统时，不必传送景物的实际亮度，只需保持相对亮度不变即可，通常是保证景物最大亮度和最小亮度的比值不变。另外，不必精确地重现人眼无法观察的亮度变化，只需保证图像与原始景物有相同的对比度和亮度级数，就能给人以逼真的感觉[228]。

13.1.3 视觉认知的心理学特性

HVS可用输入和输出的动态系统进行描述，其输入即激励，输出即视觉认知，显然，可用一个“黑箱”转移函数表示 HVS 的性能。将视觉心理学应用于 IQA 和图像复原时，往往需要考虑退化可见度的问题。一般规定，激励的大小刚好在可见与不可见之间，即观察者的检测概率为 50%时的激励规定为可见度阈值，即当图像退化的激励等于甚至低于阈值时，不易被人眼察觉。激励的可见度阈值是一个十分重要的参数，可用于优化图像复原和 IQA 的过程。

1. 视觉的空间域阈值（可见度阈值）

特定激励的可见度阈值与许多因素有关，主要因素如下[228]：

（1）激励所在的平均背景亮度电平。

（2）激励邻接区域的超阈值亮度在时间和空间上的变化。

（3）激励的空间形状和时间的变化。

显然，这些因素在实际应用中并不是孤立的。假设在圆内约为 1.5°范围内包含固定亮度为 L_B 的背景，背景外的区域称为环境，用亮度 L_S 表示。ΔL 表示人眼的可见度阈值，它与背景亮度、环境亮度及面积有关。实验表明，可见度阈值主要与背景亮度有关。当 $L_B = L_S$ 时，ΔL 几乎随 L_B 线性增加，即 $\Delta L / L_B$ 为常数，这就是 Weber 定律。Weber 比（$\Delta L / L_B$）在高亮度时几乎保持为常数，但当 L_B 减少时，$\Delta L / L_B$ 开始增加[229]。

总之，可见度阈值与许多全局因素有关，它与邻近的背景亮度关系密切，而与环境亮度的关系疏远。一般显示器件的亮度 L 为

$$L = CV^{\gamma} + L_0 \tag{13.3}$$

其中，C、L_0、γ 都是常数；V 为截止电压；γ 对于一般的阴极射线管（cathode ray tube，CRT）取值为 2～3。显示器件的 γ 特性能够部分抵消 Weber 定律效应，于是可见度阈值 ΔL 为

$$\Delta L = \gamma C \left(\frac{L - L_0}{C} \right)^{1-\frac{1}{\gamma}} \tag{13.4}$$

即 ΔL 随 L 而增加。一般来说，高可见度阈值发生于图像非常亮或暗的区域，而中间区的可见度阈值较低。

2. 视觉的时间域阈值（临界停闪阈值）

时间变化的激励和掩盖效应对视频复原具有重要意义，然而时间掩盖效应是非常复杂的，至少有两方面的因素：一是摄像机捕获的景物图像可能会产生综合的清晰度下降和运动模糊；二是对于运动目标的感知还依赖于人眼能否跟踪该目标。实验指出，如果人眼能够跟踪运动目标，则由摄像机综合引起的清晰度就占主要地位；然而，当不能跟踪运动目标时，视觉系统引起的清晰度失真就十分严重。

在一定的激励和观察条件下，当测试激励达到某个特定的重复频率时，激励成为稳定的无闪烁场，这个最低频率就称为临界停闪频率。大量实验表明，该频率与测试激励和观察条件有关。如果该激励是空间恒定的，其随时间按 $L+\Delta L\cos(2\pi ft)$ 变化，平场亮度 L 与调制幅度 ΔL 的单位是 troland（特罗兰德），它是视网膜亮度单位，100troland 约等效于 10 烛光/m^2。另外人眼在高亮度时对闪烁更敏感，高亮度 CRT 的停闪频率约为 70Hz，而对于低亮度显示的停闪频率则要低很多[228]。目前，时间变化的激励和临界停闪频率在图像/视频复原中的应用仍处于初始阶段，有大量工作有待深入研究。

3. 视觉的频率域阈值（对比敏感度阈值）

视觉的频域特性常用空间和时空正弦光栅进行分析，空间光栅可由式（13.5）表示

$$B(x,y)=B_0+k\cos[2\pi f_0(x\cos\theta-y\sin\theta)] \tag{13.5}$$

实验表明，HVS 的对比敏感度主要有以下几个特征[228]：

（1）在可调光照、f_0 和 θ（相对于垂直轴的视觉）固定的条件下，光栅的可见度阈值主要依赖于 k/B_0，其中 B_0 为背景亮度；k 为测量视觉阈值时的调制电平。

（2）对比敏感度由低频率到某个中间频率升到最大值，这个过程几乎随 f_0 线性增加，然后随频率增加而下降。感光细胞的空间密度及相关神经处理的限制是高频下降的直接原因，而低频下降则主要由侧抑制引起。

（3）空间正弦光栅可以扩展到时空光栅，激励表示为

$$B(x,y)=B_0+k\cos[2\pi f_0(x\cos\theta-y\sin\theta)]\cdot\cos(2\pi f_T t) \tag{13.6}$$

其中，f_T 为时间频率。人眼的作用相当于带通或低通滤波器。另外，视觉的时间和空间性质并不是独立的。

4. 视觉掩盖效应

通常情况下，图像包含复杂、不均匀和时间变化的亮度背景。研究表明，由于时间和空间上的不均匀性，可见度阈值增加，激励的可见度减小，即非均匀背景对激励具有掩盖效应[228]。空间掩盖效应与马赫效应不同，马赫效应反映人眼对于边缘感觉的亮度变化，使人对于亮度跃变产生一种对比度增强的感觉，主要由视觉侧抑制引起。马赫效应会产生局部阈值效应，即靠近边缘的误差感知阈值比远离边缘的阈值高 3～4 倍，可认为边缘对邻近像素具有掩盖性。空间掩盖效应与许多因素有关，虽然人们已经研究很长时间，但至今仍没有一个综合的模型，研究激励的变化情况和规律并对其进行建模，对于图像感知、图像复原和 IQA 有重要的指导意义。

目前已有许多学者将这些视觉的生理学和心理学特性应用于图像/视频的编

码中，而对于图像/视频质量评价和复原的应用还处于初级阶段，有许多问题有待进一步的研究。

13.2 基于 HVS 的仿生学图像质量评价框架

随着视觉生理学和心理学研究的不断进步，HVS 的相关模型也得到快速发展，在这些模型的基础上，利用仿生学的原理能够设计更加合理的 IQA 方法[95]。基于仿生学的 IQA 方法主要借助视觉生理学和心理学的研究成果，利用数学方法对 HVS 的相关特征与机理进行量化和建模，进而得出图像质量的综合评测。

13.2.1 无参考型图像质量评价方法

根据评价指标对参考图像的依赖程度，IQA 方法可分为全参考型、部分参考型和无参考型三种。参考图像一般是无失真或完美质量的，而在实际应用中往往缺乏相应的参考图像，因此全参考型和部分参考型 IQA 方法的应用就受到很大的限制。但是，人类通过后天的训练和学习，在没有任何参考信息的条件下依然能够对图像/视频的质量进行评价，属于无参考型评价方法[95]。

1. 无参考型 IQA 方法的难点

一般而言，人根据经验能够轻而易举地指出图像（或图像区域）质量的好坏，然而对于计算机而言，几乎是不可能完成的任务。由于对 HVS 和大脑认知过程的研究不足，目前技术条件下的仿生学无参考型 IQA 方法遭遇了极大的挑战，主要难点表现在以下几个方面。

（1）图像特征难以定义和提取。矩阵形式的图像表示方法在存储、传输、显示和计算等方面具有很好的特性，但是这种高维性、稠密性和多义性的数据却无法直接用于 IQA，因此需要对图像特征进行合理定义和有效提取，但目前尚不清楚哪些特征影响图像质量的评价。

（2）视觉特性难以建模和描述。由于对 HVS 的认知特性和认知过程的研究还不完善，难以利用合理的模型描述人眼视觉特性和 IQA 之间的关系，从而制约了仿生学 IQA 方法的研究。

（3）人类的感性和理性认知过程难以形式化表达。人类的感知和理性认知能力也会影响到 IQA 的结果，例如，审美观、专业水平和联想认知等。目前有关人眼和大脑在生理学与心理学方面的研究还处于初级阶段，很难通过具体的模型形式化描述观察者的感性和理性认知过程，使得仿生学无参考型 IQA 的难题更加复杂。

2. 无参考型 IQA 方法的一般设计过程

按照适用范围，无参考型 IQA 方法可以分为专用型方法和通用型方法。前者指只对某种特定失真类型有效或只在某个特定应用场合下有效，而后者则适用于任何失真和任何场合。目前性能稳定的无参考型 IQA 方法大多是针对专用型的，但这类方法需要事先辨识失真类型或确定应用场合，这在很大程度上限制了这类方法的应用范围；由于计算机视觉和人工智能发展还不够成熟，现有的通用型方法性能都不够稳定，无法满足实际应用的需要。就目前的技术水平而言，主要从图像统计特征、图像失真过程和 HVS 三个方面设计无参考型 IQA 方法，具体如下。

首先，自然景物所呈现出的形态是经过上亿年进化的结果，具有潜在的规律性。因此，可以利用图像的统计规律作为无参考型 IQA 的参考。

其次，数字图像在采集、传输和处理的过程中，不可避免地会引入特定类型的失真，而特定失真与图像质量之间的关系则相对容易确定。目前，已有一些方法可以有效地衡量运动模糊、高斯噪声和块效应等类型的失真。估计和辨识图像在获取、传输与处理等过程中的失真程度及类型，并利用相关模型设计针对具体失真类型的质量评价方法，已经在实际应用中获得了初步的推广。

最后，IQA 的最终目标是建立与 HVS 认知过程相一致的模型，使评价结果能够符合人类的主观感受。因此，HVS 的工作机理和反应机制等信息都可应用于无参考型 IQA，利用视觉认知方面的最新研究成果设计无参考型 IQA 方法必将成为图像处理领域的研究热点和重点[95]。但由于对 HVS 认知过程和认知特性的研究还不成熟，这些信息与无参考型 IQA 方法的结合还有待进一步研究。

13.2.2　基于误差可见度的仿生学图像质量评价框架

目前的仿生学 IQA 模型大都基于误差可见度框架，以便于感知和量化失真图像与原始图像之间的误差，从而获得图像质量的评价测度，其基本框架如图 13.1 所示，主要包括预处理、通道分解、误差归一化及误差综合三个步骤，具体如下[95]。

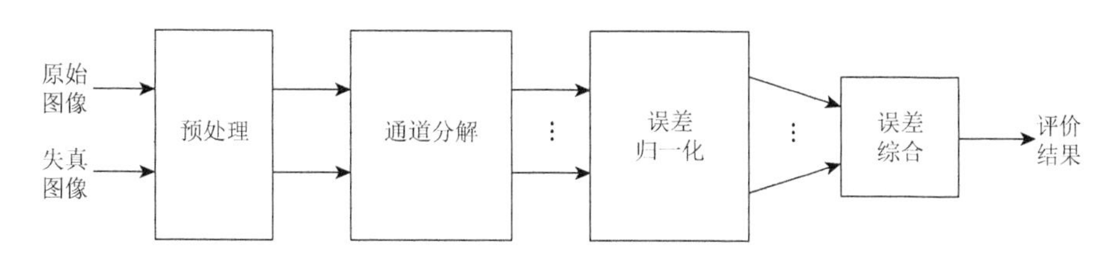

图 13.1　基于误差可见度的评价框架

（1）预处理。首先，将原始图像和失真图像进行配准，以消除像素移位造成的误差。其次，将图像变换到与 HVS 密切相关的颜色空间，并分别对亮度和色度信息进行处理。最后，利用光学传递函数模拟人眼的光学特性，利用滤波处理模拟对比敏感度效应。整个过程通常能够合并为一个滤波器。

（2）通道分解。视觉皮层中的大部分神经元都只对特定空间位置、频率和方向的视觉激励起作用，在视觉科学和信号处理领域，可使用局部化、带通和有方向的滤波器模拟这种现象。目前，越来越多的稀疏分解方法被应用于通道分解，其中较为常见的有 Gabor 变换、DCT 变换、Wavelet 变换、Cortex 变换和 Steerable 塔形分解等。

（3）误差归一化及误差综合。原始图像和失真图像的通道分解输出两组系数，首先通过分析这些系数得出误差信号，然后利用 HVS 的对比敏感度特性和对比度掩模特性对信号进行归一化，最后将不同通道的归一化误差信号综合在一起，并通过机器学习方法建立误差信号与图像质量之间的对应关系，从而获得失真图像的质量测度。

13.3　基于生物视觉标准模型的无参考型图像质量评价

目前的无参考型 IQA 方法大多是对失真图像和相应的主观质量评分进行学习以预测图像的质量，如 DIIVINE[229]、CBIQ[1]、LBIQ[230]、BLIINDS[231]和 BRISQUE[135]。此类方法的一般步骤为：首先利用某种算法或模型提取失真图像的特征，然后利用某种回归算法对特征和相应的主观质量评分进行训练与学习，得到质量评价的回归器，最后利用训练的回归器对图像质量进行评价。寻求一种能够有效地表征图像质量的特征是此类方法成败的关键。文献[232]的生物视觉标准模型（standard model，ST 模型）以生物神经学原理为基础，对灵长类动物视皮层感受野的认知过程进行量化与建模，所得特征具有很强的表征能力，在目标分类、目标检测和目标识别中得到了广泛应用。

本章以视觉仿生学相关研究为基础，对生物视觉 ST 模型进行研究和分析，计算能够稀疏表示图像的标准模型特征（standard model features，SMF）；对目前常用的回归方法进行研究，选择使用 LS-SVM 回归方法对 SMF 进行训练和学习，生成能够预测图像质量的回归器，提出了一种基于生物视觉 ST 模型的无参考型图像质量评价方法（简称 SMFIQ）。基于 LIVE IQA 库的实验结果表明，本章方法不仅对特定失真的图像具有很好的质量评价能力，而且对于交叉失真的图像也具有较好的质量评价能力，在准确性和单调性方面优于当前技术条件下的其他 IQA 方法。

13.3.1　生物视觉 ST 模型

人眼视觉特性的研究涉及生理、心理等方面的知识，目前技术条件下还难以定量地描述视觉的认知特性，所以迄今为止还没有一套完善的 HVS 计算模型。尽管如此，在 IQA 方法中引入一些有关 HVS 的认知过程和认知特性，能大大提高评价方法的性能。

在灵长类动物视皮层的第 17 区第 4 层，Hubel 等[123]发现了由简单细胞和复杂细胞构成的感受野构型，该构型对特殊朝向的条形光刺激有强烈反应，并能通过汇集操作完成从简单细胞到复杂细胞的信息传递过程[233]。神经学方面的研究表明简单细胞具有初步的特征检测功能，对空间频率和方向具有选择性，利用多通道 Gabor 滤波能够模拟简单细胞的功能；复杂细胞拥有更大的感受野，通过汇集操作完成对简单细胞的响应。在基本的视皮层理论中，简单单元通过寻找感受野中的首选刺激计算特征，复杂单元通过汇集局部简单单元构建视觉通道。在计算机实现中，整个认知过程可以看作一个有监督的学习算法。

生物视觉 ST 模型主要由四层计算单元（S1，C1，S2，C2）组成，其中 S 单元代表简单细胞，利用 Gabor 滤波计算一些高维的特征；C 单元代表复杂细胞，主要通过汇集操作获取 S 单元的极值，所得特征具有位置和尺度不变性。

目前的研究表明，图像模糊的本质原因是高频能量的缺失，即图像的清晰度与频域系数密切相关[1, 231]。ST 模型通过 Gabor 变换和汇集操作获取的高维频域向量能够稀疏地表征图像，因此利用 ST 模型的 SMF 特征进行 IQA 具有较好的理论基础。

13.3.2　最小二乘支持向量机回归算法

SVM 是有限样本下监督学习模型的典型方法，既有严格的理论基础，又能较好地解决小样本、非线性、高维数和局部极小点等实际问题，因此成为目前国际上机器学习领域的研究热点。SVM 利用优化方法能够得到全局最优解，不易产生过学习和局部最小值等问题，具很强的学习能力和泛化性能。

Suykens 等[91]提出的 LS-SVM 算法将 SVM 的求解从二次规划问题转化为解线性方程组，能够降低学习难度并提高求解效率。LS-SVM 算法本质上通过增加函数项、变量或系数等方法使公式变形，从而产生具有某方面优势或者特定应用范围的算法。对于回归问题，LS-SVM 算法未知变量的数目仅相当于同等规模分类问题的未知变量数目，从而避免了传统 SVM 在回归问题中未知变量数目膨胀的问题，而且 LS-SVM 算法采用容易控制的数值稳定策略，使得核函数矩阵在非正定情况下也能取得很好的结果[234]。

令学习样本集为 $\boldsymbol{S}=\{\boldsymbol{s}_i \mid \boldsymbol{s}_i=(x_i,y_i),x_i\in\mathbf{R}^n,y_i\in\mathbf{R}\}_{i=1}^{l}$，则回归函数为

$$y(\boldsymbol{x})=\boldsymbol{w}\varphi(\boldsymbol{x})+b \tag{13.7}$$

其中，$\varphi(\boldsymbol{x})$ 表示特征映射；$\boldsymbol{w}$ 和 b 是待求的回归参数。

LS-SVM 算法相当于求解下面的最小值问题：

$$\begin{aligned}&\min Q(\boldsymbol{w},\boldsymbol{e})=\frac{1}{2}\|\boldsymbol{w}\|^2+\frac{\gamma}{2}\sum_{i=1}^{l}e_i^2\\&\text{s.t. } y_i=\boldsymbol{w}\varphi(x_i)+b+e_i,\quad i=1,2,\cdots,l\end{aligned} \tag{13.8}$$

其中，γ 为正则化参数。式（13.8）的拉格朗日函数形式为

$$\boldsymbol{L}(\boldsymbol{w},b,\boldsymbol{e},\boldsymbol{a})=\frac{1}{2}\|\boldsymbol{w}\|^2+\frac{r}{2}\sum_{i=1}^{l}e_i^2-\sum_{i=1}^{l}a_i(\boldsymbol{w}\varphi(x_i)+b+e_i-y_i) \tag{13.9}$$

其中，$\boldsymbol{a}=[a_1\ a_2\cdots a_l]^{\mathrm{T}}$。由式（13.8）的平衡条件可知

$$\begin{cases}\dfrac{\partial\boldsymbol{L}}{\partial\boldsymbol{w}}=\boldsymbol{w}-\displaystyle\sum_{i=1}^{l}a_i\varphi(x_i)=0\\\dfrac{\partial\boldsymbol{L}}{\partial b}=-\displaystyle\sum_{i=1}^{l}a_i=0\\\dfrac{\partial\boldsymbol{L}}{\partial e_i}=re_i-a_i=0\\\dfrac{\partial\boldsymbol{L}}{\partial a_i}=\boldsymbol{w}\varphi(x_i)+b+e_i-y_i=0\end{cases} \tag{13.10}$$

即

$$\begin{bmatrix}\boldsymbol{I}&0&0&-\boldsymbol{Z}\\0&0&0&-\bar{\boldsymbol{1}}\\0&0&\gamma\boldsymbol{I}&-\boldsymbol{I}\\\boldsymbol{Z}&\bar{\boldsymbol{1}}&\boldsymbol{I}&0\end{bmatrix}\begin{bmatrix}\boldsymbol{w}\\b\\\boldsymbol{e}\\\boldsymbol{a}\end{bmatrix}=\begin{bmatrix}0\\0\\0\\\boldsymbol{y}\end{bmatrix} \tag{13.11}$$

其中，$\boldsymbol{Z}=[\varphi(x_1)\cdots\varphi(x_i)]^{\mathrm{T}}$；$\boldsymbol{y}=[y_1\ y_2\cdots y_l]^{\mathrm{T}}$；$\bar{\boldsymbol{1}}=[1\,1\cdots1]^{\mathrm{T}}\in\mathbf{R}^l$；$\boldsymbol{e}=[e_1\ e_2\cdots e_l]^{\mathrm{T}}$；$\boldsymbol{a}=[a_1\ a_2\cdots a_l]$。

由式（13.10）可知 $\boldsymbol{w}=\sum_{i=1}^{l}a_i\varphi(x_i)$，$e_i=\dfrac{1}{\gamma}a_i$，消去 $\boldsymbol{w}$ 和 e_i 之后，可得线性方程组

$$\begin{bmatrix} 0 & \bar{\mathbf{1}}^{\mathrm{T}} \\ \bar{\mathbf{1}} & \boldsymbol{Z}\boldsymbol{Z}^{\mathrm{T}} + \gamma^{-1}\boldsymbol{I} \end{bmatrix} \begin{bmatrix} b \\ \boldsymbol{a} \end{bmatrix} = \begin{bmatrix} 0 \\ \boldsymbol{y} \end{bmatrix} \tag{13.12}$$

记 $\boldsymbol{\Omega} = \boldsymbol{Z}\boldsymbol{Z}^{\mathrm{T}}$，$\Omega_{ij} = K(\cdot,\cdot)$，则式（13.12）中的 $\boldsymbol{\Omega} + \gamma^{-1}\boldsymbol{I}$ 为核相关矩阵。若记 $\boldsymbol{A} \equiv \boldsymbol{\Omega} + \gamma^{-1}\boldsymbol{I}$，则式（13.12）等价于

$$\begin{bmatrix} 0 & \bar{\mathbf{1}}^{\mathrm{T}} \\ \bar{\mathbf{1}} & \boldsymbol{A} \end{bmatrix} \begin{bmatrix} b \\ \boldsymbol{a} \end{bmatrix} = \begin{bmatrix} 0 \\ \boldsymbol{y} \end{bmatrix} \tag{13.13}$$

进而可以求得

$$b = \frac{\bar{\mathbf{1}}^{\mathrm{T}} \boldsymbol{A}^{-1} \boldsymbol{y}}{\bar{\mathbf{1}}^{\mathrm{T}} \boldsymbol{A}^{-1} \bar{\mathbf{1}}} \tag{13.14}$$

$$\boldsymbol{a} = \boldsymbol{A}^{-1}(\boldsymbol{y} - b\bar{\mathbf{1}}) \tag{13.15}$$

由式（13.14）、式（13.15）和 $\boldsymbol{w} = \sum_{i=1}^{l} a_i \varphi(x_i)$ 可得到式（13.16）的回归函数，即

$$y(\boldsymbol{x}) = \boldsymbol{w}\varphi(\boldsymbol{x}) + b = \sum_{i=1}^{l} a_i K(x_i, \boldsymbol{x}) + b \tag{13.16}$$

13.3.3　实验与分析

本章在 Pentium（R）Dual-Core 2.5GHz CPU、4GB 内存的硬件环境和 Windows 7、MATLAB R2010a 的软件环境条件下进行实验。实验采用 LIVE IQA 库，库中包含 5 种失真类型的图像，即 JPEG 压缩失真、JPEG2000（JP2K）压缩失真、WN、GB 和 Rayleigh FF 信道失真，共 29 幅参考图像和 779 幅具有不同失真程度的退化图像。每幅图像都有相关联的差异均值主观质量评分（differential mean opinion score，DMOS），DMOS 是一种成熟的主观图像质量评价指标，在 LIVE IQA 库中，DMOS 的变化范围是[0,100]，DMOS 值越小，图像质量越好。

1. 特定失真类型实验

为了验证本章方法的有效性，首先采用自抽样法对特定失真类型的退化图像进行实验。具体方法为：从特定失真库中随机选取 100 幅图像利用 LS-SVM 算法进行训练，通过训练的模型对该失真库中所有图像进行预测评分，循环上述方法 10 次并对预测结果求平均。这里选择的训练图像数量较多，主要因为 DMOS 变化范围较大，需要较多训练集才能得出稳定的回归模型。实验选取相对误差 $\varDelta$ 来评价 IQA 方法的性能，其计算公式为

$$\Delta=\frac{\sum_{i=1}^{n}\mathrm{DMOS}(i)-S_{\mathrm{pre}}(i)}{n\times(\mathrm{DMOS}_{\max}-\mathrm{DMOS}_{\min})} \tag{13.17}$$

其中，n 代表特定失真库中图像的数量；$\mathrm{DMOS}(i)$代表第 i 幅图像的主观图像质量评分；$S_{\mathrm{pre}}(i)$代表第 i 幅图像的预测评分；$\mathrm{DMOS}_{\max}$和 $\mathrm{DMOS}_{\min}$分别代表 DMOS 的最大值和最小值。

实验结果表明，本章方法对于 FF、WN、GB 三种失真类型的评价结果较好，$\Delta_{\mathrm{FF}}=2.607\%$，$\Delta_{\mathrm{WN}}=2.259\%$，$\Delta_{\mathrm{GB}}=1.063\%$，而对于JPEG压缩失真和JPEG2000压缩失真的预测结果稍差（失真图像的 DMOS 值连续性稍差），$\Delta_{\mathrm{JP}}=5.253\%$，$\Delta_{\mathrm{JP2K}}=4.764\%$。图 13.2 为 FF、WN、GB 三种失真类型的预测结果，横坐标代表失真库中图像的序号，某一序号上的预测值加上误差曲线上对应的数值为该图像的 DMOS 值。

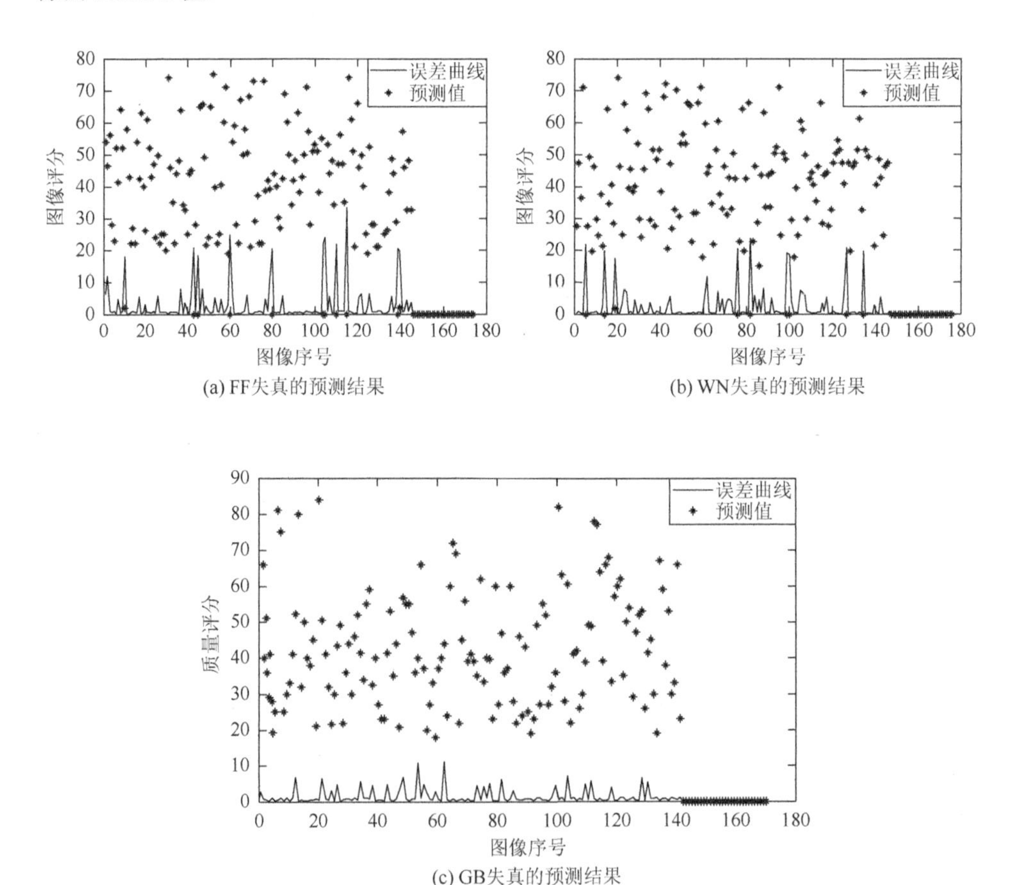

(a) FF失真的预测结果　(b) WN失真的预测结果

(c) GB失真的预测结果

图 13.2　特定失真的预测结果

2. 交叉失真实验

通用的无参考型 IQA 方法不应对失真类型敏感，为进一步验证该方法的有效性，本章还进行了交叉失真的 IQA 实验。实验选择失真程度连续性较好的 GB 失真库作为训练集进行学习，利用得到的回归模型对 WN 和 FF 两类失真的图像进行预测，得出 $\Delta_{\mathrm{GB2WN}} = 5.068\%$，$\Delta_{\mathrm{GB2FF}} = 5.576\%$，也能较好地完成图像质量的评价。图 13.3 为交叉失真的预测结果。

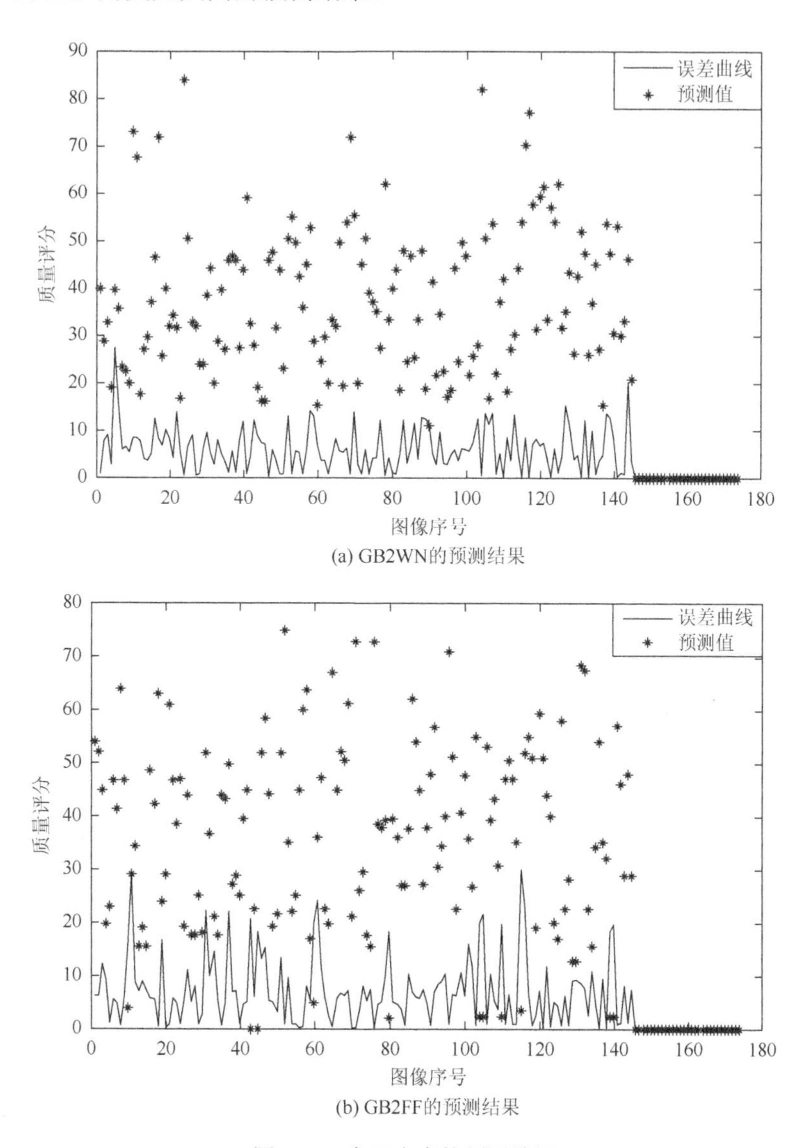

(a) GB2WN的预测结果

(b) GB2FF的预测结果

图 13.3　交叉失真的预测结果

3. 与其他质量评价方法的比较

本节实验采用以下两个指标比较几种 IQA 方法的性能。

1）Pearson 线性相关系数

Pearson 线性相关系数（correlation coefficient，CC）用于反映客观评价模型预测的精确性，其表达式为

$$\mathrm{CC}=\frac{\sum_{i=1}^{n}(\mathrm{DMOS}(i)-\overline{\mathrm{DMOS}})(S_{\mathrm{pre}}(i)-\overline{S_{\mathrm{pre}}})}{\sqrt{\sum_{i=1}^{n}(\mathrm{DMOS}(i)-\overline{\mathrm{DMOS}})^2}\sqrt{\sum_{i=1}^{n}(S_{\mathrm{pre}}(i)-\overline{S_{\mathrm{pre}}})^2}} \tag{13.18}$$

其中，n 代表样本组的数量；$\mathrm{DMOS}(i)$代表第 i 幅图像的主观图像质量评分；$S_{\mathrm{pre}}(i)$ 代表第 i 幅图像的预测评分；$\overline{\mathrm{DMOS}}$ 和 $\overline{S_{\mathrm{pre}}}$ 分别代表所有图像的 DMOS 和预测评分的平均值。CC 取值范围为[−1, 1]，其绝对值越接近 1，表明预测值与主观质量评价之间的相关性越强，客观评价模型的预测越准确。

2）Spearman 等级相关系数

Spearman 等级相关系数（Spearman rank-order correlation coefficient，SROCC）用于衡量客观预测模型的单调性，其计算公式为

$$\mathrm{SROCC}=1-\frac{6}{n(n^2-1)}\sum_{i=1}^{n}(R_{\mathrm{DMOS}(i)}-R_{S_{\mathrm{pre}}(i)})^2 \tag{13.19}$$

其中，n 代表样本组的数量；$R_{\mathrm{DMOS}(i)}$ 和 $R_{S_{\mathrm{pre}}(i)}$ 分别表示 $\mathrm{DMOS}(i)$ 与 $S_{\mathrm{pre}}(i)$ 在各自样本组中的排列序号。SROCC 取值范围也是[−1, 1]，其绝对值越接近 1，表明预测值 S_{pre} 与主观质量评价 DMOS 之间的单调性越好。

表 13.1 和表 13.2 为本章方法与几种 IQA 方法的比较结果，其中 SMFIQ 为本章方法，从表中结果可以看出，本章方法在准确性和单调性方面表现较优。

表 13.1　几种 IQA 方法的 CC 值比较

方法	JP2K	JPEG	WN	Blur	FF	ALL
PSNR	0.8762	0.9029	0.9173	0.7801	0.8795	0.8592
SSIM	0.9405	0.9462	0.9824	0.9004	0.9514	0.9066
CBIQ	0.8898	0.9454	0.9533	0.9338	0.8951	0.8955
LBIQ	0.9103	0.9345	0.9761	0.9104	0.8382	0.9087
BLIINDS-II	0.9386	0.9426	0.9635	0.8994	0.8790	0.9164
DIIVINE	0.9233	0.9347	0.9867	0.9370	0.8916	0.9270

续表

方法	JP2K	JPEG	WN	Blur	FF	ALL
BRISQUE	0.9229	0.9734	0.9851	0.9506	0.9030	0.9424
SMFIQ	0.9103	0.9211	0.9495	0.9679	0.9407	0.9392

表 13.2　几种 IQA 方法的 SROCC 值比较

方法	JP2K	JPEG	WN	Blur	FF	ALL
PSNR	0.8646	0.8831	0.9410	0.7515	0.8736	0.8636
SSIM	0.9389	0.9466	0.9635	0.9046	0.9393	0.9129
CBIQ	0.8935	0.9418	0.9582	0.9324	0.8727	0.8954
LBIQ	0.9040	0.9291	0.9702	0.8983	0.8222	0.9063
BLIINDS-II	0.9323	0.9331	0.9463	0.8912	0.8519	0.9124
DIIVINE	0.9123	0.9208	0.9818	0.9373	0.8694	0.9250
BRISQUE	0.9139	0.9647	0.9786	0.9511	0.8768	0.9395
SMFIQ	0.9056	0.9131	0.9571	0.9688	0.9398	0.9376

13.4　本 章 小 结

本章利用生物视觉标准模型特征和LS-SVM算法构建了一种无参考型IQA方法。实验结果表明，该方法对于特定失真和交叉失真的平均预测误差分别为 2%和 5%，在准确性和单调性方面表现较优。但本章方法是对整幅图像进行处理的，这与人类视觉注意机制是不相符的，研究视觉注意机制的最新成果，对复杂场景进行分区加权以完成复杂场景的 IQA 是下一步的研究重点。

参 考 文 献

[1] Ye P，Doermann D. No-reference image quality assessment using visual codebooks[J]. IEEE Transactions on Image Processing，2012，21（7）：3129-3138.

[2] Rudin L，Osher S，Fatemi E. Nonlinear total variation based noise removal algorithms[J]. Physica D：Nonlinear Phenomena，1992，60：259-268.

[3] Osher S，Fedkiw R. Level Set Methods and Dynamic Implicit Surfaces[M]. New York：Springer，2003.

[4] 邹谋炎. 反卷积和信号复原[M]. 北京：国防工业出版社，2001.

[5] Tikhonov A，Arsenin V. Solution of Ill-posed Problems [M]. Washington：Winston and Sons，1977.

[6] Olivera J，Bioucas-Dia J M，Figueiredo M. Adaptive total variation image deblurring：A majorization-minimization approach[J]. Signal Processing，2009，89（9）：1683-1693.

[7] Beck A，Teboulle M. Fast gradient-based algorithms for constrained total variation image denoising and deblurring problems[J]. IEEE Transactions on Image Processing，2009，18（11）：2419-2434.

[8] Campisi P，Egiazarian K. Blind Image Deconvolution：Theory and Applications[M]. Boca Raton: CRC Press，2007.

[9] 陈新兵，杨世植，王先华，等. 基于曲面拟合与广义总变分的卫星图像盲复原[J]. 仪器仪表学报，2009，30（9）：1896-1901.

[10] Cai J F，Ji H，Liu C，et al. Blind motion deblurring from a single image using sparse approximation[C]. IEEE Conference on Computer Vision and Pattern Recognition，2009：104-111.

[11] Banham M R，Katsaggelos A K. Spacially adaptive wavelet-based multiscale image restoration[J]. IEEE Transactions on Image Processing，1996，5（4）：619-634.

[12] 刘忠伟. 基于非局部约束和样例学习的图像复原[D]. 西安：西安电子科技大学，2012.

[13] 王艮化，练秋生. 基于联合规整化约束的图像盲复原[J]. 燕山大学学报，2012，36（1）：50-56.

[14] Shan Q，Jia J Y，Agarwala A. High-quality motion deblurring from a single image[J]. ACM Transactions on Graphics，2008，27（3）：1-10.

[15] Efros A A，Leung T K. Texture synthesis by non-parametric sampling[C]. IEEE International Conference on Computer Vision，Corfu，1999：1033-1038.

[16] Buades A，Morel J M. A non-local algorithm for image denoising[C]. Proceedings of IEEE Computer Society Conference on Computer Vision and Pattern Recognition，San Diego，2005：60-65.

[17] Nguyen M P，Chun S Y. Bounded self-weights estimation method for non-local means image denoising using minimax estimators[J]. IEEE Transactions on Image Processing，2017，26（4）：1637-1649.

[18] 徐玉蕊，刘乐，王刚刚，等. 基于字典学习的大气湍流退化图像复原技术应用[J]. 吉林大学学报（信息科学版），2016，34（1）：153-157.

[19] 刘建伟，崔立鹏，罗雄麟. 结构稀疏模型[J]. 计算机学报，2017，40（6）：1309-1337.

[20] Yu G，Sapiro G，Mallat S. Solving inverse problems with piecewise linear estimators：From Gaussian mixture models to structured sparsity[J]. IEEE Transactions on Image Processing，2012，21（5）：2481-2499.

[21] Sandeep P，Jacob T. Single image super-resolution using a joint GMM method[J]. IEEE Transactions on Image Processing，2016，25（9）：4233-4244.

[22] Roth S，Black M J. Fields of experts：A framework for learning image priors[C]. Proceedings of the IEEE Conference on Computer Vision and Pattern Recognition，2005：860-867.

[23] Takeda H，Farsiu S，Milanfar P. Deblurring using regularized locally adaptive kernel regression[J]. IEEE Transactions on Image Processing，2008，17（4）：550-563.

[24] Li Y J，Zhang J W，Wang M N. Improved BM3D denoising method[J]. IET Image Processing，2017，11（12）：1197-1204.

[25] 徐健，常志国，张小丹. 采用交替 K-奇异值分解字典训练的图像超分辨率算法[J]. 武汉大学学报（信息科学版），2017，42（8）：1137-1143.

[26] Christou J C，Roorda A，Williams D R. Deconvolution of adaptive optics retinal images[J]. Journal of the Optical Society of America，2004，21（8）：1393-1401.

[27] Schulz T. Multiframe blind deconvolution of astronomical images[J]. Journal of the Optical Society of America A，1993，10（5）：1064-1073.

[28] 洪汉玉，张天序，余国亮. 基于 Poisson 模型的湍流退化图像多帧迭代复原算法[J]. 宇航学报，2004，25（6）：649-654.

[29] 杨秋英，赵剡. 相关序列图像复原算法研究[J]. 系统工程与电子技术，2007，29（9）：1546-1550.

[30] 杨秋英，赵剡，许东. 基于功率谱 AR 模型估计的序列图像复原算法研究[J]. 红外与激光工程，2006，35（增刊）：147-151.

[31] Dai S，Wu Y. Motion from blur[C]. Proceedings of Conference on Computer Vision and Pattern Recognition，2008：1-8.

[32] Kim B. Numerical optimization methods for image restoration[D]. Stanford：Stanford University，2002.

[33] Chan S，Nguyen T. LCD motion blur：Modeling，analysis and algorithm[J]. IEEE Transactions on Image Processing，2011，20（8）：2352-2365.

[34] Ng M K，Shen H，Lam E Y，et al. A total variation regularization based super-resolution reconstruction algorithm for digital video[C]. EURASIP Journal on Advances in Signal Processing，2007（1）：074585.

[35] Belekos S P，Galatsanos N，Katsaggelos A K. Maximum a posteriori video super-resolution using a new multichannel image prior[J]. IEEE Transactions on Image Processing，2010，19（6）：1451-1464.

[36] Choi M G，Galatsanos N P，Katsaggelos A K. Multichannel regularized iterative restoration of motion compensated image sequences[J]. Journal of Visual Communication and Image Representation，1996，7（3）：244-258.

[37] Shechtman E，Caspi Y，Irani M. Space-time super-resolution[J]. IEEE Transactions on Pattern Analysis and Machine Intelligence，2005，27（4）：531-545.

[38] Mannos J L，Sakrison D J. The effects of a visual fidelity criterion on the encoding of images[J]. IEEE Transactions on Information Theory，1974，4：525-536.

[39] Nill N B. A visual model weighted cosine transform for image compression and quality assessment[J]. IEEE Transactions on Communications，1985，33（6）：551-557.

[40] Hontsch I，Karam L J. Adaptive image coding with perceptual distortion control[J]. IEEE Transactions on Image Processing，2002，11（3）：213-222.

[41] Zhang C，Zheng J H，Wang Y. Comparison of turbulence schemes for prediction of wave-induced near-bed sediment suspension above a plane bed [J]. Chinese Ocean Engineering，2011，25（3）：395-412.

[42] Zhang H，Ge Q，Li L. A new point spread function estimation approach for recovery of atmospheric turbulence degraded photographs [C]. 2011 the 4th International Congress on Image and Signal Processing，2011：789-793.

[43] 谢伟，秦前清. 基于倒频谱的运动模糊图像 PSF 参数估计[J]. 武汉大学学报，2008，33（2）：128-131.

[44] 陈前荣，陆启生，成礼智，等. 利用拉氏算子鉴别散焦模糊图像点扩散函数[J]. 计算机工程与科学，2005，27（9）：40-43.

[45] 谢冰，焦斌亮. 基于航天 TDICCD 相机像移分析的 PSF 估计及图像复原算法研究[J]. 宇航学报，2010，31（3）：936-940.

[46] Jolissaint L，Neyman C，Christou J. First successful adaptive optics PSF reconstruction at W. M. keck observatory[J]. OA Library，2012，2（19）：1-8.

[47] 冯华君，陶小平，赵巨峰，等. 空间变化 PSF 图像复原技术的研究现状与展望[J]. 光电工程，2009，36（1）：1-7.

[48] Nagy J G，O'Leary D P. Fast iterative image restoration with a spatially-varying PSF [J]. OA Library，2011，7（29）：1-28.

[49] Zhang W Z，Chen Y P，Zhao T Y，et al. Simple PSF based method for pupil phase mask's optimization in wavefront coding system [J]. Journal of Zhejiang University Science A，2007，8（2）：180-185.

[50] 张亚新，耿则勋，陈波，等. 基于 NSWT 模极大值的 PSF 估计[J]. 测绘科学技术学报，2008，25（1）：64-67.

[51] 杨勇，郭吉强. Lipschitz 指数与平稳小波变换在 CT 图像去噪中的应用[J]. 计算机工程与应用，2012，48（6）：190-192，232.

[52] 侯铁双，相敬林，韩鹏. 基于信号小波系数层间关系的线谱信号去噪研究[J].兵工学报，2009，30（7）：935-939.

[53] Jia P，Zhang S J. Simulation and fabrication of the atmospheric turbulence phase screen based on a fractal model [J]. Research in Astronomy and Astrophysics，2012，12（5）：584-590.

[54] 周玉，彭召意. 运动模糊图像的维纳滤波复原研究[J]. 计算机工程与应用，2009，45（19）：181-183.

[55] 张红民，陈新平，张亚娟. 一种改进的 Wiener 滤波图像复原方法[J]. 重庆理工大学学报（自然科学版），2010，24（7）：76-80.

[56] William K P，Faramarz D. Fast computational techniques for Pseudo inverse and Wiener image restoration[J]. IEEE Transactions On Computer，1977，26（6）：571-580.

[57] 胡小平，陈国良，毛征宇.离焦模糊图像的维纳滤波复原[J].仪器仪表学报，2007，28（3）：479-482.

[58] Solbo S，Eltoft T. A stationary wavelet-domain Wiener filter for correlated speckle[J]. IEEE Transactions on Geoscience and Remote Sensing，2008，46（4）：33-39.

[59] Zheng S L，Xue B D. Iterative Wiener deconvolution based method for phase retrieval from noisy intensities[J]. Optics Communications，2010，283（24）：54-59.

[60] Feigin M，Sochen N. Anisotropic regularization for inverse problems with application to the Wiener filter with Gaussian and impulse noise [J]. Lecture Notes in Computer Science，2009，5567（1）：319-330.

[61] 胡边，饶长辉. 增量维纳滤波法在波前探测解卷积中的应用[J]. 光学学报，2004，24（10）：1305-1309.

[62] 闫华，刘琚，李道真，等. 基于增量维纳滤波和空间自适应规整的超分辨率图像复原[J]. 电子与信息学报，2005，27（1）：35-38.

[63] 温博，张启衡，张建林. 应用自解卷积和增量 Wiener 滤波实现迭代盲图像复原[J]. 光学精密工程，2011，19（12）：3049-3055.

[64] 贺苏赣，朱旭东. 基于离散 Gabor 变换和增量 Wiener 滤波器的冲击电压波形重构算法研究[J]. 电工技术学报，2006，21（4）：87-91.

[65] 郭从洲，时文俊，秦志远，等. 空间目标图像的非凸稀疏正则化波后复原[J]. 光学精密工程，2016，24（4）：902-912.

[66] Ayers G R，Dainty J C. Iterative blind deconvolution method and its applications[J]. Optics Letters，1988，13（7）：547-549.

[67] 洪汉玉，何成剑，陈以超，等. 基于各向异性规整化的总变分盲复原算法研究[J]. 红外与激光工程，2007，36（1）：118-122.

[68] Krishnan D，Tay T，Fergus R. Blind deconvolution using a normalized sparsity measure[C]. IEEE Conference on Computer Vision and Pattern Recognition（CVPR），Colorado，2011：233-240.

[69] Xu L，Zheng S Z，Jia J. Unnatural L0 sparse representation for natural image deblurring[C]. IEEE Conference on Computer Vision and Pattern Recognition，Portland，2013：1107-1114.

[70] Candès E，Romberg J. l_1-magic：Recovery of sparse signals via convex programming[EB/OL]. https://www. acm. caltech. edu/l1magic/downloads/l1magic. pdf[2005-04-01].

[71] Krishnan D，Fergus R. Fast image deconvolution using hyper-Laplacian priors[J]. Advances in Neural Information Processing Systems，2009，22：1033-1041.

[72] Umnov A V，Krylov A S，Nasonov A V. Ringing artifact suppression using sparse representation[C]. Proceedings of the 16th International Conference on Advanced Concepts for

Intelligent Vision Systems，Catania，2015：35-45.
[73] Pan J，Hu Z，Su Z，et al. Deblurring text images via L0-regularized intensity and gradient prior[C]. Proceedings of the IEEE Conference on Computer Vision and Pattern Recognition，2014：2901-2908.
[74] 杨航. 图像反卷积算法研究[D]. 长春：吉林大学，2012.
[75] Cai J F，Osher S，Shen Z. Split Bregman methods and frame based image restoration[J]. Multiscale Modeling & Simulation，2009，8（2）：337-369.
[76] Bayram I，Selesnick I W. A subband adaptive iterative shrinkage/thresholding algorithm[J]. IEEE Transactions on Signal Processing，2010，58（3）：1131-1143.
[77] Xu L，Lu C，Xu Y，et al. Image smoothing via L0 gradient minimization[J]. ACM Transactions on Graphics，2011，30（6）：174.
[78] Pan J，Su Z. Fast L0-regularized kernel estimation for robust motion deblurring[J]. IEEE Signal Processing Letters，2013，20（9）：841-844.
[79] Levin A，Weiss Y，Durand F，et al. Efficient marginal likelihood optimization in blind deconvolution[C]. 2011 IEEE Conference on Computer Vision and Pattern Recognition，2011：2657-2664.
[80] Hu Z，Yang M H. Good regions to deblur[J]. Lecture Notes in Computer Science，2012，7576（1）：59-72.
[81] Wang Y，Yang J，Yin W，et al. A new alternating minimization algorithm for total variation image reconstruction[J]. SIAM Journal on Imaging Sciences，2008，1（3）：248-272.
[82] Perrone D，Favaro P. Total variation blind deconvolution：The devil is in the details[C]. Proceedings of the IEEE Conference on Computer Vision and Pattern Recognition，2014：2909-2916.
[83] Balasubramanian M，Iyengar S S，Reynaud J，et al. A ringing metric to evaluate the quality of images restored using iterative deconvolution algorithms[C]. The 18th International Conference on Systems Engineering，LSU，2005：483-488.
[84] Narvekar N D，Karam L J. A no-reference image blur metric based on the cumulative probability of blur detection（CPBD）[J]. IEEE Transactions on Image Processing，2011，20（9）：2678-2683.
[85] Tai Y W，Lin S. Motion-aware noise filtering for deblurring of noisy and blurry images[C]//Proceedings of IEEE Conference on Computer Vision and Pattern Recognition. Los Alamitos：IEEE Computer Society Press，2012：17-24.
[86] Zhong L，Cho S，Metaxas D，et al. Handling noise in single image deblurring using directional filters[C]//Proceedings of IEEE Conference on Computer Vision and Pattern Recognition. Los Alamitos：IEEE Computer Society Press，2013：612-619.
[87] Dong W，Zhang L，Shi G，et al. Nonlocally centralized sparse representation for image restoration[J]. IEEE Transactions on Image Processing，2013，22（4）：1620-1630.
[88] 陈晓璇，齐春. 基于低秩矩阵恢复和联合学习的图像超分辨率重建[J]. 计算机学报，2014，37（6）：1372-1379.
[89] Candès E J，Plan Y. Matrix completion with noise[J]. Proceedings of the IEEE，2010，98（6）：925-936.
[90] Dong W，Shi G，Li X. Nonlocal image restoration with bilateral variance estimation：A

low-rank approach[J]. IEEE Transactions on Image Processing: A Publication of the IEEE Signal Processing Society，2013，22（2）：700-711.

[91] Suykens J A K，Vandewalle J. Least squares support vector machine classifiers[J]. Neural Processing Letters，1999，9（3）：293-300.

[92] Hirsch M，Sra S，Schölkopf B，et al. Efficient filter flow for space-variant multiframe blind deconvolution[C]. Proceedings of IEEE Conference on Computer Vision and Pattern Recognition，San Francisco，2010：607-614.

[93] Zhang J，Wang R，Li J，et al. Fruit fly optimization based least square support vector regression for blind image restoration[J]. Proceedings of SPIE-The International Society for Optical Engineering，2014，9301：93011W-8.

[94] de Brabanter K，Karsmakers P，Ojeda F，et al. LS-SVMLab toolbox user's guide：Version 1.8[EB/OL]. http://www.esat.kuleuven.be/sista/lssvmlab/ESAT-SISTA Technical Report 10-146[2011-08-01].

[95] 高新波，路文. 视觉信息质量评价方法[M]. 西安：西安电子科技大学出版社，2011.

[96] Zoran D，Weiss Y，From learning models of natural image patches to whole image restoration[C]. IEEE International Conference on Computer Vision，Barcelona，2011：479-486.

[97] Field D J. Relations between the statistics of natural images and the response properties of cortical cells[J]. Journal of Optical Society of American，1987，4（12）：2379-2394.

[98] Zhu S C，Mumford D. Prior learning and Gibbs reaction-diffusion[J]. IEEE Transactions on Pattern Analysis and Machine Intelligence，1997，19（11）：1236-1250.

[99] Turiel A，Parga N，Ruderman D L，et al. Multiscaling and information content of natural color images[J]. Physical Review E，2000，62（1）：1138-1148.

[100] Simoncelli E P. Statistical models for images：Compression，restoration and synthesis[C]. Proceedings of the 31st Asilomar Conference on Signals，Systems and Computers，IEEE Computer Society：Pacific Grove，CA，1997：673-678.

[101] Lee A B，Pedersen K S，Mumford D. The nonlinear statistics of high-contrast patches in natural images[R]. Technical Report 01-3，APPTS，2001.

[102] Mallat S. A theory for multiresolution signal decomposition：The wavelet representation[J]. IEEE Transactions on Pattern Analysis and Machine Intelligence，1989，11（7）：674-693.

[103] Donoho D L，Flesia A G. Can recent innovations in harmonic analysis'explain' key findings in natural image statistics？[J]. Network：Computation in Neural Systems，2001，12（3）：371-393.

[104] Xu L，Jia J Y. Two-phase kernel estimation for robust motion deblurring[C]. Proceedings of the 11th European Conference on Computer Vision，Berlin，2010：157-170.

[105] Krishnan D，Tay T，Fergus R. Blind deconvolution using a normalized sparsity measure[C]. Proceedings of IEEE Conference on Computer Vision and Pattern Recognition，2011：233-240.

[106] Levin A，Weiss Y，Durand F，et al. Understanding and evaluating blind deconvolution algorithms[C]. Proceedings of IEEE Conference on Computer Vision and Pattern Recognition，2009：1964-1971.

[107] Levin A，Weiss Y，Durand F，et al. Efficient marginal likelihood optimization in blind deconvolution[C]. Proceedings of IEEE Conference on Computer Vision and Pattern

Recognition，2011：2657-2664.
[108] Fergus R，Singh B，Hertzmann A，et al. Removing camera shake from a single photograph[J]. ACM Transactions on Graphics，2006，25（3）：787-794.
[109] Jordan M I，Ghahramani Z，Jaakkola T S，et al. An introduction to variational methods for graphical models[J]. Machine Learning，1999，37（2）：183-233.
[110] Miskin J W，MacKay D J C. Ensemble learning for blind image separation and deconvolution[C]. Advances in Independent Component Analysis，London，2000：123-141.
[111] Wang Y，Yin W. Compressed sensing via iterative support detection[R]. CAAM Technical Report TR09-30，2009.
[112] Cho T S. Removing motion blur from photographs[D]. Cambridge：Massachusetts Institute of Technology，2010.
[113] Levin A，Fergus R，Durand F，et al. Deconvolution using natural image priors[R]. Cambridge：Massachusetts Institute of Technology，2007.
[114] Weiss Y，Freeman W. What makes a good model of natural images?[C]. Proceedings of IEEE Conference on Computer Vision and Pattern Recognition，2007：1-8.
[115] Martin D，Fowlkes C，Tal D，et al. A database of human segmented natural images and its application to evaluating segmentation algorithms and measuring ecological statistics[C]. Proceedings of the 8th International Conference on Computer Vision，BC，2001，416-423.
[116] Elad M，Aharon M. Image denoising via sparse and redundant representations over learned dictionaries[J]. IEEE Transactions on Image Processing，2006，15（12）：3736-3745.
[117] Geman D，Yang C. Nonlinear image recovery with half-quadratic regularization[J]. IEEE Transactions on Image Processing，2002，4（7）：932-946.
[118] Zoran D，Weiss Y. Scale invariance and noise in natural images[C]. IEEE 12th International Conference on Computer Vision，2009：2209-2216.
[119] Portilla J，Strela V，Wainwright M，et al. Image denoising using scale mixtures of Gaussians in the wavelet domain[J]. IEEE Transactions on Image Processing，2003，12（11）：1338-1351.
[120] Richardson W. Bayesian-based iterative method of image restoration[J]. Journal of the Optical Society of America，1972，62（1）：55-59.
[121] Wang Z，Bovik A C，Sheikh H R，et al. Image quality assessment：From error visibility to structural similarity[J]. IEEE Transactions on Image Processing，2004，13（4）：600-612.
[122] 张学武，范新南. 视觉检测技术及智能计算[M]. 北京：电子工业出版社，2013.
[123] Hubel D H，Wiesel T N. Receptive fields，binocular interaction and functional architecture in the cat's visual cortex[J]. Journal of Physiology，1962，160：106-154.
[124] Heeger D J，Simoncelli E P，Movshon J A. Computational models of cortical visual processing[C]. Proceeding of the National Academic of Science，1996：623-627.
[125] Olshausen B A，Field D J. Emergence of simple-cell receptive field properties by learning a sparse code for natural images[J]. Nature，1996，381：607-609.
[126] Daugman J G. Uncertainty relation for resolution in space，spatial frequency，and orientation optimized by two-dimensional visual cortical filters[J]. Journal of the Optical Society America A：Optics，Image Science，and Vision，1985，2（7）：1160-1169.

[127] Jones J P，Palmer L A. An evaluation of the two-dimensional Gabor filter model of simple receptive fields in the cat striate cortex[J]. Journal of Neurophysiology，1987，58（6）：1233-1258.

[128] Mingolla E，Ross W，Grossberg S. A neural network for enhancing boundaries and surfaces in synthetic aperture radar images[J]. Neural Networks，1999，12（3）：499-511.

[129] Fischer S，Srouber F，Perrinet L，et al. Self-invertible 2D log-Gabor wavelets[J]. International Journal of Computer Vision，2007，75（2）：231-246.

[130] Foley J M，Boynton G M. A new model of human luminance pattern vision mechanisms：Analysis of the effects of pattern orientation，spatial phase and temporal frequency[C]. Proceedings of SPIE，1994：32-42.

[131] Robson J G，Graham N. Probability summation and regional variation in contrast sensitivity across the visual field[J]. Visual Research，1981，21：409-418.

[132] Ahumada A J，Peterson H A. Luminance-model-based DCT quantization for color image compression[C]. Proceedings of Human Vision，Visual Processing，Digital Display Ⅲ，1992：365-374.

[133] Watson A B. Image data compression having minimum perceptual error[P]: US，5426512. 1995.

[134] Sheikh H R，Wang Z，Bovik A C，et al. Live image quality assessment database[EB/OL]. http://live.ece.utexas.edu/research/quality[2011-12-20].

[135] Mittal A，Moorthy A K，Bovik A C. No-reference image quality assessment in the spatial domain[J]. IEEE Transactions on Image Processing，2012，21（12）：4695-4708.

[136] Yang J，Wright J，Huang T，et al. Image super-resolution via sparse representation[J]. IEEE Transactions on Image Processing，2010，19（11）：2861-2873.

[137] Mairal J，Bach F，Ponce J，et al. Online learning for matrix factorization and sparse coding[J]. Journal of Machine Learning Research，2010，11：19-60.

[138] Mairal J，Bach F，Ponce J. Task-driven dictionary learning[J]. IEEE Transactions on Pattern Analysis and Machine Intelligence，2012，34（4）：791-804.

[139] Freeman W T，Jones T R，Pasztor E C. Example-based super-resolution[J]. IEEE Computer Graphics and Applications，2002，22（2）：56-65.

[140] 杨航，吴笑天，王宇庆. 基于结构字典学习的图像复原方法[J]. 中国光学，2017，10（2）：207-218.

[141] Dabov K，Foi A，Katkovnik V，et al. Image restoration by sparse 3D transform-domain collaborative filtering[C]. Electronic Imaging，2008：681207-681219.

[142] 卓力，王素玉，李晓光. 图像/视频的超分辨率复原[M]. 北京：人民邮电出版社，2011.

[143] Jahne B. Spatio-temporal Image Processing：Theory and Scientific Applications[M]. Berlin：Springer，1993.

[144] Farsiu S，Elad M，Milanfar P. Video-to-video dynamic super-resolution for grayscale and color sequences[C]. EURASIP Journal on Applied on Signal Processing，2006：232-233.

[145] Tao M，Yang J. Alternating direction algorithms for total variation deconvolution in image reconstruction[R]. Nanjing：Nanjing University，2009.

[146] Li C. An efficient algorithm for total variation regularization with applications to the single

pixel camera and compressive sensing[D]. Houston：Rice University，2009.
[147] Powell M J D. A Method for Nonlinear Constraints in Minimization Problems[M]. New York：Academic，1969：283-298.
[148] Rockafellar R. Augmented Lagrangians and applications of the proximal point algorithm in convex programming[J]. Mathematics of Operations Research，1976，1（2）：97-116.
[149] Bates R，Cady F. Towards true imaging by wideband speckle interferometry[J]. Optics Communications，1980，32（3）：365-369.
[150] Gal R，Kiryati N，Sochen N. Progress in the restoration of image sequences degraded by atmospheric turbulence[J]. Pattern Recognition Letters，2014，48（15）：8-14.
[151] Gilles J，Dagobert T，Franchis C D. Atmospheric turbulence restoration by diffeomorphic image registration and blind deconvolution[C]. Advanced Concepts for Intelligent Vision Systems，Springer，2008：400-409.
[152] Lazaridis G，Petrou M. Image registration using the Walsh transform[J]. IEEE Transactions on Image Processing，2006，15（8）：2343-2357.
[153] Geman S，Geman D. Stochastic relaxation，Gibbs distributions，and the Bayesian restoration of images[J]. IEEE Transactions on Pattern Analysis and Machine Intelligence，1984，6（6）：721-741.
[154] Mumford D，Shah J. Optimal approximations by piecewise smooth functions and associated variational problems[J]. Communications on Pure and Applied Mathematics，1989，42（5）：577-685.
[155] Black M J，Rangarajan A. On the unification of line processes，outlier rejection，and robust statistics with applications in early vision[J]. International Journal of Computer Vision，1996，19（1）：57-91.
[156] Blake A，Zisserman A. Visual Reconstruction[M]. Cambridge：MIT Press，1987.
[157] Geman D，Reynolds G . Constrained restoration and the recovery of discontinuities[J]. IEEE Transactions on Pattern Analysis and Machine Intelligence，1992，14（3）：367-383.
[158] Nikolova M，Chan R H. The equivalence of half-quadratic minimization and the gradient linearization iteration[J]. IEEE Transactions on Image Processing，2007，16（6）：1623-1627.
[159] Candès E J，Wakin M B，Boyd S. Enhancing sparsity by reweighted l1 minimization[J]. Journal of Fourier Analysis and Applications，2008，14（6）：877-905.
[160] Chen X，Zhou W. Convergence of the reweighted l1 minimization algorithm[J]. Computional Optimization and Applicaiton，2014，59（2）：47-61.
[161] Shimizu M，Yoshimura S，Tanaka M，et al. Super-resolution from image under influence of hot-air optical turbulence[C]. Proceedings of IEEE Conference on Computer Vision and Pattern Recognition，Alaska，2008：1-8.
[162] Brox T，Bruhn A，Papenberg N，et al. High accuracy optical flow estimation based on a theory for warping[C]. Proceedings of the European Conference on Computer Vision，Berlin，2004：25-36.
[163] Ochs P，Dosovitskity A，Brox T，et al. An iterated l1 algorithm for non-smooth non-convex optimization in computer vision[C]. Proceedings of IEEE Conference on Computer Vision and

Pattern Recognition，Portland，2013：1759-1766.

[164] Kunisch K，Pock T. A bilevel optimization approach for parameter learning in variational models[J]. SIAM Journal on Imaging Sciences，2012，6（6）：938-983.

[165] Beck A，Teboulle M. A fast iterative shrinkage-thresholding algorithm for linear inverse problems[J]. SIAM Journal on Applied Mathematics，2009，2（1）：183-202.

[166] Chambolle A，Pock T. A first-order primal-dual algorithm for convex problems with applications to imaging[J]. Journal of Mathematical Imaging and Vision，2011，40（1）：120-145.

[167] Park S C，Park M K，Kang M G. Super-resolution image reconstruction：A technical review[J]. IEEE Signal Processing Magazine，2003，20（3）：21-36.

[168] 穆丽娟. 数字图像自动聚焦与离焦模糊复原技术研究[D]. 天津：天津师范大学，2009.

[169] Takeda H，Milanfar P. Removing motion blur with space-time processing[J]. IEEE Transactions on Image Processing，2011，20（10）：2990-3000.

[170] Raskar R，Agrawal A，Tumblin J. Coded exposure photography：Motion deblurring via fluttered shutter[J]. ACM Transactions on Graphics，2006，25（3）：795-804.

[171] 范赐恩，陈曦，张立国，等. 双 CMOS 成像系统中运动模糊图像的复原[J].光学精密工程，2012，20（6）：1389-1397.

[172] Ben-Ezra M，Nayar S K. Motion-based motion deblurring[J]. IEEE Transactions on Pattern Analysis and Machine Intelligence，2004，26（6）：689-698.

[173] Zhu X，Šroubek F，Milanfar P. Deconvolving PSFs for a better motion deblurring using multiple images[C]. European Conference on Computer Vision，Florence，2012：636-647.

[174] Li T H，Lii K S. A joint estimation approach for two-tone image deblurring by blind deconvolution[J]. IEEE Transactions on Image Processing，2002，11（8）：847-858.

[175] Jia J. Single image motion deblurring using transparency[C]. Proceedings of the IEEE Computer Society Conference on Computer Vision and Pattern Recognition，Minneapolis，2007：1-8.

[176] 李仕，张葆，孙辉. 旋转运动模糊的实时恢复[J]. 光学精密工程，2009，17（3）：648-654.

[177] Shan Q，Xiong W，Jia J. Rotational motion deblurring of a rigid object from a single image[C]. IEEE 11th International Conference on Computer Vision，2007：1-8. DOI：10.1109/ICCV.2007.4408922.

[178] Cho S，Matsushita Y，Lee S. Removing non-uniform motion blur from images[C]. IEEE 11th International Conference on Computer Vision，2007：1-8. DOI：10.1109/ICCV.2007.4408904.

[179] Yuan L，Sun J，Quan L，et al. Image deblurring with blurred/noisy image pairs[J]. ACM Transactions on Graphics，2007，26（3）：1-7.

[180] Levin A，Fergus R，Durand F，et al. Image and depth from a conventional camera with a coded aperture[J]. ACM Transactions on Graphics，2007，26（70）：701-709.

[181] Dai S，Han M，Xu W，et al. Soft edge smoothness prior for alpha channel super resolution[C]. Proceedings of IEEE Conference on Computer Vision and Pattern Recognition，2007：1-8.

[182] Levin A，Rav-Acha A，Lischinski D. Spectral matting[J]. IEEE Transactions on Pattern Analysis and Machine Intelligence，2008，30（10）：1699-1712.

[183] 张聪炫，陈震，黎明. 基于稠密光流的鲁棒运动估计与表面结构重建[J]. 仪器仪表学报，2014，35（1）：218-225.

[184] Boykov Y，Veksler O，Zabih R. Fast approximate energy minimization via graph cuts[J]. IEEE Transactions on Pattern Analysis and Machine Intelligence，2001，23（11）：1222-1239.

[185] Black M J，Anandan P. The robust estimation of multiple motions：Parametric and piecewise-smooth flow fields[J]. Computer Vision and Image Understanding，1996，63（1）：75-104.

[186] Whyte O，Sivic J，Zisserman A，et al. Non-uniform deblurring for shaken images[J]. International Journal of Computer Vision，2012，98(2)：168-186.

[187] Zhou C，Lin S，Nayar S K. Coded aperture pairs for depth from defocus and defocus deblurring[J]. International Journal of Computer Vision，2011，93（1）：53-72.

[188] Bae S，Durand F. Defocus magnification[J]. Computer Graphic Forum，2007，26（3）：571-579.

[189] Tai Y W，Brown M. Single image defocus map estimation using local contrast prior[C]. Proceedings of the 16th IEEE International Conference on Image Processing，Cairo，2009：1797-1800.

[190] Trentacoste M，Mantiuk R，Heidrich W. Blur-aware image downsampling[J]. Computer Graphics Forum，2011，30（2）：573-582.

[191] Kee E，Paris S，Chen S，et al. Modeling and removing spatially-varying optical blur[C]. IEEE International Conference on Computational Photography，2011：1-8.

[192] Zhuo S，Sim T. Defocus map estimation from a single image[J]. Pattern Recognition，2011，44（9）：1852-1858.

[193] Chan S，Khoshabeh R，Gibson K，et al. An augmented Lagrangian method for total variation video restoration[J]. IEEE Transactions on Image Processing，2011，20（11）：3097-3111.

[194] Bioucas-Dias J M，Figueiredo M A T. A new twist：Two-step iterative shrinkage/thresholding algorithms for image restoration[J]. IEEE Transactions on Image Processing，2007，16（12）：2992-3004.

[195] He K，Sun J，Tang X. Guided image filtering[J]. IEEE Transactions on Pattern Analysis and Machine Intelligence，2013，35（6）：1397-1409.

[196] Chan T F，Wong C K. Total variation blind deconvolution[J]. IEEE Transactions on Image Processing，1998，7（3）：370-395.

[197] Hong H，Li L，Zhang T. Blind restoration of real turbulence-degraded image with complicated backgrounds using anisotropic regularization[J]. Optics Communications，2012，285（24）：4977-4986.

[198] Trussel H J，Sezan M I，Tran D. Sensitivity of color LMMSE restoration of images to the spectral estimation[J]. IEEE Transactions on Signal Processing，1991，39（1）：248-252.

[199] Al-Suwailem U A，Keller J. Multichannel image identification and restoration using continuous spatial domain modeling[C]. International Conference on Image Processing，Santa Barbara，1997.

[200] Chan T F，Wong C. Total variation blind deconvolution[J]. IEEE Transactions on Image Processing，1998，7（3）：370-375.

[201] 李东兴，赵剡，许东. 基于非负支持域递归逆滤波技术的湍流退化图像复原算法[J]. 宇航学报，2009，30（5）：2062-2067.

[202] Lagendijk R L，Biemond J，Boekee D E. Regularized iterative image restoration with ringing reduction[J]. IEEE Transactions on Acoustics，Speech and Signal Processing，1988，36（12）：1874-1888.

[203] Tekalp A M，Sezan M I. Quantitative analysis of artifacts in linear space-invariant image restoration[J]. Multidimensional Systems and Signal Processing，1990，1（2）：143-177.

[204] 左博新，明德烈，田金文. 盲复原图像振铃效应评价[J]. 中国图象图形学报，2010，15（8）：1244-1253.

[205] 陶小平，冯华君，赵巨峰，等. 结合基于梯度的振铃评价算法的总变分最小化图像分块复原法[J]. 光学学报，2009，29（11）：3025-3030.

[206] 王永攀，冯华君，徐之海，等. 模糊核估计不准确下的振铃效应修正[J]. 光电工程，2009，36（8）：105-111.

[207] Zhao J F，Feng H J，Xu Z H，et al. An improved image restoration approach using adaptive local constraint[J]. Optik，2012，123（11）：982-985.

[208] 徐宗琦，高璐. 一种盲复原图像振铃效应的后处理与质量评价方法[J].计算机应用，2007，27（4）：986-988.

[209] Shen C，Hwang W，Pei S. Spatially-varying out-of-focus image deblurring with L1-2 optimization and a guided blur map[C]. The 37th IEEE International Conference on Acoustics，Speech，and Signal Processing，Kyoto，2012.

[210] Sheikh H R，Wang Z，Cormack L，et al. Live image quality assessment database release 2[EB/OL]. http://live.ece.utexas.edu/research/quality [2013-01-30].

[211] Mittal A，Soundararajan R，Bovik A C. Making a completely blind image quality analyzer[J]. IEEE Signal Processing Letters，2013，20（3）：209-212.

[212] Hong H，Li L，Park I K，et al. Universal deblurring method for real images using transition region[J]. Optical Engineering，2012，51（4）：1-10.

[213] 邹谋炎，刘艳，曹瑛，等. 一种新的图像序列失真模型：动态偏移场模型[J]. 电子与信息学报，2008，30（9）：2143-2147.

[214] Micheli M，Lou Y，Soatto S，et al. A linear systems approach to imaging through turbulence[J]. Journal of Mathematical Imaging and Vision，2014，48（1）：185-201.

[215] 卢晓芬，张天序，洪汉玉. 气动光学效应像素偏移图像校正方法研究[J].红外与激光工程，2007，36（5）：758-761.

[216] Mao Y，Gilles J. Non rigid geometric distortions correction-application to atmospheric turbulence stabilization[J]. Inverse Problems & Imaging，2012，6（3）：531-546.

[217] Shimizu M，Yoshimura S，Tanaka M，et al. Super-resolution from image sequence under influence of hot-air optical turbulence[C]. Proceedings of IEEE Conference on Computer Vision and Pattern Recognition，Alaska，2008：1-8.

[218] Lee S，Wolberg G，Shin S Y. Scattered data interpolation with multilevel b-splines[J]. IEEE Transactions on Visualization & Computer Graphics，1997，3（3）：228-244.

[219] Zhu C，Byrd R H，Lu P，et al. Algorithm 778：L-BFGS-B：Fortran subroutines for large-scale bound-constrained optimization[J]. ACM Transactions on Mathematical Software，1997，23（4）：550-560.

[220] Morales J L，Nocedal J. Remark on "Algorithm 778：L-BFGS-B：Fortran subroutines for large-scale bound constrained optimization" [J]. ACM Transactions on Mathematical Software，2011，38（1）：7.

[221] Oreifej O，Li X，Shah M. Simultaneous video stabilization and moving object detection in turbulence[J]. IEEE Transactions on Pattern Analysis & Machine Intelligence，2013，35（2）：450-462.

[222] Horn B K P，Schunck B G. Determining optical flow[J]. Artificial Intelligence，1980，17（1-3）：185-203.

[223] Cai J F，Candès E J，Shen Z. A singular value thresholding algorithm for matrix completion[J]. SIAM Journal on Optimization，2010，20（4）：1956-1982.

[224] Šroubek F，Milanfar P. Robust multichannel blind deconvolution via fast alternating minimization[J]. IEEE Transaction on Image Processing，2012，21（4）：1687-1700.

[225] Zivkovic Z，van der Heijden F. Efficient adaptive density estimation per image pixel for the task of background subtraction[J]. Pattern Recognition Letters，2006，27（7）：773-780.

[226] Chen Z，Ellis T. A self-adaptive Gaussian mixture model[J]. Computer Vision and Image Understanding，2014，122：35-46.

[227] 姚军财. 基于人眼对比度敏感视觉特性的图像质量评价方法[J]. 液晶与显示，2011，26（3）：390-396.

[228] 黎洪松，陈冬梅. 数字视频与音频技术[M]. 北京：清华大学出版社，2011.

[229] Moorthy A K，Bovik A C. Blind image quality assessment：From natural scene statistics to perceptual quality[J]. IEEE Transactions on Image Processing，2011，20（12）：3350-3364.

[230] Tang H，Joshi N，Kapoor A. Learning a blind measure of perceptual image quality[C]. Proceedings of International Conference of Compute Vision and Pattern Recognition，2011：305-312.

[231] Saad M，Bovik A C，Charrier C. Blind image quality assessment：A natural scene statistics approach in the DCT domain[J]. IEEE Transactions on Image Processing，2012，21（8）：3339-3352.

[232] Serre T，Wolf L，Poggio T. Object recognition with features inspired by visual cortex[C]. IEEE Conference on Computer Vision and Pattern Recognition，2005：994-1000.

[233] Hubel D H，Wiesel T N. Receptive fields and functional architecture of monkey striate cortex[J]. Journal of Physiology，1968，195（1）：215-243.

[234] van Gestel T，Suykens J A K，Baesens B，et al. Benchmarking least squares support vector machine classifiers[J]. Machine Learning，2004，54（1）：5-32.